D0813916

Répertoire des fromages du Québec

Répertoire des fromages du Québec

Richard Bizier *et* Roch Nadeau

TRÉCARRÉ
QUEBECOR MEDIA

Catalogage avant publication de Bibliothèque et Archives Canada

Bizier, Richard

Répertoire des fromages du Québec
2e éd.
Comprend un index.
ISBN 2-89568-006-X

1. Fromage - Variétés - Québec (Province). 2. Fromageries - Québec (Province) - Répertoires. 3. Fromage - Industrie - Québec (Province) - Répertoires. 4. Fromage - Québec (Province). I. Nadeau, Roch. II. Titre.

SF274.C2B59 2004 637'.35'09714 C2004-941480-1

Nous reconnaissons l'aide financière du gouvernement du Canada par l'entremise du Programme d'aide au développement de l'industrie de l'édition (PADIÉ) pour nos activités d'édition ; du Conseil des Arts du Canada ; de la SODEC ; du gouvernement du Québec par l'entremise du Programme de crédit d'impôt pour l'édition de livres (gestion SODEC).

Conception graphique : Toxa
Révision linguistique : Annick Loupias
Correction d'épreuves : Nicole Henri
Photo de la couverture : Roch Nadeau
Photographies : Roch Nadeau
Maquette de la couverture : Toxa
Remerciements à La maison d'Émilie

Dépôt légal : 4e trimestre 2004
Éditions du Trécarré
7, chemin Bates
Outremont (Québec) H2V 4V7
ISBN : 2-89568-006-X

Table des matières

PRÉFACE

Le *Répertoire des fromages du Québec* a pour but de guider l'amateur de fromages québécois, de l'aider à faire une sélection judicieuse lorsque vient le moment de fixer son choix parmi une variété de plus en plus grande de nos fins produits laitiers. Voici donc un outil précieux, une source pratique de références qui s'adresse à la fois aux consommateurs, aux restaurateurs et à ces fromagers qui n'ont jamais cessé d'être de dignes ambassadeurs de nos savoureux fromages québécois en les faisant connaître et apprécier à leur clientèle.

Phénomène unique au monde, la fabrication fromagère a connu une croissance spectaculaire au Québec. Les produits offerts se comptent désormais par centaines et il ne se passe guère un trimestre sans qu'un nouveau fromage québécois voie le jour. Nos fromages au lait – cru ou pasteurisé – de vache, de chèvre et de brebis sont des produits d'une qualité incontestable. Leur réputation à l'échelle internationale ne cesse de croître et, fort de ce succès mérité, le « Pays du Québec » est en passe de devenir le haut lieu des fromages fins en terre d'Amérique. Il était donc important de consacrer aux fromages québécois un répertoire, un guide qui ne cessera de s'adapter et de s'affiner au fil des ans.

Vous avez entre les mains la toute dernière édition du *Répertoire des fromages du Québec*, un ouvrage entièrement remis à jour. En espérant que vous apprécierez la nouvelle présentation de ce répertoire.

Les auteurs,

Richard Bizier et Roch Nadeau

INTRODUCTION

La fabrication du fromage chez les francophones d'Amérique du Nord remonte au début de la Nouvelle-France.

Ce vaste territoire incluait alors l'Acadie et le Québec, il s'étendait au sud des Grands Lacs, poussait ses limites territoriales à l'est et à l'ouest du Mississippi sur plusieurs centaines de kilomètres et s'étirait jusqu'au golfe du Mexique. La voie fluviale du Mississippi traversait les riches terres de la Haute-Louisiane et de la Basse-Louisiane. Dans toutes ces régions agricoles de la colonie française d'Amérique, l'habitant fabriquait des fromages.

Des facteurs historiques, voire culturels, freinèrent la production de ces fromages régionaux que savaient si bien fabriquer nos ancêtres et que l'on qualifie aujourd'hui de fromages fins, artisanaux et fermiers. Après la conquête britannique, puis la vente de la Louisiane aux États-Unis, la fabrication de fromages se limite surtout à celle du cheddar, que l'on fait selon la méthode anglaise traditionnelle. Les Québécois se mettent eux aussi à en fabriquer. Si l'influence anglo-saxonne a bousculé l'éventail des fromages produits en Amérique francophone au cours des XVIIe, XVIIIe et XIXe siècles, le phénomène aura quand même permis de maintenir un savoir-faire en la matière.

TRADITIONS PAYSANNES ET MONACALES

Si le cheddar dominait la petite et la moyenne industrie de la production fromagère, il y eut des exceptions. À l'île d'Orléans, les cultivateurs fabriquaient un fromage dont l'origine remonte au début de la colonie française. Ce merveilleux et adorable fromage, affiné à point et particulièrement odorant, avait beaucoup de caractère. Hélas, en 1965, un règlement interdisant l'utilisation du lait cru dans l'industrie fromagère a eu pour effet de mettre fin à la fabrication de ce fromage patrimonial dont la personnalité était hors du commun. Jusqu'à cette année fatidique, la famille Aubin s'était transmis de génération en génération, de mère en fille pour être plus précis, les secrets de fabrication du regretté « fromage affiné de l'île d'Orléans »… tué par l'ignorance et la bêtise technocratique.

En 1881, huit moines trappistes venus de l'abbaye de Bellefontaine en France fondent un monastère à Oka. Quelques années plus tard, l'abbaye abritera l'École d'agriculture d'Oka, mieux connue sous le nom d'Institut agricole d'Oka. Le 18 février 1893, arrive en terre québécoise le frère Alphonse Juin qui, jusque-là, avait résidé en France, à l'abbaye cistercienne de Notre-Dame du Port-du-Salut, et séjourné à la Trappe de Notre-Dame de Gethsémani, aux États-Unis. Dans son abbaye française, le frère Juin fabriquait déjà un fromage réputé ayant comme appellation « Port-du-Salut ». Ce détail est important puisqu'il donnera naissance au fromage d'Oka. Il faut rappeler que, chaque abbaye devant compter sur ses propres ressources pour subsister, la création du fromage d'Oka par le frère Juin allait permettre à la communauté encore naissante de vivre puis de s'agrandir.

En 1912, après avoir acheté une immense propriété agricole en bordure du lac Memphrémagog, dans les Cantons-de-l'Est au Québec, des moines bénédictins français y fondent l'abbaye de Saint-Benoît-du-Lac. Durant les décennies qui suivent, s'ajoutent au premier monastère divers bâtiments utilitaires. En 1943, la fromagerie ouvre ses portes ; on y fabrique entre autres l'Ermite et le Bénédictin, deux excellents fromages bleus, le Mont Saint-Benoît, un gruyère doux, le Moine, un gruyère à saveur plus marquée, et enfin le Frère Jacques et la Ricotta.

En 1993 des religieuses orthodoxes implantent le Saint-Monastère de la Vierge-Marie-La Consolatrice à Browsburg-Chatham, près de Lachute. Au début, la ferme monacale produit pour les besoins de la communauté. Le potager, la bergerie, la chèvrerie, le poulailler, la laiterie et la fromagerie permettent une certaine autosuffisance alimentaire aux religieuses. Le dimanche, les pèlerins sont de plus en plus nombreux à assister à la messe traditionnelle orthodoxe dont la liturgie dure 4 heures (de 8 h à 12 h). Après l'office, les visiteurs qui ont souvent parcouru plusieurs kilomètres, participent aux agapes offertes par les sœurs. à cette occasion, ils goûtent et apprécient les bons fromages fabriqués au monastère. Avant de reprendre la route, ces amateurs demandent aux religieuses de leur en vendre. En 2001, à la suite d'une demande toujours croissante des pèlerins, la communauté commence à vendre ses fromages. La ferme du Troupeau Bénit produit aujourd'hui près d'une dizaine de variétés de fromages au lait de chèvre et de brebis (pasteurisé). La tradition monacale a donc une relève assurée au Québec puisque la moyenne d'âge de la

quinzaine de sœurs vivant au monastère se situe dans la trentaine.

LA TRADITION EUROPÉENNE S'IMPLANTE AU QUÉBEC

Au Québec, la demande toujours croissante pour les fromages d'importation européenne a sans doute contribué à l'émergence d'une production nationale. Les Européens qui s'installaient dans les villes québécoises aimaient retrouver dans leurs marchés d'alimentation les fromages de leur pays d'origine. Les Italiens, les Français, les Allemands, les Grecs, les Anglais, les Suisses, les Hollandais, les Scandinaves, les Espagnols et les Portugais, tout particulièrement, contribuèrent fortement à la sélection de plus en plus grande offerte aux consommateurs. Au Québec, hormis le cheddar et quelques rarissimes fromages fabriqués dans nos abbayes, la production fromagère n'était pas ce qu'il y avait de plus diversifié. Mais des changements allaient bientôt se produire.

En 1981, le Suisse Fritz Kaiser arrive au Québec et s'installe en Montérégie, à Noyan, dans la vallée du Richelieu, dans une ferme ayant de beaux pâturages. Le maître fromager ne tarde pas à mettre sur le marché la première raclette fabriquée au pays selon la tradition et les méthodes apprises dans sa Suisse natale. La Fromagerie Fritz Kaiser fabrique aujourd'hui toute une gamme de fameux fromages fins (croûte lavée à pâtes ferme et semi-ferme) qui font à la fois l'honneur de l'industrie fromagère québécoise et le bonheur des amateurs de fromages.

LA RELÈVE QUÉBÉCOISE

À la fin des années 1980 et au début des années 1990, certains producteurs québécois souhaitaient élargir leur éventail en fabriquant d'autres fromages. Certains de ces fromagers, déjà spécialisés dans la fabrication du cheddar, admettaient leurs difficultés à fabriquer certains types de fromages. Cela tenait d'une méconnaissance bien compréhensible des fromages européens élaborés selon une longue tradition et dont les recettes de fabrication sont souvent jalousement gardées dans les familles ou les communautés. À Warwick, dans la région des Bois-Francs, le fromager Georges Côté fait venir un spécialiste d'Europe et se met à fabriquer des spécialités de fromages. À la même époque, le Festival des fromages de Warwick prend son envol. Aujourd'hui, cet événement attire des dizaines de milliers de visiteurs chaque année et il permet aux producteurs de fromages québécois, de plus en plus nombreux, de mieux faire connaître leurs produits au public.

Depuis une dizaine d'années, se déroulent à Saint-Jérôme, dans les Basses-Laurentides, la Fête des vins et la Foire des fromages. Ce double événement, plus intimiste que le Festival des fromages de Warwick dans les Bois-Francs, n'en demeure pas moins très apprécié des épicuriens et des gourmets qui y accourent de partout.

Il se fabrique maintenant de bons fromages fins et de spécialité dans presque toutes les régions agricoles du Québec : en Montérégie, dans les Laurentides, dans l'Outaouais, en Mauricie, dans Portneuf, dans le Bas-Saint-Laurent, aux Îles-de-la-Madeleine, en Gaspésie, au Saguenay, Lac-Saint-Jean, dans les Cantons-de-l'Est, en Abitibi-Témiscamingue, dans Lanaudière et dans Chaudière-Appalaches. Dans les bonnes fromageries, nos excellents fromages au lait de vache, de chèvre et de brebis côtoient maintenant les fromages importés de l'étranger. C'est là une mosaïque tout à fait symbolique, comme si le Québec prenait enfin sa place sur l'échiquier gastronomique universel. Nos artisans et artisanes, producteurs et productrices de fromages méritent toute notre reconnaissance.

LES APPELLATIONS D'ORIGINE CONTRÔLÉE

En France, l'appellation d'origine contrôlée (AOC) permet de certifier l'authenticité des produits régionaux et de les protéger contre toute imitation ou falsification.

En 1666, l'adoption par le Parlement de Toulouse de certaines dispositions pour la protection de fins produits du terroir, tel le roquefort, jeta les bases de l'AOC. Longtemps réservées au secteur viticole, les appellations d'origine contrôlée s'étendirent à plusieurs autres produits typiques des régions de France : eaux-de-vie, fines liqueurs, volaille de Bresse, olives noires de Nyons, beurre de Charentes-Poitou, noix de Grenoble, lentilles du Puy, etc. Les fromages français pouvant se prévaloir d'une appellation d'origine contrôlée sont tout au plus une quarantaine. L'Institut national des appellations d'origine (INAO) a pour mission la surveillance des produits accrédités ainsi que l'attribution du très recherché label AOC à de nouveaux produits.

CLASSIFICATION QUÉBÉCOISE

La formule des appellations d'origine contrôlée est difficilement applicable aux fromages québécois puisque nous ne disposons pas, comme en France, de traditions séculaires en matière de fabrication fromagère. Trop d'incertitudes et de tergiversations planent encore sur notre industrie naissante. La qualité est certes là, mais il y a encore des inégalités dans l'affinage. La demande est si forte que certains producteurs n'hésitent pas à mettre sur le marché des fromages qui ne sont pas encore à point.

Avant d'en venir à la classification des fromages québécois, il faut s'assurer d'une certaine rigueur, d'une constance dans la qualité de fabrication et, plus encore, il faut former une relève qui soit en mesure de maintenir l'excellence des produits existants. En effet, il est triste de constater que de nombreux producteurs québécois de fromages artisanaux et fermiers n'ont pas de relève familiale à qui transmettre leurs connaissances, leur savoir et leur expérience. Faute de succession, qu'adviendra-t-il des fromageries lorsqu'elles passeront aux mains d'acquéreurs n'ayant peut-être pas la même passion que les précédents maîtres fromagers ? La tradition familiale ou communautaire demeurant un gage de l'excellence et de la qualité d'un fromage, il faudra attendre encore quelques années avant de leur attribuer des labels de consécration.

LABEL « QUALITÉ QUÉBEC »

Il existe de superbes produits québécois qui méritent un label de qualité. On ne peut pas tous les nommer, mais mentionnons le melon d'Oka, les produits de l'érable, plusieurs variétés de pommes, la prune Damas (pourpre et jaune) de Saint-André-de-Kamouraska, le fromage bleu l'Ermite de l'abbaye de Saint-Benoît-du-Lac voire les bières de microbrasseries. Il faudrait peut-être omettre le fromage d'Oka, qui n'est plus fait selon la tradition ancienne des moines.

Le Québec a déjà son label « Qualité Québec », et l'organisme qui le décerne pourrait fort bien accorder d'autres certificats d'excellence aux fins produits de chez nous avec une mention « Qualité Québec – Produit d'origine certifiée ». Il faudrait alors constituer un comité ou un organisme neutre, dont les membres ne relèveraient d'aucun ministère québécois et qui ne seraient nullement liés – de près ou de loin – à l'industrie agroalimentaire. L'autonomie de cet organisme permettrait d'éviter toute forme de conflit d'intérêts. Dans ce contexte, plusieurs fromages fins, fermiers et de spécialités du Québec pourraient enfin se voir attribuer un label de qualité, et jouir ainsi d'une plus grande respectabilité et d'une meilleure visibilité. Pour s'assurer du maintien de la qualité des produits, ce label « Qualité Québec – Produit d'origine certifiée » devrait être accordé pour une durée indéterminée et pouvoir être retiré au besoin.

TERROIR

De plus en plus, les fromagers québécois se sont sensibilisés à la fabrication d'un produit inspiré de leur terroir respectif. Afin de bénéficier de l'appellation « terroir », le lait doit provenir d'un troupeau nourri exclusivement de foin ou d'un pâturage de la ferme ; plusieurs producteurs choisissent de fabriquer leurs produits sous l'accréditation biologique qui leur assure la qualité recherchée.

ACCRÉDITATION BIOLOGIQUE

L'appellation biologique est désormais soumise à la Loi sur les appellations réservées. Ce décret est à l'origine du Conseil d'accréditation du Québec (CAQ) chargé d'accréditer les organismes de certification lequel se doit de faire respecter les normes et procédures minimales. Cette loi permet de protéger autant le consommateur que les producteurs contre l'utilisation frauduleuse et non contrôlée de l'appellation biologique. Pour qu'une denrée puisse être étiquetée « produit de l'agriculture biologique », il faut que tous ses ingrédients d'origine agricole proviennent d'entreprises ou d'unités de production certifiées biologiques afin de respecter les règles du certificateur.

La réglementation en vigueur exige qu'avant la commercialisation d'un produit sous l'appellation biologique, une entreprise doive obtenir une certification et se soumettre à des inspections annuelles. Pour être admissible, le producteur doit respecter un cahier des charges notamment - pour l'élevage des animaux - des soins thérapeutiques à base de produits naturels ainsi qu'une alimentation provenant à 95 % de l'agriculture biologique. L'agriculteur ne doit utiliser aucun engrais chimique, ni pesticide, ni désherbant, ni hormone ou organisme génétiquement modifié (OGM). Le producteur biologique s'engage en outre à créer un équilibre écologique sur sa ferme tout en pratiquant la rotation des cultures et en utilisant des fertilisants naturels. Une zone tampon doit être maintenue entre une culture biologique et une culture chimique.

ORGANISMES DE CERTIFICATION

Le nom ou le logo d'un organisme de certification doit figurer sur l'étiquetage d'un produit biologique certifié. Au Québec, les principaux organismes de certification sont :

- Québec Vrai ou OCQV (Organisme de certification Québec-Vrai).
- GARANTI BIO/ECOCERT
- OCIA – Québec (Association pour l'amélioration des cultures biologiques – Organic Crop Improvement Association)
- FVO (International Certification Services – Farm Verified Organic)
- OCPP/PRO et OCPP/PRO-CERT Canada
- QAI (Quality Assurance International)

Ces certificateurs sont les seuls autorisés à certifier des produits agricoles et alimentaires biologiques cultivés ou transformés sur le territoire québécois, qu'ils soient destinés à la vente sur le marché domestique ou à l'extérieur du Québec.

LE LAIT

Le lait est la matière première essentielle du fromage : il en faut 10 litres pour faire 1 kilo de fromage.

Le fourrage ou toute autre alimentation des bêtes fera sa qualité, car le terroir détermine les caractéristiques du lait. Le fromager doit connaître et exprimer toutes les composantes du lait utilisé pour en tirer le meilleur profit.

STANDARDISATION ET ASSAINISSEMENT DU LAIT

À l'usine, la nécessité de produire des fromages de composition régulière et constante impose la mise en œuvre d'une matière première dont le comportement est chaque jour identique. Ainsi, le lait doit-il subir des correctifs avant la fabrication du fromage. Ces opérations consistent au nettoyage par filtration (statique ou centrifuge) ainsi que la standardisation en matières grasses et en matières protéiques soit, entre autres, par apport de crème dans le lait entier, soit par ajout de poudre de lait.

PASTEURISATION, THERMISATION, LAIT CRU

Pasteurisation

Le lait cru est pasteurisé pour des raisons techniques et d'hygiène. Elle peut entraîner diverses modifications de la composition et de la structure physico-chimique du lait, défavorables aux fabrications fromagères. Ce procédé détruit les principaux éléments bactériens qui sont remplacés par d'autres sélectionnés et standardisés en laboratoire. Ces laboratoires étant peu nombreux, chaque fromagerie s'approvisionne aux mêmes sources et obtient souvent la même souche de culture bactérienne.

La pasteurisation s'obtient par le chauffage du lait à 61,6 °C durant 30 minutes (pasteurisation basse température) ou entre 72 et 85 °C durant 15 à 20 secondes (pasteurisation à haute température). Ce procédé est nécessaire afin d'éliminer les bactéries, microbes ou germes végétatifs pathogènes tout en respectant les qualités des nutriments (protéines, minéraux et l'ensemble des vitamines). La pasteurisation à haute température détruit aussi les ferments naturels qui permettent au lait de cailler : 95 % de la flore du lait disparaît. Pour qu'un fromage reconstitue sa flore il faudra attendre 1 mois. Aussi, la pasteurisation à basse température est-elle considérée comme moins problématique.

Thermisation

Ce traitement calorique à température moins élevée, entre 57 et 63,5 °C durant au moins 15 secondes, est considéré comme une alternative à la pasteurisation. Ce procédé rassurant élimine en partie certaines bactéries susceptibles de causer une infection et d'appauvrir la flore lactique. Les germes pathogènes résiduels sont, le plus souvent, inhibés par l'action de l'acidification et de l'affinage.

L'accueil est mitigé, car il prête à confusion : selon les normes, les fromages fabriqués à partir de lait « thermisé » peuvent cependant porter l'appellation fromage au lait cru, ce sont les « faux crus ». Rappelons que le fromage au lait cru ne doit subir aucun chauffage au-delà de 40 °C.

Lait cru

Depuis quelques années, la popularité du fromage au lait cru est florissante. Si l'on trouve encore aujourd'hui des fromages au lait cru en Amérique du Nord, c'est grâce à une poignée d'irréductibles Québécois. Grâce aussi au parmesan italien dont la mise au ban a conduit nos compatriotes italo-québécois influents et haut placés à manifester leur désapprobation. Les interdits sont levés, mais il faut montrer patte blanche pour se proclamer producteur fermier de fromage au lait cru.

Seul le lait provenant d'un même élevage et récolté dans des conditions d'hygiène et de salubrité optimales peut être transformé comme tel.

Il conserve alors ses ferments lactiques naturels, ses propriétés et caractéristiques dont des anticorps qui lui permettent de combattre les microorganismes pathogènes. Le fromage ainsi créé doit attendre en cave 60 jours par mesure de sécurité avant sa mise en marché : le temps qu'il faut pour éliminer les bactéries pathogènes qui pourraient s'y développer. Le fromage au lait cru génère un éventail de saveurs plus subtiles.

VACHE, CHÈVRE, BREBIS

Vache

La réputation du lait de vache n'est plus à faire, il recèle une grande richesse de constitution et il est le plus consommé dans le monde.

Les productions de lait de brebis et de chèvre viennent très loin derrière le lait de vache.

Par leurs caractéristiques biochimiques les laits de chèvre et de brebis présentent de grandes similitudes. La densité est plus élevée, ils coagulent plus vite et donnent un caillé (coagulum) plus ferme que le lait de vache. Leur viscosité est plus élevée, c'est pourquoi ces laits sont très utilisés en fromagerie.

Chèvre

La chèvre donnait à la fois son lait et sa viande. Les Romains le considéraient plus digeste que celui de vache ou de brebis. Le lait de chèvre est moins riche en lactose que le lait de vache, néanmoins leur teneur en minéraux, en matières grasses (lipides) et en protéines sont très semblables. Le lait de chèvre serait moins allergène que le lait de vache parce que sa composition en protéines est différente. Il serait effectivement plus facile à digérer puisque certaines de ses matières grasses s'absorbent plus facilement, car elles séjournent moins longtemps dans l'estomac. Sa blancheur s'explique par l'absence de bêta-carotène.

Les caractéristiques du lait de chèvre lui confèrent certaines aptitudes fromagères, notamment pour la fabrication du fromage frais ou de fromages à affinage court. Le fromage de chèvre est tantôt doux ou crémeux, au goût lactique légèrement acide et au goût de noisette.

Brebis

Le lait de brebis est nettement plus riche que le lait de vache ou de chèvre. Il a un goût doux, riche et légèrement sucré. Il possède un taux de matières solides beaucoup plus élevé que les autres laits et contient jusqu'à deux fois plus de minéraux (calcium, phosphore et zinc) et de vitamines du groupe B.

Comme le lait de chèvre, il serait plus facile à digérer que le lait de vache. Le fromage de brebis est le premier fromage fabriqué par l'homme il y a environ 5 000 ans. Il a un goût de noisette et une légère salinité.

(Source : FAO, fromagerie La Moutonnière)

Tableau comparatif

	Lait de vache	Lait de chèvre	Lait de brebis
Énergie (kcal/litre)	705	600-759	1 100
Composants (g/l)			
Matière sèche	130	134	200
Protéines	34	33	57
Caséine	26	24	46
Lactose	48	45	50
Sels minéraux	9	8	11
Matières grasses	40	41	75
Minéraux (mg/l)			
Sodium	0,5	0,37	0,42
Potassium	1,5	1,55	1,5
Calcium	1,25	1,35	2
Magnésium	0,12	0,14	0,18
Phosphore	0,95	0,92	1,18
Chlore	1	2,2	1,08
Acide citrique	1,8	1,1	
Cuivre	0,1 – 0,4	0,4	0,3 – 1,76
Fer	0,2 – 0,5	0,55	0,2 – 1,5
Manganèse	0,01 – 0,03	0,06	0,08 – 0,36
Zinc	3 – 6	3,2	1 – 10
Vitamines (mg/l)			
A	0,37	0,24	0,83
B1	0,42	0,41	0,85
B2	1,72	1,38	3,3
B6	0,48	0,6	0,75
B9 (acide folique)	0,053	0,006	0,006
B12	0,0045	0,0008	0,006
C	18	4,20	47
Bêta-carotènes	0,21		0,02
Acide nicotinique	0,92	3,28	4,28

Sources : Organisation des Nations-Unies pour l'alimentation et l'agriculture (FAO) et le Réseau d'information sur les opérations après récolte (INPhO).

Valeur calorique par 100 grammes

Pâte fraîche	Entre 300 et 320 calories
Pâte molle	Entre 320 et 350 calories
Pâte demi-ferme	Entre 325 et 375 calories
Pâte ferme et dure	Entre 350 et 420 calories

Type de lait

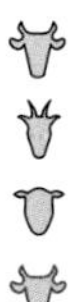

Dans ce répertoire, la tête de vache, de chèvre ou de brebis indique le lait utilisé pour chacun des fromages.

Le lait cru est indiqué par la tête en rouge.

CARACTÉRISTIQUES ET CLASSIFICATION DES FROMAGES

FERMETÉ ET HUMIDITÉ

Au Québec, les fromages sont classés par degré de fermeté, celui-ci s'évaluant selon le rapport entre le contenu en eau et le contenu en matières grasses. Une autre façon de les classifier, toujours selon leur texture, est de tenir compte de la méthode de fabrication, de la pression exercée ainsi que de la cuisson du caillé auquel s'ajoute l'effet de déshydratation ou le séchage.

MÉTHODE DE FABRICATION

Il y a autant de façons de faire des fromages qu'il y a de fromagers, chacun ayant sa conception ou sa recette qu'elle ait fait ses preuves ou non. Il y a peu de créations, le pays est jeune et l'industrie encore plus. Il faut beaucoup d'expérience et plusieurs essais avant d'atteindre le bon dosage des différents ingrédients pour obtenir un fromage à point. En plus des méthodes de fabrication, il faut tenir compte de la nature, des saisons, du lait lui-même.

Le caillé est obtenu par ajout au lait de ferments lactiques ou de présure, généralement du mélange des deux. Le caillé lactique (avec majorité de ferments lactiques) donne un fromage plus acide à la façon du yogourt et une pâte crayeuse ; il est le plus souvent utilisé pour la fabrication des fromages frais ou pour les fromages à pâte molle comme le camembert ou le brie. Le caillé présure (prédominance de la présure) donne un fromage doux et une pâte généralement plus souple ou ferme tels le Saint-Paulin, les tommes, etc. Le dosage, le découpage, le chauffage, le lavage ou non du caillé, l'égouttage du lactosérum ou petit-lait, le travail du caillé, la pression exercée sur le moule, l'affinage, etc. donneront la texture recherchée qu'elle soit crayeuse, crémeuse, friable, granuleuse, souple, plus ou moins ferme, élastique, etc. S'ajoutent des moisissures de surface ou des champignons, des levures, des bactéries ou des ferments d'affinages, il y en a pour toutes les croûtes et toutes les pâtes ; certains favorisant l'arôme, d'autres le goût. Le lait entier est enrichi de crème ou écrémé, on y incorpore de la poudre de lait afin de standardiser la production en usine. Pour d'autres informations, voir la rubrique « Pâtes ».

LES PÂTES

Pâte fraîche

Le fromage frais est l'ancêtre de tous les fromages, il représente la première étape de la fabrication ou le stade de fabrication le moins élaboré... puisque le lait laissé à l'air libre caille spontanément.

Le plus bel exemple est le fromage frais vendu en faisselle, un moule troué d'où s'échappe le lactosérum (petit-lait) et qui donne au fromage sa forme finale. C'est la méthode traditionnelle d'égouttage, les formes et la matière du moule variant d'une région à l'autre : terre cuite, faïence, porcelaine ou fer blanc ; aujourd'hui, le moule est surtout en plastique.

L'ajout de ferments acidifie le lait et le fait cailler. Le caillé est ferme, friable, perméable et fragile. Son goût est acide, contrairement au caillé à base de présure qui, tout en étant moins ferme, est élastique et plus apte aux traitements mécaniques. Son égouttage en est facilité et son goût demeure plus doux.

Le gel ou *coagulum* est ou non coupé ou haché, et son petit-lait égoutté spontanément dans des moules ou par des procédés centrifuges.

Les fromages frais contiennent plus de 60 % d'humidité, leur pâte est plus ou moins dense : liquide, onctueuse ou soyeuse. On les trouve sous les appellations : fromage blanc, quark, cottage, labneh, fromage à la crème, fromage frais de chèvre ou de brebis, ricotta, etc.

Certains fromages moulés, comme le brie ou le camembert sont considérés, avant l'affinage, comme des fromages frais. Ils se présentent sous des garnitures de feuilles, de fruits, d'herbes, parfois macérés dans l'huile.

Le fromage frais se consomme rapidement après sa fabrication.

Pâte molle (croûte fleurie et croûte lavée)

Leur ancêtre est le camembert, fromage créé il y a plus de deux siècles par la fermière normande Marie Harel. Ils contiennent entre 50 % et 60 % d'humidité et se retrouvent sous des croûtes fleuries ou lavées. Ils sont fabriqués à partir de lait pasteurisé ou de lait cru de vache, de chèvre ou de brebis.

La texture coulante et crémeuse de fromage est due à sa méthode de fabrication et à l'égouttage du caillé qui est déposé (à la louche), sans être brisé ou rompu, dans des moules : il s'égoutte naturellement sans pression ; on parle d'égouttage spontané. Après quelques heures, la masse est salée à l'aide de sel fin ou de poudre de sel, ou encore plongée dans une saumure. La croûte blanche et fleurie est formée par un champignon, le *penicillium candidum*, que l'on pulvérise sur la surface avant l'affinage qui dure environ un mois.

Le principe de fabrication d'un fromage à croûte lavée est semblable, sauf que le caillé est coupé plus ou moins finement avant d'être mis en moule. Ce « rompage » facilite l'écoulement du petit-lait : la pâte sera plus serrée, plus compacte mais néanmoins moelleuse, coulante ou plus ferme, selon le degré de séchage. Durant l'affinage, qui s'étend sur deux à quatre mois, le fromage est retourné régulièrement puis brossé ou lavé à l'aide d'une saumure additionnée de bière, d'hydromel, de vin ou d'eau-de-vie, ce qui contribue à l'élaboration de ses diverses caractéristiques. Il révèle des saveurs marquées ou prononcées, parfois fortes.

Pâte molle (double crème et triple crème)

Pour obtenir un fromage double ou triple-crème il suffit d'ajouter de la crème au lait. à quelques rares exceptions près les double-crème se trouvent sous forme de brie ou de camembert.

Pâte demi-ferme (pressée, non cuite ou semi-cuite)

C'est la quantité de lactosérum extrait ou soutiré et la pression exercée sur le moule qui déterminent la fermeté dudit fromage préalablement salé, puis séché. En raison de leur taille, leur période d'affinage se prolonge au-delà de celle requise normalement pour les fromages à pâte molle. La croûte est frottée et lavée ou laissée au naturel.

Les fromages à pâte demi-ferme ont entre 45 % et 50 % d'humidité. Ils sont fabriqués à partir de caillé peu ou pas chauffé (non cuit) et souvent pressés. Leur texture peut être souple, comme le Saint-Basile de Portneuf, le morbier, le Saint-Paulin, ou crémeuse comme celle du Capra ou du Mamirolle, ou bien friable, comme le féta, les crottins affinés ou les bleus.

Pâte ferme

Les pâtes fermes semi-cuites ou cuites ont entre 35 % et 45 % d'humidité. Le caillé se raffermit sous l'effet d'un très léger chauffage, ce qui permet d'en extraire plus de petit-lait, tout en lui donnant une texture plus sèche et une certaine élasticité, comme pour le cheddar et le gruyère.

Pâte dure

Les fromages à pâte dure sont faits selon le même procédé que les fromages à pâte ferme. Leur taux d'humidité est inférieur à 35 %. Ces fromages, parmi lesquels on trouve le romano et le parmesan, subissent de fortes pressions et sont conservés en hâloir pour y être séchés pendant une période plus ou moins longue (jusqu'à deux ans).

Pâte filée

Le principe de fabrication est unique : le caillé s'obtient par une fermentation lactique suivie d'une deuxième acidification à base de présure qui active l'élasticité du caillé et facilite le filage de la pâte. Le caillé est pétri, chauffé dans l'eau ou le petit-lait puis étiré, jusqu'à l'obtention d'une masse fibreuse et plastique. On le moule en forme de boule (bocconcini) ou de poire (caciocavallo). Le salage est obtenu par immersion dans un bain de saumure et précède l'affinage qui s'étend sur une période plus ou moins longue. Les fromages sont parfois fumé comme le *caciacavallo* ou ne subissent aucun affinage, et certains, comme les bocconcini, doivent être consommés très frais.

Pâte persillée

La fabrication de ces fromages est semblable à celle des pâtes molles ou demi-fermes et non cuites. Le caillé est malaxé et ensemencé de *penicillium glaucum roqueforti* ou autre pour permettre le développement de moisissures. L'affinage se fait en cave humide ou dans un hâloir durant plusieurs mois. On incise la pâte à l'aide de broches afin de faciliter la circulation de l'air dans la pâte et pour susciter la création des veines bleuâtres. Ces fromages peuvent être élaborés avec des laits différents. Ils sont plus fermes lorsque l'on utilise le lait de chèvre. Ils peuvent être recouverts ou non d'une croûte naturelle et parfois d'une croûte fleurie. Leur saveur est forte et piquante.

Au chapitre *Répertoire des fromages*, voir *Bleu*.

ACHAT ET CONSERVATION

Bien acheter ses fromages et bien les conserver, afin de les déguster des jours, voire des semaines après, sont des tâches faciles. Elles vous permettront d'apprécier davantage leurs saveurs authentiques. Cette partie du guide devrait répondre à toutes vos interrogations...

ACHAT

Vérifiez la date limite de consommation portée sur l'emballage avant d'acheter un fromage frais qui se reconnaît à son parfum frais, léger et délicat, sans amertume. Vous hésitez à acheter un fromage inconnu ? Demandez au fromager de goûter avant de prendre votre décision. Préférez les fromages au lait cru à ceux au lait pasteurisé ou thermisé, leur gamme de saveur est beaucoup plus étendue. Évitez les fromages à pâte molle et à croûte fleurie qui ont une odeur d'ammoniaque ou dont la croûte est dure, brunâtre ou sableuse, de même que les fromages lavés à la croûte collante ou visqueuse (sauf quelques exceptions, pour en savoir plus consultez le répertoire).

CONSERVATION

Évitez de garder une trop grande quantité de fromages à la maison, pour la plupart, ils sont meilleurs au moment de l'achat, et il faut les consommer rapidement.

La température idéale de conservation d'un fromage pour une courte période varie entre 10 et 15 °C, dans une cave ou un garde-manger, sinon il faut les ranger dans la partie la moins froide du réfrigérateur. Pour une période plus longue, la température idéale varie entre 2 et 4 °C.

Enveloppés dans un papier ciré ou sulfurisé doublé d'une feuille d'aluminium (microperforée si possible), les fromages se conservent plus longtemps.

Les fromages à pâte molle doivent se consommer rapidement ; on peut les conserver deux semaines. Une pâte demi-ferme ou ferme se conserve jusqu'à deux mois et parfois plus au réfrigérateur dans un papier ciré doublé d'une feuille d'aluminium.

Privilégiez l'achat de fromages entiers ou en morceaux assez grands, car, en portions plus petites, les fromages perdent leur saveur s'ils ne sont pas consommés rapidement. Il en est de même pour les fromages râpés (romano ou parmesan) qui peuvent néanmoins conserver leur bon goût une fois scellés sous vide.

Ne conservez pas un fromage frais ou doux avec un fromage fort ou affiné, les parfums de l'un pourraient influer sur le goût de l'autre. Placez-les dans des contenants avec couvercle (verre, porcelaine, terre cuite ou plastique à couvercle microperforé), vous pouvez ainsi regrouper les mêmes types dans un seul contenant.

Évitez les emballages plastifiés qui empêchent le fromage de respirer ; l'humidité qu'ils provoquent favorise les moisissures, ce qui peut rendre les fromages impropres à la dégustation. Aussi, transférez dans du papier ciré les morceaux de fromages achetés dans des pellicules de matière plastique.

Un fromage entier peut être conservé dans son emballage d'origine.

Un fromage à pâte ferme a besoin de fraîcheur et d'humidité, il ne devrait pas être trop sec, et sa surface ne devrait pas comporter de craquelures.

Conservez-le enveloppé de papier d'aluminium. Un linge imbibé de vin blanc lui rendra sa souplesse.

Ne retirez pas la croûte des fromages, car elle forme une protection naturelle et conserve à la pâte tout son bouquet.

CONGÉLATION

Il est possible de congeler les fromages même si cela est fortement déconseillé, et c'est la solution ultime. La congélation ne change pas totalement la saveur des fromages, mais peut en altérer la texture. Le gel sépare l'eau du solide, modifie la structure de la pâte et peut nuire à la fonte de certains fromages, la mozzarella par exemple ne fond pas aussi bien, elle devient huileuse. Il faut donc s'attendre à ce qu'un fromage à haut taux d'humidité voie sa texture altérée par la congélation. Plus un fromage est sec et plus sa texture devient friable.

En général, la congélation ne change rien à la cuisson ou à l'utilisation dans les plats cuisinés.

Bien envelopper les fromages d'une feuille d'aluminium et les disposer dans des sachets conçus pour la congélation ; retirer l'air. Laisser décongeler au réfrigérateur.

Les fromages à pâte fraîche tels les chèvres frais se congèlent correctement : bien les enfermer dans des sachets conçus pour la congélation en prenant soin de retirer l'air. Les laisser décongeler au réfrigérateur et bien les mélanger avant de les consommer.

PRÉSENTATION ET DÉCOUPE

Un plateau doit recevoir une part de fromage frais, un fromage à pâte molle, un fromage affiné et d'autres à pâte demi-ferme, ferme ou dure. On peut ajouter un fromage aux herbes.

Disposez les fromages par ordre croissant de consistance, de goût et saveur : de fraîche, neutre, douce à marquée, prononcée puis forte et piquante ou faisandée. Servez d'abord les fromages doux et délicats suivis par ceux à saveur plus prononcée. Terminez avec les pâtes dures.

Mieux vaut choisir trois ou quatre fromages de qualité plutôt qu'un trop grand nombre de moindre qualité. Regroupez un fromage doux à pâte molle et à croûte fleurie et un plus corsé à croûte lavée, un autre à pâte demi-ferme et un bleu. Il est utile de pouvoir décrire les propriétés de chaque fromage présenté, s'ils sont au lait de vache, de chèvre ou de brebis, leur provenance ou origine, s'ils ont été affinés ou travaillés. Faites chambrer les fromages au moins deux heures à la température de la pièce avant de les présenter pour qu'ils soient à point.

LA DÉCOUPE DES FROMAGES

La découpe d'un fromage est importante. Il faut tenir compte de l'esthétique, mais aussi et surtout du fait que le fromage n'a pas le même goût partout. La pâte est plus savoureuse près de la croûte à cause de son plus haut degré de maturation. La croûte est soit mince soit épaisse, elle est naturelle ou recouverte d'une fine couche de champignons qu'il est agréable de savourer, ou encore elle est lavée et son goût est plus prononcé. Il faut répartir les portions de façon que chacune contienne une part de croûte et de pâte suffisante pour pouvoir saisir toutes les nuances du fromage. Suivant la forme du fromage et de la consistance, divisez-le de façon à répartir équitablement la pâte et la croûte sur chaque tranche.

Chaque forme de fromage demande un type de coupe spécifique :

Les fromages ronds ou carrés, peu épais et de petite dimension se divisent en pointes comme un gâteau ou une tarte. Ne jamais couper le nez ou la pointe d'un fromage.

Les petits fromages de chèvre comme les crottins se coupent en deux.

Les formes cylindriques de diamètre assez grand (provolone ou certains fromages frais) sont d'abord coupées en lamelles d'un ou deux centimètres (3/4 po environ) puis de nouveau en pointes ou en quartiers.

Les rouleaux se coupent en tronçons chacun pouvant à nouveau être coupé en deux ou en quartiers.

Les formes coniques ou pyramidales sont divisées en deux à partir du centre de haut en bas puis en quartiers.

Les fromages rectangulaires peu épais sont coupés en tranches parallèles à partir du côté le plus court, ou encore par lignes diagonales, ce qui permet d'offrir des pointes.

Les fromages ronds de grande dimension tels que l'Oka ou le Miranda sont coupés en pointes, ces mêmes quartiers séparés en deux dans le sens de l'épaisseur si besoin.

Pour les grands fromages, tel que le comté ou le gruyère, répartissez équitablement la pâte et la croûte sur chaque tranche. N'oubliez pas les règles d'esthétique et de symétrie pour que la tranche, si elle n'est pas entièrement consommée, puisse être de nouveau coupée de façon appropriée. Pratiquez des coupes transversales.

LES FROMAGES EN CUISINE ET SUGGESTIONS D'UTILISATION

DÉGUSTATION ET ACCOMPAGNEMENTS

Chaque fromage a ses particularités. Pour la dégustation, il faut respecter quelques règles et apporter autant de soin au choix des vins qu'à celui des pains qui les accompagnent.

Il n'y a pas de règle stricte, mais le meilleur choix est celui qui se fonde sur les goûts personnels. Tenez compte de la saveur du fromage plutôt que de son odeur. Un fromage doux se marie avec un vin (blanc ou rouge) lui aussi doux et moelleux tandis qu'un fromage marqué ou corsé s'allie à un vin rouge charpenté ou un porto, ce qui n'empêche pas d'heureux mariage avec le vin blanc (Orpailleur, Vin de Mon Pays, Gewurstraminer, etc.).

Il ne faudrait pas négliger le cidre ou le cidre de glace, le calvados, l'hydromel ou la bière.

Le fromage coupé en petits cubes et mis à mariner dans l'huile avec de fines herbes et des épices se conserve plusieurs jours. Ces délices conviennent aux salades, aux hors-d'œuvre et bien d'autres entrées.

Une croûte veloutée séchée peut être râpée et utilisée dans les potages et salades. On peut détailler les croûtes ou surfaces durcies des fromages en motifs divers ou en lamelles fines pour décorer un plat.

LES PAINS

Le goût du pain ne doit pas empiéter sur celui du fromage, prendre le dessus ou monopoliser le palais. Il sert de support : le bleu avec pain aux noix, la pâte molle - camembert ou brie - avec une ficelle, une baguette ou un bon pain de campagne. Servez le chèvre frais ou un fromage au lait de brebis avec un pain blanc, un pain de blé ou mieux, un pain au levain. Un fromage à saveur forte se sert sur un pain grillé ou avec des biscottes, son goût prononcé peut masquer celui du fromage plus doux.

LES FRUITS ET LES NOIX

La tradition française veut que l'on n'accompagne pas les fromages de fruits frais (pommes, poires et raisins) ou secs, mais qu'importe. Le mélange des deux est exquis, l'acidité et le sucré du fruit avive et rafraîchit le palais, c'est un complément tout désigné au goût riche, salé ou doux du fromage. Par contre, sans choquer les traditions, on peut ajouter une corbeille de noix de Grenoble, d'amandes, de noisettes et de noix de pacane.

SUGGESTIONS PAR TYPE DE FROMAGES

BLEUS

VIN D'ACCOMPAGNEMENT

Vin rouge corsé, porto.

AUTRES BOISSONS

Une bière forte (Maudite, Fin du Monde).

DÉGUSTATION

Avec des fruits.

EN CUISINE

- Avec des viandes (hamburger au bleu, entrecôte ou filet), des pâtes ou des légumes, pour lier une sauce, une vinaigrette au citron ;
- ajouté à la fondue ;
- émietté, nappé de vinaigrette au citron avec une salade verte ou des endives aux noix.

AUTRES SUGGESTIONS

- En dessert avec un porto ;
- en canapés, moitié bleu et moitié beurre additionné d'un peu de cognac ;
- en tartinade sur du pain aux noix ou aux raisins ;
- en trempette avec un mélange de crème aigre, de jus de citron, sel et poivre.

EXEMPLES DE RECETTES

Sauce au bleu : faire fondre une échalote hachée dans un peu de beurre, incorporer 250 ml (1 tasse) de crème sûre ou de crème et du bleu au goût.

Croque-monsieur Curnonsky : tartiner deux tranches de pain avec un mélange de beurre et de fromage bleu ; les refermer sur une tranche de jambon puis les faire dorer à la poêle dans le beurre ou l'huile d'olive.

BREBIS (VOIR CHÈVRE FRAIS)

BRIE, CAMEMBERT, FROMAGES À CROÛTE FLEURIE ET À PÂTE MOLLE

VIN D'ACCOMPAGNEMENT

Vin rouge (Cabernet Sauvignon, Merlot, Syrah) ou blanc léger (Chardonnay, Sauvignon), ou vin blanc québécois (Clos Saint-Denis, Cuvée William, Marathonien, Orpailleur, Vin de Mon Pays), ou vin blanc fruité (Gewurztraminer, Riesling).

AUTRES BOISSONS

Cidre ou bière légère.

DÉGUSTATION

Chambré deux heures avant de consommer, sur un plateau, servi nature avec un bon pain (blanc, de campagne ou aux noix) et accompagné de fruits ou de noix.

EN CUISINE

- Chauffé au four, sur des biscottes ou des tranches de pain ;
- en entrée, dans une tarte au brie ;
- dans une soupe : bouillon de poulet, carotte, céleri, oignon, ail et fromage ;
- fondu, ajouté à des plats de légumes, de fruits de mer, de viandes (poulet et veau) ou un filet de poisson.
- dans une boulette de steak haché (hamburger) ;
- incorporé dans un plat de pâtes ;
- dans certaines pâtisseries : tartelettes, tartes, quiches ;
- en remplacement de la crème pour lier les sauces ;
- en pâte feuilletée, ou *filo*, sur un coulis de fruits.

AUTRES SUGGESTIONS

- Dans les sandwichs avec du *prosciutto* ;
- servi avec des fruits: mangue, papaye, cantaloup, etc. ;
- décoré de motifs façonnés avec la croûte fleurie.

EXEMPLES DE RECETTES

Croquette : retirer la croûte, badigeonner d'œuf battu ; enrober de chapelure ; rafraîchir avant de poêler dans l'huile.

Croque-monsieur aux champignons : tranche de pain grillée, nappée de champignons émincés (de Paris, pleurotes, cèpes, etc.) sautés à l'oignon, à l'ail et au persil. Gratiner.

En croûte, dans une pâte feuilletée : recouvrir de pâte feuilletée, badigeonner au jaune d'œuf et cuire au four à 200 °C (400 °F) 20 minutes ; laisser tiédir avant de consommer, nature ou aromatisé avec des herbes ou des épices ou encore accompagné d'un peu de saumon fumé et de champignons sautés.

Ouvert en deux dans le sens de l'épaisseur et farci avec des champignons sautés et assaisonnés aux herbes, voire avec des fruits, etc.

Farcir un petit pain rond préalablement creusé, remettre la croûte en place et chauffer au four à 150 °C (300 °F).

Légèrement fondu sur un carré de pâte feuilletée cuite surmonté de fines tranches de poire ou de pomme, d'un jet de citron et de thym.

Dans un gâteau ou tarte au fromage (croûte au biscuit Graham, remplacer la moitié de fromage à la crème par du brie).

CHÈVRE FLEURI

VIN D'ACCOMPAGNEMENT

Vin blanc fruité Sauvignon ou Chardonnay ou vin blanc québécois (Clos Saint-Denis , Cuvée William, Marathonien, Orpailleur, ou Vin de Mon Pays).

EN CUISINE

- Dans les sauces pour napper les légumes, les grillades et les poissons ;
- en rondelles, sur un croûton de pain ficelle avec une salade de noix et de fines laitues ou de jeunes courgettes.

CHEDDAR

VIN D'ACCOMPAGNEMENT

Vin rouge de fruité à charpenté ou porto, selon son degré d'affinage.

AUTRES BOISSONS

Bière vin mousseux ou jus de fruits.

DÉGUSTATION

En morceaux avec des fruits.

EN CUISINE

- Dans les soupes, les plats cuisinés, les gratins et les omelettes ;
- intégré à des œufs brouillés avec un peu de moutarde forte et des oignons verts ;
- en raclette ;
- égrené ou en cubes dans une salade composée, des plats de pâtes, de viande ou de légumes ;
- dans les pailles au fromage, un soufflé.

AUTRES SUGGESTIONS

- Servi nature en collation ;
- dans les sandwichs ;
- avec de la confiture des fruits. certains desserts et pâtisseries ;
- sur la tarte aux pommes à l'ancienne.

CHÈVRE, CHÈVRE FRAIS (MI-CHÈVRE ET BREBIS) NATURE

VIN D'ACCOMPAGNEMENT

Vin blanc (Sauvignon, Chardonnay ou vin blanc québécois : Clos Saint-Denis, Cuvée William, Marathonien, Orpailleur, Vin de Mon Pays) ou rouge léger et fruité.

DÉGUSTATION

Premier fromage de plateau, nature, consommé le plus rapidement possible.

EN CUISINE

- Chaud sur un croûton ou une tranche de pain puis chauffé 5 minutes à 160 °C/325 °F ;
- sur la pizza avec des tomates et des olives noires ;
- pour farcir des tomates et des feuilles d'endives ;
- sur des demi-tomates épépinées et grillées au basilic, ciboulette ou origan ;
- dans une salade aux noix, une salade d'épinards avec raisins secs, noix de Grenoble et quartiers de pomme caramélisée au sirop d'érable ; arrosé d'huile d'olive ;
- pour lier les sauces en remplacement de la crème, de la crème sure ou du yogourt ;
- partout où un fromage à la crème est requis ;
- dans les gratins de légumes, les légumes farcis, une sauce blanche, pour napper un filet de poisson ou une viande blanche.

AUTRES SUGGESTIONS

- Frais nature ou assaisonné sur du pain ou des biscottes ;
- sur des canapés (saumon fumé, jambon, poires et noix) ;
- avec des crêpes, beignets et galettes, dans les pâtisseries ;
- nature, nappé de confiture, de miel ou de sirop d'érable ; saupoudrer de sucre ;
- avec des petits fruits (fraises, framboises, bleuets, mûres, etc.) en guise de dessert ;
- dans la crème glacée ;
- certains chèvres en rouleau conviennent au buffet : ils s'adaptent aux longs séjours à température ambiante ;

· pour les trempettes avec une bonne huile d'olive ou en y ajoutant de la crème sure.

EXEMPLES DE RECETTES

Déposer sur une tranche de fruit (pomme ou poire) puis chauffer à 170 °C (325 °F) 5 minutes ; servir nature ou napper de miel ou de sirop.

CHÈVRE FRAIS, NATURE OU ASSAISONNÉ, DANS L'HUILE

EN CUISINE

· Avec une salade composée ;

· pour accompagner les pâtes ;

· faire sauter avec des légumes ;

· incorporé à une omelette ;

· une sauce pour accompagner une viande (poulet, veau) ou un poisson ;

· fondu, sur une viande grillée ;

· incorporé à une sauce blanche (béchamel) pour napper les légumes, un filet de poisson ou une viande blanche ;

· conseil : récupérer l'huile de macération pour une vinaigrette destinée aux salades.

AUTRES SUGGESTIONS

· Servir les boulettes natures ;

· canapés : sur un pain de seigle ou un pain au goût marqué, un demi-bagel ;

· faire fondre sur une tranche de pain, au barbecue (le temps de griller le pain).

CHÈVRE DE TYPE CROTTIN

VIN D'ACCOMPAGNEMENT

Vin blanc de la Loire, un Sancerre, sauvignon blanc, Pouilly Fumé ou vin blanc québécois (Clos Saint-Denis, Cuvée William du vignoble Rivière du Chêne, Marathonien, Orpailleur, Vin de mon Pays, etc.).

DÉGUSTATION

Nature, sur un plateau.

EN CUISINE

- Sec ou semi-sec, râpé finement ou en flocons dans les salades, les soupes, les sauces, les légumes ou les viandes, les huiles et les vinaigrettes ;
- pour farcir des têtes de champignons préalablement badigeonnées de vinaigre balsamique, avec un peu de basilic ;
- en morceaux ou fondant dans une salade avec dés de betterave, du céleri, des échalotes et assaisonné au cumin ;
- dans une pâte feuilletée et cuit au four ;
- sur des pâtes, mélangé avec d'autres fromages : bleu, brie, fromage à la crème, mozzarella ;
- dans une sauce, fondu et mélangé avec de la crème.

AUTRES SUGGESTIONS

- En entrée, entier et chaud, sur une chiffonnade de laitue ;
- en *bruschetta* avec des dés de tomate fraîche et du basilic haché ;
- râpé, quand il est vieux ;
- sur une pizza (râpé ou en rondelle mince), sauce tomate-olives-basilic.

EXEMPLES DE RECETTES

Croûton au chèvre chaud : disposer une rondelle de chèvre sur un croûton préalablement grillé ; faire fondre le fromage au four et déposer sur un lit de salade ou agrémenter d'huile d'olive, de noix, d'olive, de raisin, de tomates, de champignons ou de quartiers de pomme.

Chauffé et enrobé de chapelure ou en croquette (badigeonner à l'œuf, enrober de chapelure et frire dans un peu d'huile).

Disposer une rondelle de fromage chaud sur des pommes de terre, sur un autre légume ou une viande (blanc de poulet, tournedos, boulette).

En papillote de pâte *filo* ou feuilletée sur des tranches de poire, arroser d'huile d'olive ou de tournesol ou de pépin de raisin puis saupoudrer de poivre et de coriandre ; cuire au four à 200 °C (400 °F) jusqu'à dorure.

COTTAGE

Comme le fromage blanc, le cottage se prête bien aux assaisonnements, aux salades, à un gâteau au fromage, voire avec des fruits.

DOUBLE ET TRIPLE CRÈME

EN CUISINE

De l'entrée au dessert, dans les plats cuisinés pour lier les sauces ou pour napper une viande (poitrine de poulet par exemple).

EXEMPLES DE RECETTES

Filet de bœuf au poivre vert et triple crème : saisir la viande de chaque côté et terminer la cuisson au four à 200 °C (400 °C) de 5 à 10 minutes ; faire revenir des grains de poivre vert dans la poêle avec un verre de cognac, flamber, ajouter 250ml (1 tasse) de crème et la moitié de Belle Crème ; mijoter quelques instants et servir pour napper le filet de bœuf (recette de Saputo).

FÉTA

VIN D'ACCOMPAGNEMENT

Vin blanc sec (chablis) ou rouge léger.

EN CUISINE

· Dans les feuilletés (féta, ail, persil ou coriandre enroulé dans feuille de brick, frit) ou les feuilletés à base de pâte *filo* ;

· en salade avec des quartiers de tomate, de concombre, de la féta en cubes, des herbes, vinaigrette (huile, vinaigre, sel et poivre) ;

· incorporé aux sauces (béchamel, à la crème, etc.) ;

· pour gratiner, égrené sur une pizza à la grecque avec garniture d'oignons, champignons, olives ;

· fondu au four ou sur le barbecue (dans une feuille d'aluminium) : bâtonnet de féta arrosé d'un peu d'huile d'olive et d'un soupçon de miel (facultatif), saupoudré d'origan ou romarin ;

· en accompagnement légumes marinés avec citron ou vinaigre et huile d'olive, puis grillés (poivrons, courgettes, poireaux) ;

· dans une paupiette, mélangé à de la viande de poulet, de veau ou de porc ;

· frit en croûte feuilletée.

AUTRES SUGGESTIONS

· En collation, coupé en cubes avec des olives et du pain de campagne ;

· au petit déjeuner, nature, arrosé d'un filet d'huile d'olive ;

· sur les canapés ou en hors-d'œuvre ;

· dans les sandwichs à la tomate.

EXEMPLES DE RECETTES

TARTE À LA FÉTA : mélanger des pommes de terre cuites écrasées avec un peu moins de la quantité de féta, un peu d'huile d'olive ou de beurre, une touche de crème et des jaunes d'œufs pour lier ; mettre dans une pâte feuilletée ou brisée, couvrir et cuire au four 1 heure.

FROMAGE FRAIS

EN CUISINE

· En remplacement de la crème, pour farcir les pâtes ;

· pour lier les sauces, en remplacement de la crème ;

· pour napper les pommes de terre au four ;

· dans une tarte au fromage, une quiche lorraine ;

· en dessert avec des noix, des fruits, des confitures, du miel ou des sirops ;

· dans les gâteaux au fromage, en remplacement du fromage à la crème ;

· pour glacer les gâteaux.

AUTRES SUGGESTIONS

· En trempettes avec des crudités ;

· en tartinade : nature sur du pain de campagne ou des biscottes ;

· sur un bagel accompagné de saumon fumé ;

· à la place du fromage à la crème.

FROMAGES EN SAUMURE

DÉGUSTATION

Conseil : dessaler (si désiré) dans l'eau fraîche une heure ou plus avant de consommer ; sécher aussitôt pour éviter une altération de la texture.

EN CUISINE

· Émietté ou en morceaux dans une salade de tomates au basilic et vinaigrette ;

· tranché et grillé dans une poêle anti-adhésive ou sur la grille du barbecue ;

· frit à l'huile d'olive ;

· chaud, enroulé dans une feuille de laitue ;

- dans les gratins, seul ou mélangé à d'autres fromages.

AUTRES SUGGESTIONS

- En collation accompagné d'une bière ;
- chaud ou froid, en brochette ou en amuse-gueule ;
- dans les sandwichs ;
- dans un pain pita avec des dés de concombres, des tomates et des feuilles de menthe ou tomates, oignons, poivron vert, huile d'olive ;
- sur la pizza.

GOUDA

EN CUISINE

- Jeune, le gouda fond facilement à la chaleur ; il s'utilise dans les fondues ou pour lier certaines sauces ; plus âgé il devient excellent pour les plats au gratin ;
- aux Pays-Bas, le gouda jeune sert à confectionner la fondue traditionnelle, le kaasdoop (gouda tranché et fondu sur des pommes de terre bouillies) servi avec du pain brun, assaisonné au cumin ou fumé ;

· dans les sandwichs ou les plats cuisinés, dont il rehaussera le goût.

HAVARTI

AUTRES SUGGESTIONS

· En guise de collation, en tranches fines ; avec des fruits ;

· coupé en cubes, dans les salades composées ;

· dans les sandwichs ou la soupe.

MORBIER

VIN D'ACCOMPAGNEMENT

Vin rouge ou blanc de Bourgogne.

EN CUISINE

· En bouchées ou avec une salade d'endive ou de cresson sur une baguette ;

· râpé pour relever les légumes et les sauces.

PARMESAN

VIN D'ACCOMPAGNEMENT

Porto.

EN CUISINE

· Pour assaisonner les plats de pâtes ou de légumes ;

· râpé dans les soupes ;

· pour accompagner le carpaccio de bœuf ;

· mélangé avec un fromage plus doux dans les plats, pour les gratins ou sur la pizza ;

· dans un rizotto.

PÂTE DEMI-FERME À CROÛTE LAVÉE

VIN D'ACCOMPAGNEMENT

Vin rouge corsé, porto ou blanc sec.

DÉGUSTATION

Comme fromage de plateau.

EN CUISINE

· En entrée, avec des asperges fraîches

arrosées d'huile et parsemées d'ail et de fromage tranché ;

· en bouchées enrobées de chapelure et frites quelques secondes ;

· émincé sur une salade de tomates ;

· en cubes dans les salades ;

· conseil : laisser fondre sans dorer, pour en retirer le maximum de saveur ;

· fondu sur croûton et accompagné d'une salade ;

· fondu assaisonné au pesto ou agrémenté de champignons ;

· sur des pâtes fraîches ;

· fondu avec la croûte sur des pommes de terre aux lardons ou au bacon (lardons frits-pommes de terre en rondelles-tomme) ;

· dans les plats cuisinés ou pour gratiner ;

· fondu sur une boulette de bœuf avec des pleurotes et des échalotes sautées ;

· fondu, nature, sur une viande ou des pommes de terre bouillies ;

· fondu sur une viande, filet de porc ou poitrine de poulet, servi avec une sauce à l'échalote sèche et jus de cuisson déglacé avec un peu de bouillon ;

· dans les recettes de chèvre chaud ;

- pour lier certaines sauces ;
- incorporé à la béchamel ;
- dans les roulades de jambon ou d'asperges ;
- dans une escalope de poulet ;
- râpé pour gratiner les pizzas ;
- ajouté à une polenta ;
- en raclette ;
- dans les soufflés, la fondue au fromage, les quiches ou les tartes.

AUTRES SUGGESTIONS
- Conseil : se prête à merveille au buffet ;
- dans les sandwichs, les canapés, les croque-monsieur ;
- sur la *bruschetta* (croûton à la tomate à l'italienne) ;
- avec des fruits (dattes ou figues farcies d'un morceau de fromage) ;
- avec des poires un peu croquantes, un pain aux noix ou à la farine de sarrazin.

EXEMPLE DE RECETTE
Tranché et fondu sur un morceau de thon rouge grillé et accompagné d'une sauce vanillée (restaurant le candélabre à Saint-Léon).

PÂTE FERME

VIN D'ACCOMPAGNEMENT
Porto.

DÉGUSTATION
Nature sur un plateau pour en apprécier toutes les saveurs.

EN CUISINE
- Dans les salades composées ;
- dans les tartes et les quiches (au jambon) ou avec des fruits ;
- râpé sur des pâtes fraîches ;
- dans les plats cuisinés ou pour gratiner ;
- fondu sur une viande ou les pommes de terre bouillies ;
- incorporé à une purée de légumes ou de courges ;
- dans les roulades de jambon ou d'asperges ;
- enroulé dans une escalope de poulet ;
- dans la béchamel, une fondue, des muffins ;
- en lamelles fines avec des poires sur du pain grillé ;
- nature avec des fruits frais.

AUTRES SUGGESTIONS
- En morceaux, en guise de collation, ou, lors d'une réception, dans un buffet ;
- dans un sandwich ou des croque-monsieur.

PÂTES FILÉES ITALIENNES

Mozzarina mediterraneo

EN CUISINE
- En hors-d'œuvre ;
- en salade avec des tomates fraîches, des piments rôtis et des herbes, arrosé d'huile d'olive ;
- tranché pour accompagné des quartiers de pastèque ;
- arrosé d'huile d'olive et assaisonné ou non de basilic ou d'origan ;
- tranché et fondu sur une pizza aux tomates, à l'ail et aux herbes ;
- dans les plats cuisinés, fondu sur une boulette de bœuf ou une côte de veau.

Bocconcini

EN CUISINE
- En *antipasti* ;
- en salade avec des tomates fraîches tranchées ou des poivrons rôtis, assaisonné d'un filet d'huile d'olive et aux herbes fraîches (basilic ou origan) ;
- en brochette avec des fruits (ananas, mandarines, melons, figues, olives,

tomates cerises en alternance avec des tranches de jambon sec ou cuit.

Cacciocavallo

DÉGUSTATION

Tranché comme fromage de table.

EN CUISINE

· Dans les salades ou en sandwichs ;

· fondu sur une viande (poulet, veau, porc) ou une boulette de steak haché ;

· dans les plats cuisinés, fondu ou gratiné.

EXEMPLES DE RECETTES

Trancher et déposer à la surface d'une soupe ; excellent dans la soupe au riz, au citron et au cacciocavallo fumé: voir recette à la page 60 de l'ouvrage *Les Fromages du Québec. Cinquante et une façons de les déguster et de les cuisiner* (Éditions du Trécarré), par Richard Bizier et Roch Nadeau.

Provolone

EN CUISINE

· Conseil : le provolone fond à merveille et agrémente les plats cuisinés ou les gratins ;

· en entrée, accompagné de piments marinés, de tomates, de *prosciutto* et d'olives.

AUTRES SUGGESTIONS

· En collation accompagné de fruits ou de noix ;

· dans les garnitures pour les sandwichs ou autres goûters.

EXEMPLES DE RECETTES

Faire dorer des quartier de pommes (ou un oignon en lanières) dans le beurre, incorporer le provolone râpé ; frire jusqu'à croquant, retourner et frire de l'autre côté ; servir.

PÂTE MOLLE À CROÛTE LAVÉE

VIN D'ACCOMPAGNEMENT

Vin rouge de fruité à charpenté, vin blanc.

AUTRES BOISSONS

Bière.

DÉGUSTATION

Comme fromage de plateau.

EN CUISINE

Fondu avec la croûte sur des pommes de terre aux lardons ou au bacon (lardons frits-pommes de terre en rondelles-tomme).

EXEMPLES DE RECETTES

Farcir une figue fraîche d'un morceau de fromage jeune, chauffer au four jusqu'à ce que le fromage commence à couler.

RACLETTE

VIN D'ACCOMPAGNEMENT

Sauvignon blanc.

AUTRES BOISSONS

Eau-de-vie.

EN CUISINE

Dans les gratins et les plats cuisinés.

EXEMPLES DE RECETTES

La recette originale de la raclette consiste à rapprocher une demi-meule de fromage près d'une source de chaleur (flamme ou autre), lorsqu'il est bien chaud et commence à couler on le racle sur des pommes de terre en robe des champs. La raclette s'accompagne de cornichons, de petits oignons au vinaigre et de poivre.

RICOTTA

EN CUISINE

· Conseil : la ricotta fond bien et

s'ajoute à des sauces en remplacement de la crème ;
- avec des crêpes, beignets et galettes ;
- à l'italienne pour farcir des pâtes aux épinards ;
- ajouté à des œufs brouillés ;
- en salade ;
- dans les gratins de légumes ou des légumes farcis ;
- sur une pizza ;
- dans des gâteaux au fromage ;
- en dessert dans les *canolli* ou le *tiramisu*.

AUTRES SUGGESTIONS
- Au déjeuner sur des tranches de pain grillées ou avec un bagel et les confitures artisanales ;
- avec les trempettes.

EXEMPLES DE RECETTES
Pour garnir une lasagne : l'incorporer à une béchamel avec du basilic frais, la même quantité de parmesan, du sel, du poivre et de la muscade ; mettre ensuite à gratiner.

Dans des plats et pâtisseries corses et des recettes méditerranéennes dont l'*imbrucciata*, une tarte garnie de 500 g de Neige de brebis mélangé avec 6 œufs, 250 ml (1 tasse) de sucre, des zestes de citron ou de l'eau-de-vie ; le tout accompagné de bonne confiture.

SAINT-PAULIN

VIN D'ACCOMPAGNEMENT
Rouge fruité ou Chardonnay.

EN CUISINE
- Dans les salades composées ; avec les légumes, les viandes et les pâtes, fondu ou non ;
- dans les gratins.

AUTRES SUGGESTIONS
En collation, en brochette, accompagné de fruits ou dans un sandwich.

TOMME

DÉGUSTATION
Deuxième fromage de plateau, nature ou en raclette.

EN CUISINE
- Dans les roulades de jambon ou d'asperges, les croque-monsieur, les gratins et les sauces ;
- avec des poires un peu croquantes, un pain aux noix ou à la farine de sarrasin.

Ce corbeau signale les fromages préférés des auteurs.

CABRI FLEUR
MG 24 % MF
DÉPENDAN
Britannia
FROMAGE CHEDDAR CHEESE
FINEST EXPORTED CANADIAN CHEDDAR
MEILLEUR CHEDDAR CANADIEN D'EXPORTATION
LATE VINTAGE
3
Miranda
Les Réserves du CHÂTEAU
LES CAPRIN
FROMAGE DE CHÈVRE-GOAT'S CHEES
NATURE-PLAIN
Humidité 55% Moisture
M.G. 17% M.F.
100g
FLORENCE
1860
M.G. 23% M.F.
CAMEMBERT DE CHÈVRE
lait cru
200g
Camembert
Camemb
Le Cru du Clocher
PEAU ROUGE
Cap-Rond
CHÈVRE FERMIER
FROMAGE AFFINÉ CENDRÉ à pâte molle
Fromage fabriqué à la main
Pour tartiner... Pour cuisiner...
La Bergère des Appalaches
BERGERIE JEANNINE
CHÈVRE FERMIER
CHAMBLE
Lait cru
160 g
FROMAGERIE DES BASQUES INC
L'Héritage
FROMAGE AFFINÉ EN SURFACE À PÂTE DEMI-FERME
fredondaine
lamoutonnière.com
gourmandine
au lait cru de brebis
Vieilli 5 ans 5 Aged 5 years
1ère Génération
CHEDDAR
FROMAGE AFFINÉ DEMI-FERME
SEMI-SOFT INTERIOR RIPENED CHEESE
FONTINA
L'ABBAYE
BENOIT
Le Clandestin
FROMAGE À PÂTE MOLLE AFFINÉE EN SURFAC
SOFT RIPENED CHEESE
M.G./M.F.: 33% HUMIDITÉ/MOISTURE: 46%
PRODUIT DU CANADA / PRODUCT OF CANADA
Bouquetin de Portneuf
60 gr.
Ferme Tourilli
St-Raymond, Portneuf
1857
LA TOMME de Monsieur Séguin
Gouda CLASSIQUE
Humidité Moisture 43%
M.G. M.F. 28%
FROMAGERIE BERGERON
Fromage à pâte molle affiné en surface au lait cru
Soft, surface ripened cheese from raw milk
170 g
le blanc-bec
FABRIQUÉ AU QUÉBEC
le petit GOURMET
FINES HERBES / HERBS
27% 44%
Fromagerie Le P'tit train du Nord
Curé Labelle
Caprice des saisons
250g
Pâte molle de type Camembert
LAIT CRU
1876
26 % M.G./M.F.
50 % HUMIDITÉ/MOISTURE
GARDER AU FROID • KEEP REFRIGERATED
SIR Laurier D'ARTHABASKA
TOMME DE Chèvre
LA TRAPPE À F
75

L'EXTRA
Le "Cru" des Érables
Fromage fermier
Clement
CAMEMBERT
Fromage 26% M.G. M.F.
Cheese 50% HUM. MOIST.
150g
Le Capra
Fromage au lait cru
LA SUISSE NORMANDE
OKA
Le Casimir
Le Fêtard
Dans toute sa maturité
La Tome
lait cru de vache
FROMAGERIE LE P'TIT TRAIN DU NORD INC.
Duo du Paradis
M.G. 28 %
Humidité 45%
Le Sorcier de Missisquoi
Le petit Champlain
Brie
Fromage 26% M.F. M.G.
135 g
le riopelle de l'Isle
35% M.G./M.F.
50% Hum./M.
PERRON
MEDIUM CHEDDAR MOYEN
CHEESE • FROMAGE
Le Baluchon
Fromage au lait cru affiné en surface
Doux Péché
Un mariage de laits de vache et de chèvre
Made with goat and cow milk
180 G.
CHEDDAR EXTRA FORT
Le Ciel de Charlevoix
Cantonnier
Fromage affiné en surface à pâte demi-ferme
Soft surface ripened cheese
Raclette
Saint-Basile de Portneuf
50%
24%
CHEVROCHON
Cayer
Belle Crème
FROMAGE BRIE TRIPLE CRÈME CHEESE
160 g
1
Fort / Old
LAIT CRU / RAW MILK
CHEDDAR
ÎLE-AUX-GRUES
Fabrication artisanale
Artisanal made
Le Pré-Cieux
M.G. 28% • HUMIDITÉ 50%
Sorcier

RÉPERTOIRE DES FROMAGES

AKAWI et AKAWI D'ANTAN

PÂTE DEMI-FERME, SAUMURÉ

Fromagerie Marie Kadé,
Fromagerie Polyethnique,
Ferme Bord-des-Rosiers

CROÛTE	Sans croûte
PÂTE	Blanche et humide, se présentant en bloc compact, demi-ferme et souple, texture crayeuse à crémeuse rappelant le cheddar frais
ODEUR	Douce
SAVEUR	Douce de lait ou de crème salée
LAIT	De vache entier, pasteurisé, ramassage collectif (Marie Kadé et Polyethnique), Pasteurisé à basse température, élevage de la ferme (Ferme Bord-des-Rosiers)
AFFINAGE	Aucun
CHOISIR	Dans son emballage sous vide ou en saumure
CONSERVER	Jusqu'à 3 mois, sous pellicule plastique, entre 2 et 4 °C
OÙ TROUVER	Aux fromageries ainsi que dans les épiceries méditerranéennes (Marie Kadé et Polyethnique); à la fromagerie, dans les magasins d'aliments naturels, les supermarchés IGA, et dans plusieurs boutiques et fromageries spécialisées dans tout le Québec (Ferme Bord-des-Rosiers)
NOTE	L'Akawi est consommé au Sud-Liban et dans le nord de la Palestine. L'Akawi fabriqué par André Desrosiers est moins salé que ceux présents habituellement sur le marché. Il a un goût unique et frais rappelant le cheddar frais. Idéal pour les amateurs de fromage doux.

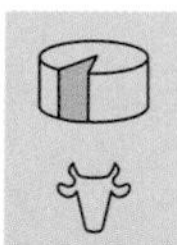

FORMAT	Meules de 350 g à 500 g, en saumure, emballé sous vide
M.G.	22 %
HUM.	57 %

ALLEGRETTO

PÂTE FERME À CROÛTE NATURELLE

Fromagerie
La Vache à Maillotte
La Sarre [Abitibi-Témiscamingue]

CROÛTE	Toilée, orangé-brun, bonne consistance
PÂTE	Jaunâtre, ferme et friable
ODEUR	Douce à marquée avec l'âge, fruitée de la brebis avec des notes de noisette ou d'amande
SAVEUR	Douce et saline, notes de lait de brebis discrètes
LAIT	De brebis entier, thermisé, d'un seul élevage
AFFINAGE	120 jours
CHOISIR	Dans son emballage sous vide, la pâte ferme mais souple
CONSERVER	2 à 3 mois dans un papier ciré doublé d'un papier d'aluminium, à 2 °C
OÙ TROUVER	À la fromagerie, dans les boutiques et fromageries spécialisées, dans les supermarchés IGA, Métro et Bonichoix
NOTE	Classé « Grand Champion » (Caseus d'argent), toutes catégories confondues, et classé meilleur de la catégorie « Fromage de lait de brebis », au Concours des fromages fins du Québec 2004.

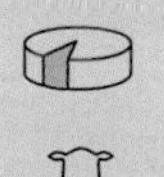

FORMAT Meule de 300 g (0,5 cm de diamètre sur 5 cm d'épaisseur)
M.G. 29 %
HUM. 40 %

ALPINOIS

EMMENTAL, PÂTE FERME SANS LACTOSE

Laiterie Chalifoux
Les Fromages Riviera
Sorel-Tracy [Montérégie]

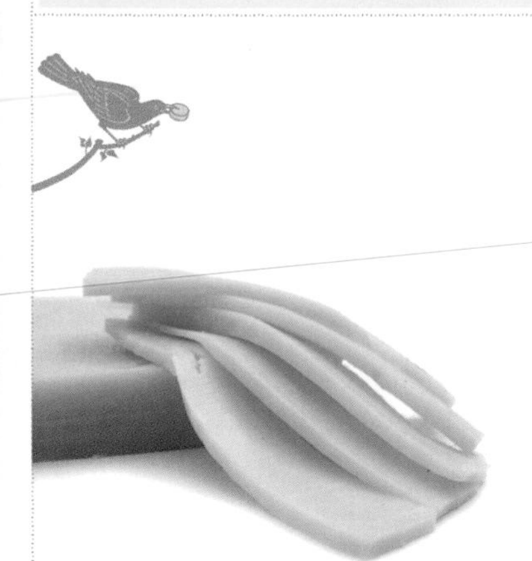

CROÛTE	Sans croûte
PÂTE	Crème ivoire, lisse et élastique, parsemée de trous ronds assez gros
ODEUR	Douce, notes d'amande amère
SAVEUR	Douce, notes de noisette et d'amande légèrement sucrées s'affirmant avec le temps
LAIT	De vache entier, pasteurisé, ramassage collectif
AFFINAGE	1 mois et plus
CHOISIR	Dans son emballage sous-vide, la pâte ferme mais souple
CONSERVER	2 à 4 mois dans un papier ciré doublé d'un papier d'aluminium, à 2 °C
OÙ TROUVER	À la fromagerie, dans les boutiques et fromageries spécialisés, dans les bonnes épiceries et les supermarchés dans tout le Québec

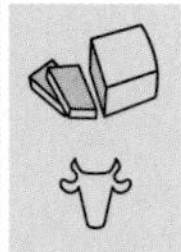

FORMAT	Format vendu à la coupe, sous vide par 170 g environ
M.G.	27 %
HUM.	40 %

ANCÊTRE

CHEDDAR, PÂTE FERME, DOUX, MOYEN, FORT, EXTRA-FORT

Fromagerie L'Ancêtre
Bécancour [Centre du Québec]

CROÛTE	Sans croûte
PÂTE	Jaune crème, de friable à crémeuse avec l'affinage
ODEUR	De douce et lactique à prononcée
SAVEUR	Douce et lactique, légèrement piquante avec le temps
LAIT	De vache entier, thermisé, un seul élevage
AFFINAGE	60 jours (doux), 6 mois (moyen), 12 mois (fort), 24 mois et plus (extra-fort)
CHOISIR	Dans son emballage sous-vide, la pâte ferme mais souple
CONSERVER	2 à 4 mois dans un papier ciré doublé d'un papier d'aluminium, entre 2 et 4 °C
OÙ TROUVER	À la fromagerie, dans les boutiques d'aliments naturels, les boutiques et fromageries spécialisées, les supermarchés IGA, Métro et Provigo
NOTE	Certifié biologique par Québec Vrai.

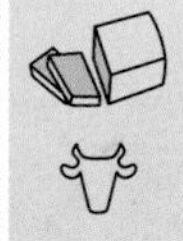

FORMAT	Format bloc de 19 kg vendu en portion de 200 g
M.G.	31 %
HUM.	40 %

ANGE CORNU

PÂTE CRAYEUSE, MOLLE, À CROÛTE NATURELLE

Fromages
Luc Mailloux - Piluma
Saint-Basile [Québec]

CROÛTE	Rose-orangé, marquée de stries parallèles, mixte et naturelle formée par des levures indigènes devenant fleurie et feutrée, blanche et bleue
PÂTE	Jaune clair, crayeuse pour devenir coulante de la croûte vers le centre
ODEUR	Douce, avec notes de lait nature, florale, exhalant des parfums de fourrage de fin d'été
SAVEUR	Végétale, de foin séché, fine et angélique (d'où son nom)
LAIT	De vache entier, cru fermier, élevage de la ferme
AFFINAGE	60 jours
CHOISIR	La croûte fraîche et non collante, la pâte onctueuse et l'odeur, légèrement lactique
CONSERVER	Jusqu'à 1 semaine entre 10 °C et 15 °C, l'affinage passe rapidement de peu à extrême, développant des caractéristiques différentes. Entre 2 et 4 °C, il se conserve plus longtemps
OÙ TROUVER	À la fromagerie entre les heures de traite, à l'Échoppe des Fromages (Saint-Lambert), à la fromagerie Hamel et à la Fromagerie du Deuxième (marché Atwater) à Montréal, à La Fromagère (marché du Vieux-Port) et dans les magasins Nourcy à Québec
NOTE	Très beau fromage, cet ange pastoral se déguste dans la splendeur de sa jeunesse. Son centre crayeux fond en bouche où il se métamorphose en véritable crème fraîche, épaisse et ferme. La qualité du fromage tient en grande partie à la qualité du pâturage. Ici, le trèfle blanc confère à L'Ange Cornu ses caractéristiques originales, ce qui en fait un grand produit du terroir québécois.

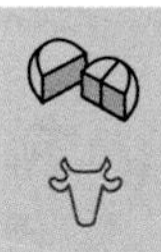

FORMAT	Meule de 300 g (8,5 cm de diamètre sur 5 cm d'épaisseur)
M.G.	26 %
HUM.	51 %

ARCHANGE
GRUYÈRE, PÂTE FERME

Abbaye de Saint-Benoît-du-Lac
Saint-Benoît-du-Lac [Cantons-de-l'Est]

CROÛTE	Sans croûte
PÂTE	Blanche, lisse et souple, avec ouvertures irrégulières
ODEUR	Douce et lactique
SAVEUR	Douce et de noisette
LAIT	De chèvre pasteurisé, élevage de l'Abbaye et ramassage collectif
AFFINAGE	30 jours
CHOISIR	Dans son emballage sous-vide, la pâte ferme mais souple
CONSERVER	2 à 4 mois dans un papier ciré doublé d'un papier d'aluminium, à 2 °C
OÙ TROUVER	À la fromagerie, dans les supermarchés IGA et Métro, les boutiques et fromageries spécialisées dans tout le Québec

FORMAT Meule de 5 kg, à la coupe
M.G. 28 %
HUM. 43 %

ATHONITE
GOUDA, PÂTE FERME

Le Troupeau Bénit
Brownsburg-Chatham
[Basses-Laurentides]

CROÛTE	Recouverte de cire rouge
PÂTE	Ivoire, luisante, ferme et friable
ODEUR	Douce de crème acidulée et caprine
SAVEUR	Typée de chèvre, délicates notes acidulées, agréable, légèrement salée
LAIT	De chèvre entier, pasteurisé, élevage de la ferme
AFFINAGE	7 à 8 mois
CHOISIR	Dans son emballage sous-vide, la pâte ferme mais souple
CONSERVER	2 à 4 mois dans un papier ciré doublé d'un papier d'aluminium, à 2 °C
OÙ TROUVER	À la fromagerie, à la Fromagerie du Marché (Saint-Jérôme) et à la Fromagerie d'Exception (rue Bernard, Montréal)

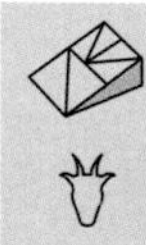

FORMAT Meule de de 1 kg, à la coupe
M.G. 29 %
HUM. 38 %

ATTRAPE-CŒUR

TRIPLE CRÈME À PÂTE MOLLE, CRAYEUSE ET À CROÛTE FLEURIE

La Trappe à Fromage de l'Outaouais
Gatineau [Outaouais]

CROÛTE	Fleurie, blanche et unie
PÂTE	Couleur crème, crayeuse et crémeuse, devenant plus lisse à coulante de la croûte vers le centre
ODEUR	Douce de noisette et de champignon
SAVEUR	Douce de crème fraîche avec un léger arrière-goût de noisette
LAIT	De vache entier avec ajout de crème, pasteurisé, ramassage collectif
AFFINAGE	4 à 6 semaines
CHOISIR	Jeune, la croûte fraîche, blanche et souple, la pâte crayeuse à l'odeur fraîche
CONSERVER	De 2 à 4 semaines entre 2 et 4 °C
OÙ TROUVER	À la fromagerie, dans les boucheries Bisson et Hall à Gatineau ainsi qu'à la fromagerie La Trappe à Plaisance

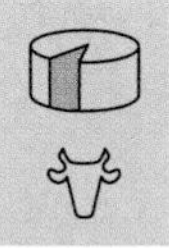

FORMAT	Meule haute de 2,5 kg (20 cm sur 4,5 cm), à la coupe
M.G.	32 %
HUM.	48 %

AURA

PÂTE DEMI-FERME À CROÛTE LAVÉE

Damafro
Fromagerie Clément
Saint-Damase [Montérégie]

CROÛTE	Orangée, consistante, toilée et striée en damier
PÂTE	Couleur crème, plus colorée près de la croûte, lisse, souple et onctueuse
ODEUR	Légèrement marquée
SAVEUR	De douce à marquée, note de crème et de beurre
LAIT	De vache entier, pasteurisé, ramassage collectif
AFFINAGE	30 jours
CHOISIR	La croûte tendre et sèche, et la pâte ferme, fine et dense
CONSERVER	2 à 4 mois dans un papier ciré doublé d'un papier d'aluminium, à 2 °C
OÙ TROUVER	À la fromagerie et dans la majorité des supermarchés au Québec

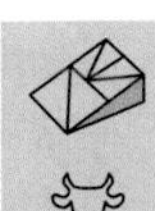

FORMAT	Meule de 1,8 kg [20 cm sur 6 cm], à la coupe
M.G.	26 %
HUM.	48 %

BALADI

PÂTE MOLLE, SAUMURÉE, MÉDITERRANÉEN

Fromagerie Marie Kadé, Fromagerie Polyethnique

GARDER AU RÉFRIGÉRATEUR
PRODUIT DU CANADA
(1773)
BALADI
KEEP REFRIGERATED
PRODUCT OF CANADA
FROMAGE NON AFFINÉ À PÂTE MOLLE
SOFT UNRIPENED CHEESE
FAIT DE: LAIT PARTIELLEMENT ÉCRÉMÉ, SEL, PRESURE, CHLORURE DE CALCIUM.
MADE FROM: PARTLY SKIMMED MILK, SALT, RENNET, CALCIUM CHLORIDE.
Net ________ g
HUMIDITÉ MOISTURE 60%
MEILLEUR AVANT BEST BEFORE
FROMAGERIE MARIE KADÉ MONTREAL, QC H8Z 1V9
M.G. M.F. 10%

CROÛTE	Sans croûte
PÂTE	Blanche, bloc compact, souple et humide
ODEUR	Douce
SAVEUR	Douce et salée, légères notes de beurre
LAIT	De vache entier, pasteurisé, ramassage collectif
AFFINAGE	Aucun
CHOISIR	Dans son emballage sous vide ou dans la saumure, la pâte souple et l'odeur fraîche
CONSERVER	Jusqu'à 6 mois sous pellicule plastique, entre 2 et 4 °C
OÙ TROUVER	À la fromagerie et dans la plupart des magasins arabes (Épicerie du Ruisseau, bd Laurentien, Marché Daoust, bd des Sources, Intermarché, Côte-Vertu, Alimentation Maya, Gatineau)
NOTE	Considéré comme un fromage à pâte molle à cause de sa forte teneur en humidité. Sa texture demi-ferme lui vient de la légère pression exercée sur le caillé frais.

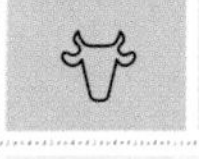

FORMAT	Format 400 g sous vide
M.G.	10 % (Kadé) et 21 % (Polyethnique)
HUM.	60 % (Kadé) et 55 % (Polyethnique)

BALUCHON

PÂTE DEMI-FERME À CROÛTE LAVÉE

Les Fromageries Jonathan

Sainte-Anne-de-la-Pérade [Mauricie]

CROÛTE	Jaune-orangé, ensoleillée, légèrement humide et collante
PÂTE	Demi-ferme, blanche et onctueuse, texture unie
ODEUR	Douce mais prometteuse d'herbes, de feuilles, un brin fermière
SAVEUR	Douce et délicate de crème et de beurre, sans amertume
LAIT	De vache entier, cru, d'un seul élevage
AFFINAGE	60 à 75 jours, croûte lavée avec un ferment d'affinage
CHOISIR	La pâte affinée uniformément de la croûte jusqu'au centre (à point), la croûte légèrement humide, peut être collante, à l'odeur douce
CONSERVER	30 à 40 jours dans un papier ciré doublé d'un papier d'aluminium, entre 2 et 4 °C
OÙ TROUVER	À la boutique d'aliments naturels Les Romarins à Sainte-Anne-de-la-Pérade, distribué par Plaisirs Gourmets dans la majorité des boutiques et fromageries spécialisées du Québec

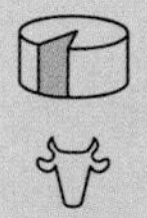

FORMAT	Meule de 1,8 kg (20 cm sur 5 cm)
M.G.	27 %
HUM.	48 %

BARBICHON

PÂTE MOLLE À CROÛTE NATURELLE FLEURIE

Fromagerie la P'tite Irlande
Weedon [Cantons de l'Est]

CROÛTE	Blanche et fleurie, de bonne consistance
PÂTE	Blanche et crayeuse, s'affinant progressivement à partir de la croûte pour devenir coulante vers le centre
ODEUR	De douce à corsée, caprine
SAVEUR	Franche, typée de chèvre, de douce à corsée, salée avec une légère acidité
LAIT	De chèvre entier, pasteurisé, élevage de la ferme
AFFINAGE	2 semaines
CHOISIR	Très frais, la croûte blanche mais peu fleurie, la pâte crayeuse
CONSERVER	1 à 2 semaines dans un papier ciré, entre 2 et 4 °C
OÙ TROUVER	À la fromagerie Le P'tit Plaisir à Weedon, dans les boutiques et les fromageries spécialisées, les supermarchés Bonichoix, IGA et Métro du Québec

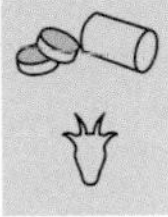

FORMAT	Bûchettes de 150 g et 250 g, dans un coffret en plastique
M.G.	20 %
HUM.	55 %

BARBU

CROTTIN, PÂTE DEMI-FERME
À CROÛTE FLEURIE

La Suisse Normande
Saint-Roch-de-l'Achigan [Lanaudière]

CROÛTE	Rustique, duveteuse et fleurie
PÂTE	Blanc crème, de molle à crayeuse au centre, crémeuse et fondante en bouche
ODEUR	Lactique et légèrement caprine, croûte exhalant un agréable arôme de champignon frais
SAVEUR	Bouquetée, légèrement acide et longue en bouche
LAIT	De chèvre entier, pasteurisé, élevage de la ferme
AFFINAGE	De 3 semaines à 1 mois, croûte ensemencée de *penicillium candidum*
CHOISIR	L'odeur fraîche, la croûte et la pâte souples
CONSERVER	De 2 semaines à 1 mois dans un papier ciré, à 4 °C
OÙ TROUVER	À la fromagerie et distribué par Plaisirs Gourmets dans la majorité des boutiques et fromageries spécialisées du Québec

FORMAT	Meule conique tronçonnée d'environ 90 g
M.G.	26 %
HUM.	43 %

BARON et BARON ROULÉ

PÂTE FRAÎCHE, NATURE OU ASSAISONNÉE AUX HERBES

Cayer
Saint-Raymond [Québec]

CROÛTE	Sans croûte
PÂTE	Lisse et crémeuse
ODEUR	Douce et fraîche nature, dévoilant les parfums des assaisonnements
SAVEUR	Légèrement acidulée et fraîche, dominance des assaisonnements
LAIT	De vache, pasteurisé, ramassage collectif
AFFINAGE	Frais
CHOISIR	Sitôt sa sortie de fabrication
CONSERVER	De 2 semaines à 2 mois, entre 2 et 4 °C
OÙ TROUVER	À la boutique de la fromagerie et dans la majorité des supermarchés du Québec

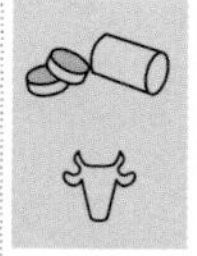

FORMAT	Rouleau de 500 g
M.G.	De 0,5 % à 30 %
HUM.	Jusqu'à 80 %

BELLE-CRÈME

TRIPLE CRÈME DE BRIE, À PÂTE MOLLE ET À CROÛTE FLEURIE

Cayer
Saint-Raymond [Québec]

CROÛTE	Blanche et duveteuse
PÂTE	De blanche à jaune crème, texture de crayeuse à crémeuse devenant coulante de la croûte vers les bords
ODEUR	Douce de crème et de champignon, devenant plus prononcée avec le temps
SAVEUR	Douce et lactique, notes légères de noisette, d'amande et de champignon, plus marquée en vieillissant
LAIT	De vache entier avec ajout de crème, pasteurisé, ramassage collectif
AFFINAGE	Environ 2 semaines
CHOISIR	La pâte crayeuse
CONSERVER	2 à 3 mois dans un papier ciré, à 4 °C
OÙ TROUVER	À la boutique de la fromagerie et dans les supermarchés

FORMAT	Meules de 160 g (8 cm sur 4,5 cm) et de 1 kg, vendue en pointes
M.G.	35 %
HUM.	50 %

BASTIDOU

PÂTE DEMI-FERME, STRIÉ D'UNE PÂTE À BASE DE BASILIC

Ferme Tourilli

Saint-Raymond-de-Portneuf [Québec]

CROÛTE	Naturelle *(geotrichum candidum)*, irrégulière, parsemée de mousse bleue *(penicillium album)*
PÂTE	Ivoire, fine, soyeuse et collante, striée d'une pâte à base de basilic
ODEUR	De pomme et de foin, plus marquée avec l'affinage
SAVEUR	De douce avec une pointe d'acidité à marquée, et caprine avec un goût de basilic citronné
LAIT	De chèvre entier, pasteurisé à basse température, élevage de la ferme
AFFINAGE	25 jours
CHOISIR	La croûte cendrée légèrement fleurie avec des pointes de bleu, la pâte souple et crémeuse
CONSERVER	1 mois, dans un papier ciré, entre 2 et 4 °C
OÙ TROUVER	À la fromagerie et distribué par Plaisirs Gourmets dans les boutiques et les fromageries spécialisées du Québec
NOTE	Le Bastidou est similaire au Cap Rond. Sa particularité réside dans l'incorporation d'un pesto au basilic frais en cours de moulage, procurant un goût subtil de verdure. Ce fromage est le fruit d'une étroite collaboration entre le chef de l'auberge La Bastide, Pascal Cother, et l'artisan fromager, Éric Proulx. Le Bastidou a gagné le Prix de reconnaissance à l'industrie au Concours des fromages fins du Québec 2004.

FORMAT	Meule de 150 g
M.G.	25 %
HUM.	55 %

BERCAIL

PÂTE MOLLE À CROÛTE NATURELLE

La Moutonnière

Sainte-Hélène-de-Chester [Bois-Francs]

CROÛTE	Mince et naturelle, humide, devenant ambrée en vieillissant
PÂTE	Très crémeuse, coulant sous la croûte en vieillissant, centre onctueux
ODEUR	De douce et délicate à piquante
SAVEUR	Douce et délicate lorsque frais, corsée avec le temps
LAIT	De brebis entier, pasteurisé, élevages sélectionnés
AFFINAGE	1 semaine
CHOISIR	Frais, la pâte crayeuse
CONSERVER	Jusqu'à 1 mois, réfrigéré entre 2 et 4 °C
OÙ TROUVER	Épicerie Chez Gaston au village de Trottier dans les Bois-Francs, au marché Atwater à Montréal, à L'Échoppe des Fromages à Saint-Lambert, au marché du Vieux-Port à Québec, et les fromageries spécialisées

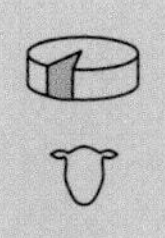

FORMAT	Petite meule mince de 150 g (10 cm sur 1,5 cm)
M.G.	25 %
HUM.	55 % (varie entre 58 % et 40 % selon l'âge)

BERGÈRE DES APPALACHES

PÂTE DEMI-FERME À CROÛTE BRÛLÉE

Ferme Jeanine

Saint-Rémi-de-Tingwick [Cantons-de-l'Est]

CROÛTE	Brûlée à la torche, marron
PÂTE	Blanche, assez ferme et souple, petites ouvertures irrégulières
ODEUR	Douce de pain grillé
SAVEUR	Douce et fruitée rappelant la fraise, lait crémeux en bouche semblable au cheddar, croûte au goût de pain rôti
LAIT	De brebis entier, cru, élevages sélectionnés et accrédités biologiques
AFFINAGE	4 mois, croûte brûlée en début d'affinage à l'aide d'une torche
CHOISIR	Dans son emballage sous-vide, la pâte souple et l'odeur douce
CONSERVER	2 à 3 mois, dans un papier ciré doublé d'un papier d'aluminium, entre 2 et 4 °C
OÙ TROUVER	À la ferme, les magasins d'aliments naturels et les fromageries spécialisées, Le Végétarien
NOTE	La croûte brûlée est une tradition basque (Basquitou ou Makea). Pratiquée en début d'affinage, elle confère au fromage un goût particulier tout en prévenant la formation de moisissures.

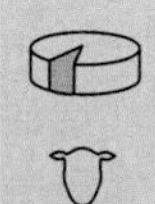

FORMAT	Petite tomme de 600 g (12 cm sur 6 cm)
M.G.	28 %
HUM.	40 %

BIQUET

CHÈVRE FRAIS, NATURE, AUX HERBES OU AU POIVRE

Fromagerie Tournevent
Chesterville [Bois-Francs]

CROÛTE	Sans croûte
PÂTE	Blanche, friable lorsque réfrigérée, lisse et onctueuse lorsque chambrée
ODEUR	Douce et fraîche de lait et de crème, légèrement caprine, dévoile les assaisonnements
SAVEUR	De crème, douce et généreuse, notes acidulées, dominance des assaisonnements (poivre ou herbes séchées)
LAIT	De chèvre entier, pasteurisé à basse température, ramassage collectif
AFFINAGE	Frais
CHOISIR	Le plus tôt après la date de fabrication dans son emballage d'origine
CONSERVER	Entre 2 et 4 °C, jusqu'à 3 mois entre 0 et 4 °C
OÙ TROUVER	À la fromagerie, dans les boutiques et fromageries spécialisées, plusieurs épiceries et supermarchés au Québec
NOTE	Classé Champion dans la catégorie Fromage de chèvre non affiné au Concours des fromages fins du Québec 2004.

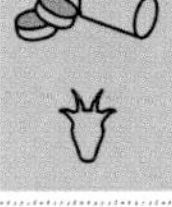

FORMAT	Bûchette de 100 g
M.G.	20 %
HUM.	58 %

BLANCHE DE BRIGHAM

PÂTE DEMI-FERME À CROÛTE FLEURIE

Kaiser, affiné par
Les Dépendances du Manoir
Brigham [Cantons-de-l'Est]

CROÛTE	Blanche, fleurie et duveteuse
PÂTE	Blanche, demi-ferme, de crayeuse à crémeuse, s'affinant de la croûte vers le centre
ODEUR	Douce et lactique, notes caprines
SAVEUR	Douce, goût caprin bien défini
LAIT	De chèvre entier, pasteurisé
AFFINAGE	4 semaines, croûte ensemencée de *penicillium candidum*
CHOISIR	La croûte bien blanche et duvetée, la pâte souple
CONSERVER	Jusqu'à 2 semaines, dans son emballage ou un papier ciré doublé d'un papier d'aluminium, entre 2 et 4 °C
OÙ TROUVER	Dans la majorité des boutiques et fromageries spécialisées de tout le Québec et dans certains supermarchés

FORMAT	Meule de 140 g
M.G.	24 %
HUM.	52 %

BLANC-BEC

PÂTE MOLLE À CROÛTE FLEURIE

Fromagerie de l'Alpage pour son distributeur Le Choix du Fromager

CROÛTE	Striée sous un beau duvet blanc, marquée par des sillons espacés et posés en diagonale ou perpendiculairement
PÂTE	Couleur crème, uniformément crémeuse et onctueuse, ne coulant pas et formant un ventre
ODEUR	Douce de crème et de champignon
SAVEUR	Relativement douce, notes de champignon et de navet typiques du camembert s'intensifiant avec l'affinage, légère pointe de sel à 90 jours, aucune amertume décelée tout au long de l'affinage
LAIT	De vache entier, cru, élevages sélectionnés
AFFINAGE	60 jours
CHOISIR	La croûte bien blanche et la pâte souple
CONSERVER	Jusqu'à 120 jours
OÙ TROUVER	Dans la majorité des boutiques et fromageries spécialisées, les supermarchés Bonichoix, IGA et Métro. Distribué sous l'appellation Le Châteauguay par Le Choix du Fromager
NOTE	Fromage d'auteur, le Blanc-Bec est affiné avec la plus grande attention. Sa pâte crémeuse et uniforme est un gage de qualité. Lorsqu'il est coupé et laissé à température ambiante, sa pâte ne coule pas, elle forme une gueule ou un ventre et demeure onctueuse. Le fromage vieillit en douceur, sans jamais prendre d'amertume. Il faut noter qu'un fromage dont le cœur est dur a tendance à devenir amer.

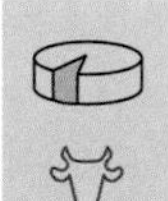

FORMAT	Meules de 170 g (9 cm sur 3 cm) et de 430 g, dans un boîtier de présentation
M.G.	24 %
HUM.	53 %

BLANCHON

CHÈVRE FRAIS NATURE, AUX HERBES, À LA CIBOULETTE, À L'AIL OU AU POIVRE

Ferme Caron
Saint-Louis-de-France [Mauricie]

CROÛTE	Sans croûte
PÂTE	Blanche et crémeuse
ODEUR	Douce de lait frais
SAVEUR	Douce, légère, acidité typique au chèvre, notes de noisette en fin de bouche
LAIT	De chèvre, pasteurisé, élevage de la ferme
AFFINAGE	Frais
CHOISIR	Le plus tôt après la date de fabrication dans son emballage d'origine
CONSERVER	De 2 semaines à 2 mois, entre 0 et 4 °C
OÙ TROUVER	À la fromagerie de 9 h à 18 h, dans les boutiques et les fromageries spécialisées de la région, au marché Godefroy et à la fromagerie, chez L'Ancêtre à Bécancour, dans les boutiques d'aliments naturels
NOTE	Certifié biologique par Québec Vrai.

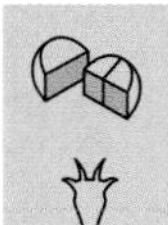

FORMAT	Rondelle de 150 g (9 cm sur 3 cm)
M.G.	15 %
HUM.	65 %

BLEU DE LA MOUTONNIÈRE

BLEU DE BREBIS, PÂTE DEMI-FERME

La Moutonnière
Sainte-Hélène-de-Chester [Bois-Francs]

CROÛTE	D'orangé à grisâtre, naturelle
PÂTE	De blanche à jaune pâle nuancée de bleu, demi-ferme à molle, moisissures bien réparties dans une pâte onctueuse lisse et crémeuse
ODEUR	Marquée
SAVEUR	Douce et relevée, légèrement salée, caractère vif et épicé, grande subtilité
LAIT	Entier, de brebis, thermisé ou pasteurisé selon la saison, d'un seul élevage
AFFINAGE	45 jours en cave, emballé, puis conservé 2 semaines en chambre froide
CHOISIR	La pâte onctueuse
CONSERVER	Jusqu'à 4 mois, réfrigéré entre 2 et 4 °C
OÙ TROUVER	À l'épicerie Chez Gaston au village de Trottier dans les Bois-Francs, à la Fromagerie du marché Atwater à Montréal, à L'Échoppe des Fromages à Saint-Lambert, au Fromager du marché du Vieux-Port à Québec et dans quelques boutiques et fromageries spécialisées au Québec

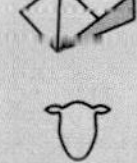

FORMAT	Meule d'environ 2 kg, à la coupe
M.G.	29 %
HUM.	48 %

Le bleu

Le bleu est né par hasard et a commencé avec le roquefort grâce à un berger qui avait oublié son fromage dans une caverne du Cambalou (caves naturelles formées par des éboulements dans le sud des Cévennes).

Le roquefort a orné la table romaine de Pline et celle de Charlemagne à Aix-la-Chapelle. Ce fromage jouit de la plus ancienne appellation d'origine connue en France, protection octroyée par Charles VI en 1411.

Les moines de l'Abbaye de Saint-Benoît-du-Lac furent les premiers à produire un fromage bleu au Québec. Ils en ont fabriqué quatre sortes : L'Ermite, le bleu Bénédictin, le Chanoine et le Chèvre Noix, mais ces deux derniers ne sont plus produits.

APERÇU DE FABRICATION

La fabrication des bleus est semblable à celle des pâtes molles ou demi-fermes et non cuites. Le caillé est malaxé et ensemencé de *penicillium roqueforti* ou autre permettant le développement de moisissures. L'affinage se fait en cave humide ou dans un hâloir (pièce ventilée et climatisée) durant plusieurs mois. On incise la pâte à l'aide de broches afin de faciliter la circulation de l'air dans le fromage et pour susciter la création des veines bleuâtres. Ces fromages peuvent être faits à base de laits différents; ils sont plus fermes lorsqu'on utilise du lait de chèvre. Généralement recouverts d'une croûte naturelle formée par les ferments du lait ou, comme le Bleubry Cayer, d'une croûte fleurie, leur saveur est forte et piquante.

BLEUS FABRIQUÉS AU QUÉBEC

Bleu Bénédictin, Bleubry, Bleu de la Moutonnière, Ciel de Charlevoix, Ermite, geai bleu et Soupçon de bleu.

BLEU BÉNÉDICTIN

PÂTE DEMI-FERME, PERSILLÉE

Abbaye de Saint-Benoît-du-Lac
Saint-Benoît-du-Lac [Cantons-de-l'Est]

CROÛTE	Grise ou blanchâtre, naturelle, sèche
PÂTE	Demi-ferme, persillée et profondément veinée, friable et crémeuse, surtout au centre, plus sèche en vieillissant
ODEUR	Franche et corsée, de cave humide et de moisissures typique au bleu
SAVEUR	Riche, crémeuse et salée, piquante, devenant âcre avec le temps
LAIT	De vache pasteurisé, élevage de l'abbaye et ramassage collectif
AFFINAGE	3 mois, pâte piquée de *penicillium roqueforti*
CHOISIR	La pâte friable sans être sèche ni trop piquante
CONSERVER	De 2 à 4 semaines, dans un papier ciré doublé d'un papier d'aluminium
OÙ TROUVER	À la fromagerie, dans les supermarchés IGA et Métro, dans les boutiques et les fromageries spécialisées partout au Québec, distribué par Le Choix du Fromager
NOTE	Classé grand Champion au grand Prix des Fromages 2000 et Champion de sa catégorie, en 2002.

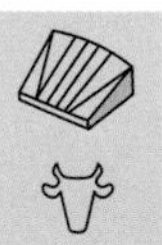

FORMAT	Meule de 2 kg (19 cm sur 9 cm) vendue en pointes, sous vide
M.G.	30 %
HUM.	43 %

BLEUBRY

PÂTE MOLLE PERSILLÉE, À CROÛTE FLEURIE

Cayer
Saint-Raymond [Québec]

CROÛTE	Blanche et duveteuse
PÂTE	Souple, crémeuse, de teinte légèrement crème et à peine persillée
ODEUR	De champignon, un peu piquante
SAVEUR	Délicate de bleu, faiblement piquante avec saveurs de crème et de beurre salé
LAIT	De vache entier et crème, pasteurisé, ramassage collectif
AFFINAGE	De 2 semaines à 1 mois
CHOISIR	La croûte bien blanche, la pâte crémeuse mais ferme
CONSERVER	2 à 3 mois dans son emballage d'origine, à 4 °C
OÙ TROUVER	À la fromagerie et dans les supermarchés
NOTE	Classé meilleur de sa catégorie et grand champion toutes catégories confondues (Caseus de bronze) au Concours des fromages fins du Québec et Champion de sa catégorie au Grand Prix des Fromages 2004.

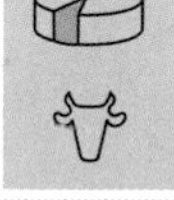

FORMAT Meules de 200 g (8 cm sur 5 cm) et de 1,5 kg
M.G. 37 %
HUM. 45 %

BOCCONCINI, COCKTAIL, MINI BOCCONCINI

PÂTE MOLLE ET FRAÎCHE, FILÉE

Cayer
Saint-Raymond [Québec]

CROÛTE	Sans croûte
PÂTE	Blanchâtre, humide, moelleuse et élastique, bouchées de forme ovoïde baignant dans une saumure légère
ODEUR	Fraîche de lait
SAVEUR	Délicates notes de lait et de crème
LAIT	De vache entier, pasteurisé, ramassage collectif
AFFINAGE	Aucun
CHOISIR	Le plus tôt après sa sortie d'usine
CONSERVER	Jusqu'à 2 semaines, entre 2 et 4 °C
OÙ TROUVER	À la fromagerie et dans les supermarchés
NOTE	Les bocconcinis sont de petits fromages non affinée. Leur pâte est tranchée et mise en cuve pour y être réchauffée, ensuite étirée en filets et façonnés en petites bouchées de forme ovoïdale, d'où leur appellation italienne, bocconcini. Le Mini Bocconcini s'est classé Finaliste au Grand Prix des Fromages 2004.

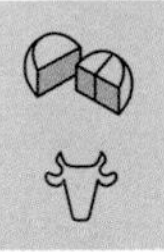

FORMAT Contenant de 200 g
M.G. 18 %
HUM. 60 %

BON BERGER

HAVARTI, PÂTE FERME, NATURE OU ASSAISONNÉ

Le Troupeau Bénit
Brownsburg-Chatham
[Basses-Laurentides]

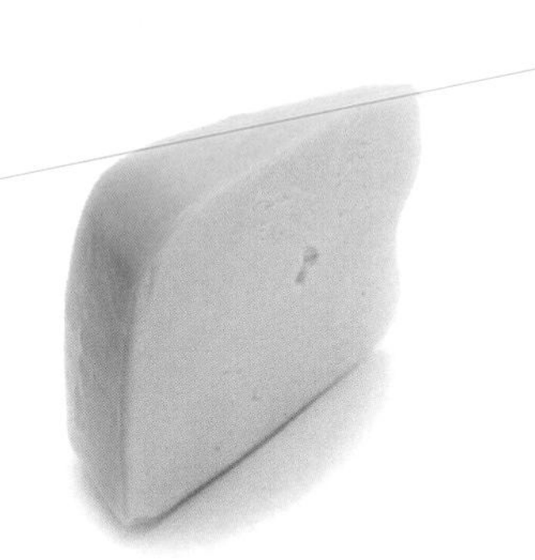

CROÛTE	Recouvert de cire jaune
PÂTE	Ivoire, luisante et ferme, parsemée de petits trous
ODEUR	Douce
SAVEUR	Douce, légèrement salée avec un arrière-goût de beurre et d'amande
LAIT	Entier, de chèvre, pasteurisé, élevage de la ferme
AFFINAGE	De 2 à 3 mois
CHOISIR	Sous-vide, la pâte ferme mais souple
CONSERVER	2 à 3 mois, dans un papier ciré doublé d'un papier d'aluminium, entre 2 et 4 °C
OÙ TROUVER	À la fromagerie, à la Fromagerie du Marché (Saint-Jérôme) et chez Yannick Fromagerie d'Exception (Outremont)

FORMAT	Meule de 2 kg, à la coupe, sous-vide
M.G.	33 %
HUM.	33 %

BOUCHÉES D'AMOUR

PÂTE FRAÎCHE, NATURE OU AROMATISÉE AUX HERBES, À L'AIL ET AU PERSIL OU À LA CIBOULETTE

Fromagerie du Vieux Saint-François
Laval [Montréal-Laval]

CROÛTE	Sans croûte
PÂTE	Fraîche, fondante et onctueuse, crémeuse, enrobée d'assaisonnements
ODEUR	Douce, fraîche et acidulée, notes d'herbes
SAVEUR	Douce et fraîche avec une très légère acidité, ajout de sel judicieux
LAIT	De chèvre entier, pasteurisé, deux élevages
AFFINAGE	Frais
CHOISIR	Sitôt la sortie de fabrication
CONSERVER	Jusqu'à 3 mois, dans l'huile
OÙ TROUVER	Sur place, distribué par Sanibel aux boutiques d'aliments naturels (Rachel-Béry entre autres), des fromageries spécialisées, aux marchés Atwater, Jean-Talon et Maisonneuve à Montréal, Le Crac, Aliments Santé-Laurier, La Rosalie à Québec
NOTE	Prix spécial du jury au concours des Fromages fins du Québec : Meilleur fromage artisanal en 2002 et Meilleur fromage aromatisé en 2003.

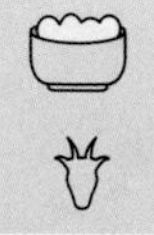

FORMAT	Contenant de 120 g
M.G.	17 %
HUM.	63 %

BOUQ'ÉMISSAIRE

PÂTE MOLLE CENDRÉE

Fromages Chaput, affiné par Les Dépendances du Manoir
Brigham [Cantons-de-l'Est]

CROÛTE	Blanc grisâtre cendré, se couvrant des moisissures naturelles du lait de chèvre
PÂTE	Ivoire, de crayeuse et crémeuse à coulante
ODEUR	Aromatique, typique du chèvre
SAVEUR	Douce, salée, agréable et longue en bouche, la croûte apporte des notes piquantes ou poivrées
LAIT	De chèvre entier, non pasteurisé, un seul élevage
AFFINAGE	60 jours
CHOISIR	La pâte crayeuse et fraîche, la croûte parsemée de mousse bleuâtre
CONSERVER	Jusqu'à 2 semaines, dans un papier ciré, entre 2 et 4 °C
OÙ TROUVER	Dans la majorité des boutiques et fromageries spécialisées ainsi que dans les supermarchés

FORMAT	Meule de 1 kg (17,5 cm sur 6 cm)
M.G.	21 %
HUM.	56 %

BOUQUETIN DE PORTNEUF

CROTTIN, PÂTE DEMI-FERME À CROÛTE NATURELLE FLEURIE

Ferme Tourilli
Saint-Raymond-de-Portneuf [Québec]

CROÛTE	Naturelle et irrégulière, couverte de moisissures et parsemée de mousse bleue
PÂTE	Ivoire, demi-ferme à ferme, d'onctueuse et collante à cassante, toujours crémeuse
ODEUR	De foin et de pomme
SAVEUR	Subtiles notes caprines longues en bouche rappelant le levain (goût fumé), saveur plus marquée et caprine avec le temps
LAIT	De chèvre entier, pasteurisé, élevage de la ferme
AFFINAGE	Entre 10 et 15 jours
CHOISIR	La croûte souple, blanche légèrement piquée de bleu, la pâte demi-ferme
CONSERVER	Jusqu'à 2 mois
OÙ TROUVER	À la fromagerie et dans la majorité des boutiques et fromageries spécialisées du Québec, distribué par Plaisirs Gourmets
NOTE	L'appellation Bouquetin vient d'un jeu de mot inspiré du petit bouc Kaolin, un gentil « bouc-en-train » de la ferme aimant se pavaner avec fierté devant ses chèvres préférées Églantine et Bécassine.

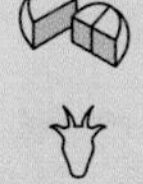

FORMAT	Petites meules de 60 g ou de 80 g (4 cm sur 3 cm)
M.G.	25 %
HUM.	45 %

BOUTON DE CULOTTE

CROTTIN, PÂTE DEMI-FERME À FERME, À CROÛTE NATURELLE FLEURIE, NATURE OU DANS L'HUILE

Ruban Bleu

Saint-Isidore [Montérégie]

CROÛTE	Sans croûte
PÂTE	De blanche à dorée, lisse et durcissant en vieillissant, mais toujours crémeuse et fondante
ODEUR	Douce et herbacée, légèrement parfumée et caprine
SAVEUR	Parfumée, de marquée à prononcée, notes riches
LAIT	De chèvre entier, pasteurisé, élevage de la ferme
AFFINAGE	Frais, moyen (15 jours), fort (1 mois), jusqu'à 2 ou 3 mois
CHOISIR	Aucune trace de moisissures autre que le duvet blanc fleuri
CONSERVER	De 1 à 2 mois, dans un papier ciré doublé d'un papier d'aluminium, de 2 à 3 mois et plus dans l'huile d'olive
OÙ TROUVER	À la fromagerie
NOTE	Semblable au Crottin de Chavignol. Il n'est ni pressé ni chauffé (afin de retirer le maximum de petit-lait), sa jeune pâte molle devient plus ferme au hâloir (ventilateur-séchoir).

FORMAT	Petite meule de 50 g, vendue à l'unité ou en sac de 10 lorsque le fromage sèche, le poids de la meule peut diminuer jusqu'à 35 g
M.G.	25 %
HUM.	De 60 % à 35 %

BRAISÉ

PÂTE DEMI-FERME, SAUMURÉ

Ferme Bord-des-Rosiers

Saint-Aimé [Montérégie]

CROÛTE	Sans croûte
PÂTE	Blanche, demi-ferme, humide et friable
ODEUR	Douce, fraîche et lactique
SAVEUR	Douce, fraîche, lactique et salée, fromage saumuré devant être dessalé de 2 à 3 heures pour faire ressortir l'arôme
LAIT	De vache entier, pasteurisé à basse température, un seul élevage
AFFINAGE	Frais et saumuré
CHOISIR	Dans son emballage d'origine
CONSERVER	Jusqu'à 6 mois dans son emballage d'origine, 15 jours après ouverture, entre 2 et 4 °C
OÙ TROUVER	À la ferme de 9 h à 17 h tous les jours, dans les magasins d'aliments naturels, les supermarchés IGA, et plusieurs boutiques et fromageries spécialisées au Québec
NOTE	Monsieur Desrosiers suggère de faire tremper le Braisé de 2 à 3 heures dans l'eau au réfrigérateur, pour le dessaler, avant de le déguster ou de le préparer.

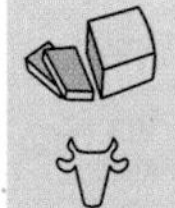

FORMAT	Bloc de 180 g, sous vide
M.G.	26 %
HUM.	46 %

Le brick

D'origine américaine, il se fabrique dans l'État du Wisconsin depuis 1877. Son appellation lui viendrait de sa pâte, pressée entre des briques ou peut-être parce qu'il en épouse les formes.

Sa pâte demi-ferme, crémeuse et élastique est percée de petites ouvertures. Sa saveur est fade, très douce et, après maturation, sa saveur rappelle celle du cheddar. Le brick a connu ses heures de gloire avec « Le Petit Québec ».

Aujourd'hui, le brick est encore fabriqué par quelques fromageries québécoises : Perron et Saint-Laurent au Saguenay–Lac-Saint-Jean, les fromageries Côte-de-Beaupré (Québec), Agrilait (Bois-Francs) et La Trappe à Fromage de l'Outaouais. Au Lac-Saint-Jean, la Ferme des Chutes produit le Saint-Félicien doux ou affiné qui se situe entre le brick et le cheddar. Le brick se déguste dans les sandwichs ou sur des craquelins.

Le brie

Brie de Meaux, brie de Melun, brie de Coulommiers, le brie fait partie de l'histoire de France depuis le VIIe siècle.

Sa proximité de Paris, dans la région comprise entre la Seine et la Marne, a grandement facilité sa diffusion. Il a été popularisé par Charlemagne qui en fit venir à sa cour. En 1814, Talleyrand l'introduisit au Congrès de Vienne où il fut couronné meilleur fromage européen.

Le brie a une croûte recouverte de moisissures blanches formées par le *penicillium, candidum* et pigmentée de ferments caséiques rougeâtres naturellement présents ou ajoutés dans le lait. Le brie se reconnaît à ses grandes meules de 30 à 40 cm de diamètre. Il faut de 13 à 20 litres de lait pour fabriquer une meule de cette dimension.

De la famille du brie, le coulommiers cache sous sa croûte blanche et fleurie une pâte riche en matières grasses, douce et onctueuse. Ses origines sont vagues. Créé dans le village du même nom, il serait, selon certains, l'ancêtre du brie dont il partage les caractéristiques. Il est fabriqué avec du lait de vache cru et se distingue par son format plus petit, mais plus épais que le brie. On en trouve des copies au Québec dont le Brie du Village.

Le Québec exporte de grandes quantités de brie et de camembert partout en Amérique du Nord. La technique de fabrication est délicate et demande de l'expertise. Ces fromages sont fabriqués à partir de lait pasteurisé, parfois stabilisé, et affinés durant une période assez courte. Leur goût est fin et doux pour plaire au plus grand nombre d'amateurs. Les fromages au lait cru demandant plus d'attention, ils se fabriquent dans des fromageries artisanales ou fermières.

BRIES FABRIQUÉS AU QUÉBEC

Certains sont présentés sous une appellation autre que brie : Attrape-Cœur, Belle-Crème, Petit Champlain, Petit Brie du Village et Prés de la Bayonne.

BRIE BONAPARTE

PÂTE MOLLE À CROÛTE FLEURIE

Cayer
Saint-Raymond [Québec]

CROÛTE	Blanche et duveteuse
PÂTE	Jaune crème, texture lisse, crémeuse et veloutée devenant coulante
ODEUR	Douce de crème et de champignon
SAVEUR	Douce et lactique, notes légères de beurre, de noisette ou de champignon
LAIT	De vache entier avec ajout de crème, pasteurisé, ramassage collectif
AFFINAGE	Environ 2 semaines
CHOISIR	La pâte crémeuse et l'odeur fraîche
CONSERVER	77 jours environ à 4 °C
OÙ TROUVER	À la boutique de la fromagerie et dans les supermarchés

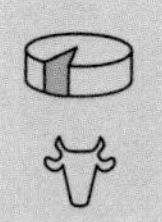

FORMAT	Meule de 500 g (13,5 cm sur 4,5 cm)
M.G.	30 %
HUM.	50 %

BRIE CAYER, BRIE CAYER DOUBLE CRÈME

PÂTE MOLLE À CROÛTE FLEURIE

Cayer
Saint-Raymond [Québec]

CROÛTE	Blanche et duveteuse
PÂTE	De blanche à jaune crème, texture lisse, souple, homogène et crémeuse
ODEUR	De douce à marquée, selon l'affinage
SAVEUR	Douce et lactique, notes légères de noisette ou de champignon plus marquées en vieillissant
LAIT	De vache entier ou avec ajout de crème, pasteurisé, ramassage collectif
AFFINAGE	Environ 2 semaines
CHOISIR	La pâte crémeuse et l'odeur fraîche
CONSERVER	1 à 2 mois, dans un papier ciré, entre 2 et 4 °C
OÙ TROUVER	À la fromagerie et dans les supermarchés

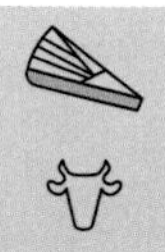

FORMAT	Meules de 150 g et de 1 kg (Brie Cayer), 150 g et 2,5 kg (Double Crème) et à la coupe
M.G.	25 % et 30 %
HUM.	50 %

BRIE CHEVALIER

PÂTE MOLLE À CROÛTE FLEURIE, NATURE OU ASSAISONNÉ AUX FINES HERBES OU AU POIVRE

Agropur – Usine de Corneville
Montréal [Montréal-Laval]

CROÛTE	Blanche et fleurie
PÂTE	De crème à ivoire, molle, plus coulante et onctueuse à maturité
ODEUR	Douce de champignon
SAVEUR	Fine et veloutée, légères notes de noisette, plus goûteuse en pâtes à double et triple crème
LAIT	De vache entier avec ajout ou non de crème, pasteurisé, ramassage collectif
AFFINAGE	De 20 à 30 jours
CHOISR	La pâte souple et crémeuse, l'odeur fraîche
CONSERVER	De 70 à 80 jours, dans un papier ciré, entre 2 et 4 °C
OÙ TROUVER	Dans la majorité des épiceries et supermarchés
NOTE	Dans le Brie Chevalier au poivre et le Brie Chevalier aux fines herbes, les assaisonnements sont intégrés à la pâte.

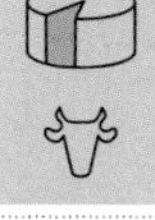

FORMAT	Meules de 1,2 kg, 3 kg et 1,4 kg (triple crème)
M.G.	27,6 % et 42 % (triple crème)
HUM.	54 % et 45 % (triple crème)

BRIE CONNAISSEUR, BRIE PETIT CONNAISSEUR

BRIE, PÂTE MOLLE À CROÛTE FLEURIE

Damafro
Fromagerie Clément
Saint-Damase [Montérégie]

CROÛTE	Blanche duveteuse et tendre
PÂTE	Crémeuse et coulante
ODEUR	Douce de lait ou de crème, légèrement florale
SAVEUR	Douce, herbacée, fongique et légèrement salée
LAIT	De vache entier, pasteurisé, non stabilisé, ramassage collectif
AFFINAGE	De 2 semaines à 1 mois
CHOISR	La pâte souple et crémeuse, l'odeur fraîche
CONSERVER	Jusqu'à 1 mois, dans un papier ciré doublé d'un papier d'aluminium, entre 2 et 4 °C
OÙ TROUVER	À la fromagerie et dans la majorité des supermarchés du Québec

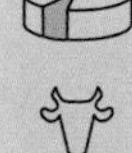

FORMAT	Meules de 170 g (Petit Connaisseur) et de 3 kg (Connaisseur)
M.G.	26 %
HUM.	50 %

BRIE DAMAFRO, MINI BRIE, POINTE DE BRIE

PÂTE MOLLE À CROÛTE FLEURIE, STABILISÉ

Damafro
Fromagerie Clément
Saint-Damase [Montérégie]

CROÛTE	Blanche, duveteuse et tendre
PÂTE	Crémeuse et coulante
ODEUR	Douce de lait et de champignon
SAVEUR	Douce de crème, notes de champignon
LAIT	De vache entier, pasteurisé et stabilisé, ramassage collectif
AFFINAGE	2 semaines
CHOISIR	La pâte crémeuse et souple, l'odeur fraîche
CONSERVER	Jusqu'à 1 mois, dans un papier ciré, entre 2 et 4 °C
OÙ TROUVER	À la fromagerie et dans la majorité des supermarchés du Québec

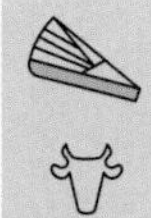

FORMAT	Meules de 220 g (Pointe de Brie), 200 g et 300 g (Mini-Brie), et 3 kg (Brie Damafro)
M.G.	26 %
HUM.	50 %

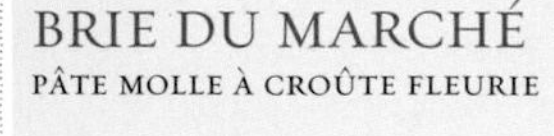

BRIE DU MARCHÉ

PÂTE MOLLE À CROÛTE FLEURIE

Groupe Fromage Côté
Warwick [Bois-Francs]

CROÛTE	Fleurie, blanche
PÂTE	Molle, couleur crème, tendre
ODEUR	De douce à prononcée avec la maturation
SAVEUR	De douce à prononcée avec prédominance de champignon
LAIT	De vache entier, pasteurisé, ramassage collectif
AFFINAGE	2 semaines
CHOISIR	La croûte blanche, la pâte moelleuse au toucher et l'odeur fraîche
CONSERVER	1 mois environ, dans un papier ciré, entre 2 et 4 °C
OÙ TROUVER	À la fromagerie, dans les boutiques et fromageries spécialisées, dans la majorité des supermarchés au Québec

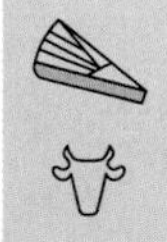

FORMAT	Meule de 2,5 kg
M.G.	26 %
HUM.	50 %

BRIE EN BRIOCHE

PÂTE MOLLE, ENROBÉ D'UNE BRIOCHE

Damafro
Fromagerie Clément
Saint-Damase [Montérégie]

CROÛTE	Fleurie recouverte d'une pâte à brioche; assaisonnements (canneberges, abricots, brandy ou champignons) insérés entre la croûte et la pâte briochée
PÂTE	Cuite et dorée
ODEUR	Douce, fumée et imprégnée des odeurs des assaisonnements
SAVEUR	Douce et épicée
LAIT	De vache, pasteurisé, de cueillette collective
AFFINAGE	Environ 2 semaines
CHOISIR	La pâte bien ferme, et l'odeur fraîche.
CONSERVER	Jusqu'à 1 mois
OÙ TROUVER	À la fromagerie et dans les supermarchés

FORMAT Meules de 180 g et 300 g
M.G. 26 %
HUM. 50 %

BRIE LE MANOIR

PÂTE MOLLE À CROÛTE FLEURIE

Damafro
Fromagerie Clément
Saint-Damase [Montérégie]

CROÛTE	Blanche et duveteuse
PÂTE	Couleur crème, épaisse, tendre et crémeuse
ODEUR	Douce et lactique
SAVEUR	Douce et crémeuse, arômes de crème et de champignon frais
LAIT	De vache, pasteurisé et stabilisé, ramassage collectif
AFFINAGE	Environ 2 semaines
CHOISIR	La croûte et la pâte souples, l'odeur fraîche
CONSERVER	Jusqu'à 1 mois, dans un papier ciré, entre 2 et 4 °C
OÙ TROUVER	À la fromagerie, dans la majorité des supermarchés du Québec

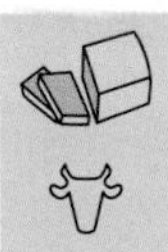

FORMAT Meule rectangulaire de 1,5 kg
M.G. 28 %
HUM. 54 %

BRIE L'EXTRA

PÂTE MOLLE À CROÛTE FLEURIE

Agropur – Usine de Corneville
Montréal [Montréal-Laval]

CROÛTE	Blanche et duveteuse
PÂTE	De crème à ivoire, onctueuse
ODEUR	Douce de champignon
SAVEUR	Douce, notes de champignon (croûte) ou de noisette (pâte)
LAIT	De vache, pasteurisé, de ramassage collectif
AFFINAGE	2 semaines
CHOISIR	La pâte crémeuse et souple, l'odeur fraîche
CONSERVER	Jusqu'à 65 jours, dans un papier ciré, entre 2 et 4 °C
OÙ TROUVER	À la fromagerie, dans la majorité des supermarchés du Québec
NOTE	Agropur produit un camembert et un brie allégés commercialisés sous la marque Allégro.

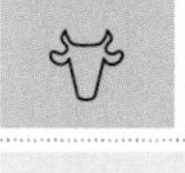

FORMAT	Meule de 2,5 kg
M.G.	23 %
HUM.	54 %

BRIE MME CLÉMENT

PÂTE MOLLE À CROÛTE FLEURIE

Damafro
Fromagerie Clément
Saint-Damase [Montérégie]

CROÛTE	Blanche duveteuse et tendre
PÂTE	Crémeuse et coulante
ODEUR	Douce
SAVEUR	Douce, fongique et légèrement salée
LAIT	De vache entier, pasteurisé, non stabilisé, ramassage collectif
AFFINAGE	De 2 semaines à 1 mois
CHOISIR	La pâte crémeuse et l'odeur fraîche
CONSERVER	1 mois, dans un papier ciré, entre 2 et 4 °C
OÙ TROUVER	À la fromagerie et dans la majorité des supermarchés du Québec

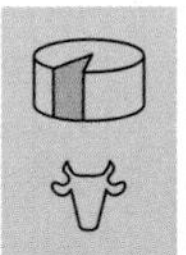

FORMAT	Meule de 1 kg
M.G.	26 %
HUM.	50 %

BRIE PLEINE SAVEUR DU VILLAGE DE WARWICK
PÂTE MOLLE À CROÛTE FLEURIE

Groupe Fromage Côté
Warwick [Bois-Francs]

CROÛTE	Blanche, teintes rougeâtres se développant avec l'affinage, fleurie, duveteuse et tendre
PÂTE	Crayeuse et jeune, s'affine de la croûte vers le centre, fine ou onctueuse, moelleuse à point, se détache de sa croûte en formant une gueule, sans couler
ODEUR	Délicate, légèrement fongique et lactique
SAVEUR	Douce, fruitée, goût de noisette, notes de crème, de beurre et de champignon
LAIT	De vache, pasteurisé, de ramassage collectif
AFFINAGE	De 20 à 30 jours, excellent après 40 jours
CHOISIR	La pâte crayeuse et jeune, l'odeur fraîche
CONSERVER	1 mois, dans un papier ciré, entre 2 et 4 °C
OÙ TROUVER	À la fromagerie, dans les boutiques et fromageries spécialisées, dans la majorité des épiceries et supermarchés au Québec

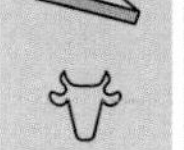

FORMAT	Meule de 2,2 kg vendue en pointes
M.G.	23 %
HUM.	54 %

BRIE TOUR DE FRANCE
PÂTE MOLLE À CROÛTE FLEURIE

Damafro
Fromagerie Clément
Saint-Damase [Montérégie]

CROÛTE	Blanche, duveteuse, épaisse et tendre
PÂTE	Couleur crème crayeuse au centre, s'affinant lentement depuis les bords pour devenir moelleuse et coulante
ODEUR	Douce, lactique et fongique
SAVEUR	Douce et parfumée, notes de crème et de champignon frais
LAIT	De vache entier, pasteurisé, ramassage collectif
AFFINAGE	2 semaines
CHOISIR	La croûte blanche et fleurie, la pâte encore crayeuse, l'odeur fraîche
CONSERVER	Jusqu'à 1 mois, dans un papier ciré, entre 2 et 4 °C
OÙ TROUVER	À la fromagerie et dans la majorité des supermarchés du Québec
NOTE	L'utilisation de lait stabilisé donne au fromage une pâte plus ferme.

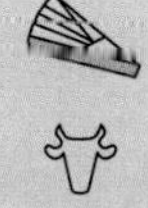

FORMAT	Meules de 198 g, 1 kg et 3 kg, vendues en pointes
M.G.	26 %
HUM.	50 %

BRITANNIA

CHEDDAR, PÂTE FERME, DOUX, MI-FORT, FORT, EXTRA FORT

Agropur – Usine de Bon-Conseil
Montréal [Montréal-Laval]

CROÛTE Aucune

PÂTE Couleur crème, ferme, friable

ODEUR Prononcée et fruitée

SAVEUR De douce à riche fraîche, fruitée, typée de cheddar vieilli, mais plus légère avec des notes de noix salées, froid, son goût rappelle le gruyère

LAIT De vache entier, pasteurisé, ramassage collectif

AFFINAGE De 3 mois à 3 ans

CHOISIR Sous-vide, la pâte ferme et non collante

CONSERVER 2 à 3 mois, dans un papier ciré doublé d'un papier d'aluminium, entre 2 et 4 °C

OÙ TROUVER Dans la majorité des supermarchés au Québec

NOTE En 2002, le Britannia affiné 3 ans a remporté le Caseus d'Or au Festival des fromages de Warwick en 2002 et la première place au World Championship Contest dans la catégorie « Meilleur cheddar vieilli au monde », devançant le Cheddar Perron classé 2e. Sous l'appellation Britannia, Agropur fabrique des cheddars doux, blancs, jaunes ou marbrés et des cheddars affinés 2 et 3 ans. En 2004, le cheddar Britannia doux jaune est classé Champion de la catégorie « Cheddar doux » au grand Prix des Fromages.

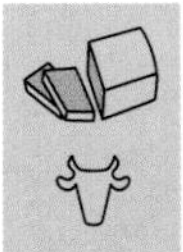

FORMAT Rectangulaire de 200 g environ, à la coupe
M.G. 37 %
HUM. 33 %

BRIE VAUDREUIL
PÂTE MOLLE À CROÛTE FLEURIE

Agropur – Usine de Corneville
Montréal [Montréal-Laval]

CROÛTE	Blanche et fleurie
PÂTE	De crème à ivoire, molle, plus coulante et onctueuse à maturation
ODEUR	Douce de champignon
SAVEUR	Fine et veloutée, notes de champignon
LAIT	De vache, pasteurisé, ramassage collectif
AFFINAGE	2 semaines
CHOISIR	La croûte bien blanche, la pâte moelleuse et l'odeur fraîche
CONSERVER	Jusqu'à 2 mois, dans un papier ciré, entre 2 et 4 °C
OÙ TROUVER	À la fromagerie et dans la majorité des épiceries et supermarchés au Québec
NOTE	La compagnie Agropur produit également un brie allégé commercialisé sous l'appellation Allégro.

FORMAT	Meules de 3 kg et de 1,3 kg (Brie Vaudreuil)
M.G.	24 % et 31 % (double crème)
HUM.	52 % et 50 % (double crème)

BUCHEVRETTE
PÂTE MOLLE À CROÛTE FLEURIE

Ferme Floralpe
Papineauville [Outaouais]

CROÛTE	Fleurie et duveteuse
PÂTE	Blanche, s'affinant des bords vers le centre et passant de crayeuse à coulante
ODEUR	De douce à marquée, notes de terroir
SAVEUR	Typée de chèvre, légèrement piquante et acidulée
LAIT	De chèvre entier, pasteurisé, élevage de la ferme
AFFINAGE	De 15 jours à 3 semaines
CHOISIR	Frais, la pâte crayeuse
CONSERVER	De 1 à 2 semaines dans un papier ciré, peut être congelé (décongeler au réfrigérateur). À consommer le plus rapidement possible : piquant, voire âcreté légèrement brûlante avec le temps
OÙ TROUVER	À la fromagerie

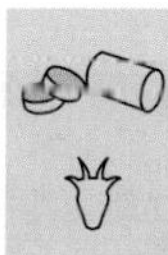

FORMAT	Rouleau de 130 g
M.G.	18 %
HUM.	60 %

CABANON
PÂTE MOLLE

La Moutonnière
Sainte-Hélène-de-Chester [Bois-Francs]

CROÛTE	Aucune
PÂTE	Blanche, fraîche, crémeuse
ODEUR	De douce à corsée
SAVEUR	Douce et corsée, allant de la noisette aux épices
LAIT	De brebis, pasteurisé, un seul élevage
AFFINAGE	Fromage enveloppé dans une feuille d'érable, macéré dans de l'eau-de-vie, légèrement affiné
CHOISIR	La pâte fraîche et ferme mais souple
CONSERVER	Jusqu'à 1 mois, réfrigéré entre 2 et 4 °C
OÙ TROUVER	Épicerie Chez Gaston au village de Trottier dans les Bois-Francs, au marché Atwater à Montréal, à L'Échoppe des Fromages à Saint-Lambert, au marché du Vieux-Port à Québec, et dans quelques boutiques et fromageries spécialisées au Québec

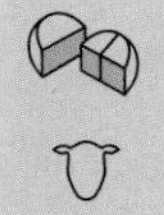

FORMAT	Petite meule de 150 g
M.G.	31 %
HUM.	50 %

CABRIE
PÂTE MOLLE À CROÛTE FLEURIE

Damafro
Fromagerie Clément
Saint-Damase [Montérégie]

CROÛTE	Tendre, recouverte d'un léger duvet et de pailles de plastique
PÂTE	Blanche, onctueuse, voire crémeuse, s'affine et devient coulante de la croûte vers le centre
ODEUR	Douce, légère note caprine
SAVEUR	Douce, légèrement salée et délicatement caprine
LAIT	De chèvre entier, pasteurisé, ramassage collectif
AFFINAGE	2 semaines
CHOISIR	Le plus tôt après la sortie de l'usine, la pâte bien crémeuse
CONSERVER	2 semaines à 1 mois, dans un papier ciré, entre 2 et 4 °C
OÙ TROUVER	À la fromagerie et dans la majorité des supermarchés au Québec
NOTE	À l'origine, on couvrait le fromage de vraies pailles qui lui donnaient des saveurs caractéristiques. Classé Champion dans la catégorie Fromage de chèvre à pâte molle au Concours des fromages fins du Québec 2004.

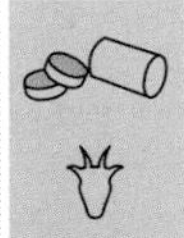

FORMAT	Rouleaux de 125 g (bûchette), de 1 kg (bûche) et meule de 170 g (Cabrie)
M.G.	26 %
HUM.	50 %

CABRIOLE

PÂTE MOLLE À CROÛTE LAVÉE

Kaiser, affiné par
Les Dépendances du Manoir
Brigham [Cantons-de-l'Est]

CROÛTE	Rose orangé, humide et tachée de moisissures blanches
PÂTE	Moelleuse, onctueuse, fine et légèrement coulante
ODEUR	De marquée à prononcée, agréable arôme caprin
SAVEUR	Marquée, goût de noisette légèrement acidulé
LAIT	De chèvre entier, pasteurisé, ramassage collectif
AFFINAGE	7 semaines et plus, croûte lavée et brossée à la saumure
CHOISIR	La croûte et la pâte souples
CONSERVER	Jusqu'à 2 semaines, dans un papier ciré, entre 2 et 4 °C
OÙ TROUVER	Dans la majorité des supermarchés au Québec

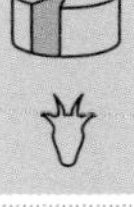

FORMAT	Meule de 1 kg, à la coupe
M.G.	24 %
HUM.	50 %

CABRITA

CHÈVRE FRAIS, NATURE, À LA FLEUR D'AIL, À L'ANETH FRAIS OU À LA TRUITE FUMÉE

Caitya du Caprice Caprin
Sawyerville [Cantons-de-l'Est]

CROÛTE	Sans croûte
PÂTE	Blanche, lisse, crémeuse et onctueuse
ODEUR	Légère et acidulée
SAVEUR	Non salée, franche, mordante avec une bonne acidité atténuée par la crème, peu caprine
LAIT	De chèvre entier, pasteurisé, un seul élevage
AFFINAGE	Frais
CHOISIR	Selon la date de fabrication : meilleur une semaine après l'ouverture du pot
CONSERVER	2 semaines après l'ouverture du pot, à consommer rapidement
OÙ TROUVER	À la fromagerie, au supermarché Provigo de la Promenade King à Sherbrooke
NOTE	Un fromage frais non salé élaboré à partir d'un caillé lactique, sa texture onctueuse a une saveur plus acide. Offert nature ou assaisonné à la fleurs d'ail du Petit Mas, ou à l'aneth frais, ou à la truite fumée de la Ferme piscicole des Bobines.

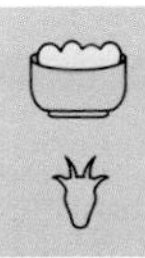

FORMAT	Contenants de 150 g, 300 g, 500 g et au kilo
M.G.	13 %
HUM.	70 %

CACIOCAVALLO
PÂTE FERME, FILÉE, NATURE OU FUMÉE

Saputo
Montréal [Montréal-Laval]

CROÛTE	Sans croûte
PÂTE	Jaune paille ou brunâtre à l'extérieur (caciocavallo fumé), élastique et légèrement fibreuse
ODEUR	Douce, notes boucanées
SAVEUR	De délicate et douce, avec notes de beurre et d'amande, devenant prononcée avec le temps, saveur de bois boucané du caciocavallo fumé
LAIT	De vache entier, pasteurisé, ramassage collectif
AFFINAGE	Aucun
CHOISIR	Sous-vide
CONSERVER	Jusqu'à 1 mois après ouverture, sous pellicule plastique, entre 2 et 4 °C
OÙ TROUVER	Dans la majorité des supermarchés au Québec
NOTE	Originairement fabriqué dans le sud de l'Italie. La pâte est moulée à la main en forme de poire ou de gourde (caciocavallo veut dire sacoche de cavalier).

FORMAT	Gourdes de 400 g, 800 g ou 1,2 kg, sous-vide
M.G.	24 %
HUM.	45 %

CAILLOU DE BRIGHAM
CROTTIN, PÂTE MOLLE SANS CROÛTE, NATURE

Kaiser, affiné par
Les Dépendances du Manoir
Brigham [Cantons-de-l'Est]

CROÛTE	Sans croûte
PÂTE	Molle, de fine et humide à sèche et friable
ODEUR	Douce, arôme de fleurs sauvages
SAVEUR	Douce, bon goût caprin
LAIT	De chèvre entier, pasteurisé
AFFINAGE	Frais
CHOISIR	La pâte fraîche et souple
CONSERVER	De 2 à 4 semaines, dans un papier ciré, entre 2 et 4 °C
OÙ TROUVER	Dans les supermarchés

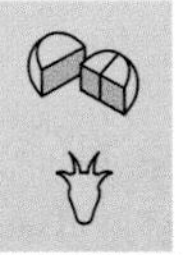

FORMAT	Petite meule de 60 g
M.G.	21 %
HUM.	54 %

Le camembert

Le camembert a été créé après la Révolution française, en 1791. Un prêtre fuyant la nouvelle République pour ne pas devoir lui prêter serment, trouva refuge en Normandie chez une fermière nommée Marie Harel. Le fuyard lui confia les secrets de la croûte de ce traditionnel fromage frais. Le procédé serait originaire de la Brie. Les descendants de Marie Harel en développeront la fabrication.

Cent ans après, l'ingénieur Ridel crée la boîte en bois, encore utilisée aujourd'hui, dans laquelle le fromage est transporté vers les différents marchés. Le camembert a séduit Napoléon III : il goûte l'un des camemberts de Victor Paynel et en redemande, ainsi le petit-fils de Marie Harel aura l'honneur d'être reçu aux Tuileries en 1863.

Le camembert a fait la notoriété de la Normandie. Élaboré par des fermières normandes, sa fabrication s'est vite répandue dans tout le pays, en Europe et dans le monde à partir de 1950. L'interdiction des fromages au lait cru aux États-Unis, la pasteurisation et plus tard la stabilisation du lait vont bouleverser la tradition. Pour que son nom n'échappe pas à la Normandie et afin de sauvegarder la tradition, il sera créé le Label rouge dans les années 1960, signe de qualité supérieure, puis l'appellation d'origine contrôlée (AOC), en 1983.

« Le fromage bénéficiant de l'appellation d'origine Camembert de Normandie est un fromage à pâte molle, légèrement salée, blanche à jaune crème, à moisissures superficielles constituant un feutrage blanc pouvant laisser apparaître des taches rouges. [...] » (Article 2 du décret du 26 décembre 1986 relatif à l'AOC Camembert de Normandie).

Le vrai camembert de Normandie est fabriqué avec du lait cru et moulé manuellement à la louche dans le plus grand respect de la fabrication traditionnelle.

Ce fromage est maintenant fabriqué partout dans le monde. Essentiellement fermier à l'origine et entièrement travaillé à la main, il est aujourd'hui souvent fabriqué de façon industrielle, même en France.

CAMEMBERT CALENDOS

PÂTE MOLLE À CROÛTE FLEURIE, DOUBLE-CRÈME

Cayer
Saint-Raymond [Québec]

CROÛTE	Blanche et duveteuse
PÂTE	Jaune crème, souple, crémeuse et homogène
ODEUR	Douce de crème devenant plus marquée avec l'affinage
SAVEUR	Douce de beurre salée et de champignon devenant plus marquée en vieillissant
LAIT	Écrémé, entier ou avec ajout de crème, de vache, pasteurisé, de ramassage collectif
AFFINAGE	Environ 2 semaines
CHOISIR	La pâte souple et crémeuse, l'odeur fraîche
CONSERVER	84 jours, dans un papier ciré, entre 2 et 4 °C
OÙ TROUVER	À la fromagerie et dans les supermarchés

FORMAT	Meules de 125 g et de 1 kg (20,5 cm sur 4,5 cm)
M.G.	30 %
HUM.	50 %

CAMEMBERT CAYER

PÂTE MOLLE À CROÛTE FLEURIE, DOUBLE-CRÈME

Cayer
Saint-Raymond [Québec]

CROÛTE	Blanche et duveteuse
PÂTE	Jaune crème, souple, crémeuse et homogène
ODEUR	Douce de crème devenant plus marquée avec l'affinage
SAVEUR	Douce de beurre salée et de champignon devenant plus marquée en vieillissant
LAIT	De vache écrémé, entier ou avec ajout de crème, pasteurisé, ramassage collectif
AFFINAGE	Environ 2 semaines
CHOISIR	La pâte souple et crémeuse, l'odeur fraîche
CONSERVER	84 jours, dans un papier ciré, entre 2 et 4 °C
OÙ TROUVER	À la fromagerie et dans les supermarchés

FORMAT	Meule de 200 g (11 cm sur 2,75 cm)
M.G.	30 %
HUM.	50 %

CAMEMBERT CONNAISSEUR

PÂTE MOLLE À CROÛTE FLEURIE

Damafro
Fromagerie Clément
Saint-Damase [Montérégie]

CROÛTE	Blanche, duveteuse et tendre
PÂTE	Crémeuse et coulante
ODEUR	Douce et légèrement florale
SAVEUR	Douce de crème, fongique et légèrement salée
LAIT	De vache entier, pasteurisé, non stabilisé, ramassage collectif
AFFINAGE	De 2 semaines à 1 mois, croûte ensemencée de *penicillium candidum*
CHOISIR	La pâte souple et crémeuse, l'odeur fraîche
CONSERVER	Jusqu'à 1 mois, dans un papier ciré, entre 2 et 4 °C
OÙ TROUVER	À la fromagerie et dans la majorité des supermarchés au Québec

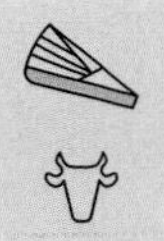

FORMAT	Meule de 1,2 kg
M.G.	26 %
HUM.	50 %

CAMEMBERT DAMAFRO

PÂTE MOLLE À CROÛTE FLEURIE, STABILISÉ

Damafro
Fromagerie Clément
Saint-Damase [Montérégie]

CROÛTE	Blanche, duveteuse et tendre
PÂTE	Crémeuse et coulante
ODEUR	Douce, lactique, légèrement fruitée, notes de champignon
SAVEUR	Douce de crème et de champignon sauvage
LAIT	De vache entier, pasteurisé et stabilisé, ramassage collectif
AFFINAGE	Environ 2 semaines
CHOISIR	La pâte souple et crémeuse, l'odeur fraîche
CONSERVER	1 mois, dans un papier ciré, entre 2 et 4 °C
OÙ TROUVER	À la fromagerie et dans la majorité des supermarchés du Québec

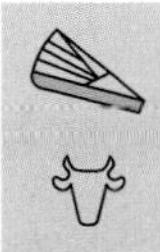

FORMAT	Meule de 1 kg
M.G.	26 %
HUM.	50 %

CAMEMBERT DU MARCHÉ

PÂTE MOLLE À CROÛTE FLEURIE

Groupes Fromages Côté

Warwick [Bois-Francs]

CROÛTE	Blanche et duveteuse
PÂTE	Couleur crème, uniformément crémeuse et onctueuse
ODEUR	Douce
SAVEUR	Douce, goût de champignon et de navet, s'intensifiant avec l'affinage avec une légère pointe de sel
LAIT	De vache entier, pasteurisé, ramassage collectif
AFFINAGE	30 à 40 jours
CHOISIR	La pâte souple et crémeuse, l'odeur fraîche
CONSERVER	2 mois, dans un papier ciré ou parchemin, entre 2 et 4 °C
OÙ TROUVER	À la fromagerie, dans les boutiques et fromageries spécialisées, dans la majorité des épiceries et supermarchés au Québec
NOTE	Sa pâte crémeuse et uniforme est un gage de qualité. Une fois chambrée, elle ne devient pas coulante et demeure onctueuse.

FORMAT	Meules de 1,25 g et de 2,2 kg, vendues en pointes
M.G.	26 %
HUM.	50 %

CAMEMBERT L'EXTRA

PÂTE MOLLE À CROÛTE FLEURIE

Agropur – Usine de Corneville

Montréal [Montréal-Laval]

CROÛTE	Blanche et fleurie
PÂTE	De couleur crème à ivoire, molle et onctueuse
ODEUR	Douce de champignon
SAVEUR	Douce, notes de champignon (croûte) ou de noisette (pâte)
LAIT	De vache entier, pasteurisé, ramassage collectif
AFFINAGE	1 à 2 semaines
CHOISIR	La pâte souple et crémeuse, l'odeur fraîche
CONSERVER	Jusqu'à 65 jours, dans un papier ciré ou parchemin, entre 2 et 4 °C
OÙ TROUVER	Dans la majorité des supermarchés
NOTE	Agropur produit un camembert et un brie allégés commercialisés sous la marque Allégro.

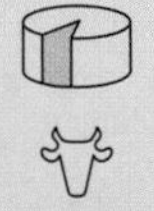

FORMAT	Meules de 200 g (L'Extra) et 1 kg (Grand Camembert L'Extra)
M.G.	23 % et 22 % (L'Extra)
HUM.	56 %

CAMEMBERT MME CLÉMENT

PÂTE MOLLE À CROÛTE FLEURIE

Damafro
Fromagerie Clément
Saint-Damase [Montérégie]

CROÛTE	Blanche, duveteuse et tendre
PÂTE	Crémeuse et coulante
ODEUR	Douce de lait, légèrement florale
SAVEUR	Douce de beurre, fongique et légèrement salée
LAIT	De vache entier, pasteurisé, non stabilisé, ramassage collectif
AFFINAGE	De 2 semaines à 1 mois croûte ensemencée de *penicillium candidum*
CHOISIR	La pâte souple et crémeuse, l'odeur fraîche
CONSERVER	2 mois, dans un papier ciré ou parchemin, entre 2 et 4 °C
OÙ TROUVER	À la fromagerie et dans la majorité des supermarchés au Québec

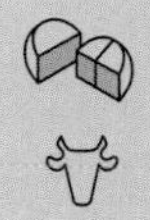

FORMAT	Meule de 150 g (8 cm sur 3 cm)
M.G.	26 %
HUM.	50 %

CAMEMBERT VAUDREUIL

PÂTE MOLLE À CROÛTE FLEURIE

Agropur – Usine de Corneville
Montréal [Montréal-Laval]

CROÛTE	Blanche et fleurie
PÂTE	De crème à ivoire, molle, plus coulante et onctueuse à maturation
ODEUR	Douce de champignon
SAVEUR	Fine et veloutée, notes de champignon
LAIT	De vache, pasteurisé, ramassage collectif
AFFINAGE	2 semaines
CHOISIR	La croûte bien blanche, la pâte crémeuse
CONSERVER	Jusqu'à 65 jours, dans un papier ciré, entre 2 et 4 °C
OÙ TROUVER	À la fromagerie, dans les boutiques et fromageries spécialisées et dans certains supermarchés

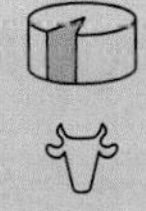

FORMAT	Meule de 3 kg
M.G.	24 %
HUM.	54 %

CANTONNIER DU VILLAGE DE WARWICK

PÂTE DEMI-FERME À CROÛTE LAVÉE

Groupes Fromages Côté
Warwick [Bois-Francs]

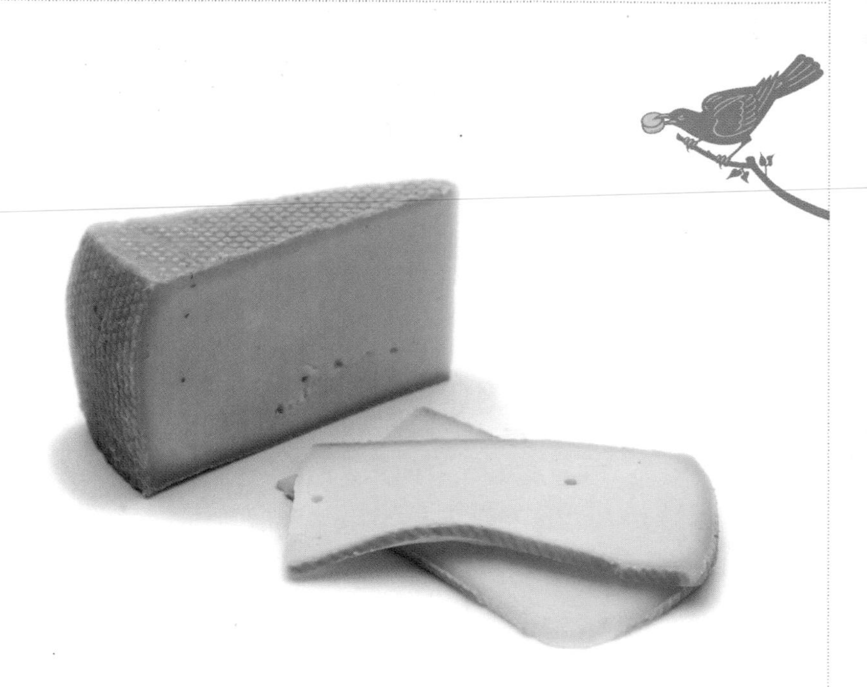

CROÛTE	Orange, brunâtre, cuivrée et tendre
PÂTE	Jaune doré, lisse, uniforme et onctueuse, fond en bouche
ODEUR	Marquée, légère odeur de venaison
SAVEUR	Se développant en bouche, saveur effervescente de beurre et de crème bien fruitée, de pommes fraîches et de noix
LAIT	De vache entier, pasteurisé, ramassage collectif
AFFINAGE	60 jours
CHOISIR	Sous-vide, la pâte ferme mais souple
CONSERVER	2 à 3 mois, dans un papier ciré doublé d'un papier d'aluminium
OÙ TROUVER	À la fromagerie, dans les boutiques et fromageries spécialisées, dans la majorité des épiceries et supermarchés au Québec
NOTE	Comme l'Oka, s'inspire du Port-Salut fabriqué par les moines de l'abbaye Notre-Dame de Port-du-Salut. Classé Champion dans sa catégorie et grand Champion toutes classes confondues (Caseus de bronze) au concours des fromages fins du Québec 2004.

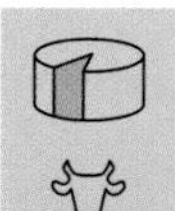

FORMAT	Meule de 2,3 kg (16 pointes), sous-vide
M.G.	30 %
HUM.	45 %

CAMPAGNARD
CAMEMBERT, PÂTE MOLLE À CROÛTE FLEURIE

Cayer
Saint-Raymond [Québec]

CROÛTE	Inégale, voire raboteuse, blanche et duveteuse
PÂTE	Jaune crème, crémeuse devenant coulante
ODEUR	Douce
SAVEUR	Douce de beurre salée et de champignon devenant plus marquée en vieillissant
LAIT	De vache écrémé, entier ou avec ajout de crème, pasteurisé, ramassage collectif
AFFINAGE	Environ 2 semaines
CHOISIR	La pâte souple et crémeuse, l'odeur fraîche
CONSERVER	77 jours, dans un papier ciré ou parchemin, entre 2 et 4 °C
OÙ TROUVER	À la fromagerie et dans les supermarchés

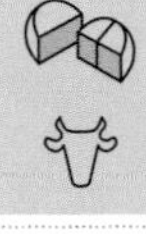

FORMAT	Meule de 200 g (10,5 cm sur 2,5 cm)
M.G.	30 %
HUM.	50 %

CAP ROND
PÂTE MOLLE À CROÛTE CENDRÉE ET FLEURIE

Ferme Tourilli
Saint-Raymond-de-Portneuf [Québec]

CROÛTE	Cendrée se couvrant d'une mousse blanche irrégulière avec des pointes de bleu
PÂTE	Blanche, fine, de soyeuse à collante avec l'affinage
ODEUR	Douce de crème fraîche et de beurre, peu caprine quand le fromage est jeune
SAVEUR	Douce et lactique, goût léger de chèvre s'harmonisant agréablement avec celui de cendre, finale de noisette ; jeune, croûte au goût de levure avec une légère acidité, devenant piquante et fruitée
LAIT	De chèvre entier, pasteurisé, élevage de la ferme
AFFINAGE	20 jours
CHOISIR	La croûte cendrée légèrement fleurie, pointes de bleu, la pâte souple et crémeuse
CONSERVER	Jusqu'à 1 mois, dans un papier ciré ou parchemin, entre 2 et 4 °C
OÙ TROUVER	À la fromagerie, dans les boutiques et fromageries spécialisées au Québec

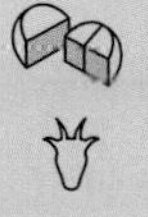

FORMAT	Meule de 150 g (7 cm de diamètre sur 3,5 cm d'épaisseur)
M.G.	25 %
HUM.	55 %

CAPRA

PÂTE DEMI-FERME À CROÛTE LAVÉE

La Suisse Normande
Saint-Roch-de-l'Achigan [Lanaudière]

CROÛTE	Orange-rouge, tendre et de bonne consistance
PÂTE	Blanc crème, demi-ferme, moelleuse et fondante
ODEUR	Lactique et caprine
SAVEUR	Bouquetée avec des notes de fruits et de noisettes en finale
LAIT	De chèvre entier, cru, un seul élevage
AFFINAGE	60 jours croûte lavée à la saumure
CHOISIR	Odeur fraîche, la croûte et la pâte souples
CONSERVER	De 2 semaines à 1 mois, à 4 °C, dans un papier ciré doublé d'un papier d'aluminium
OÙ TROUVER	À la fromagerie le Capra et, distribué par Plaisirs Gourmets dans la majorité des boutiques spécialisées du Québec

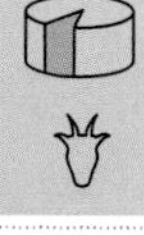

FORMAT	Meule de 2 kg à 2,5 kg
M.G.	25 %
HUM.	40 %

CAPRIATI

CROTTIN, PÂTE DEMI-FERME, NATURE OU DANS L'HUILE

Fromagerie Tournevent
Chesterville [Bois-Francs]

CROÛTE	Sans croûte
PÂTE	Blanche, crayeuse, de friable à cassante, crémeuse
ODEUR	Douce et fraîche de lait devenant plus marqué avec le temps
SAVEUR	Franche et généreuse, devenant piquante et plus prononcée en chèvre avec le temps
LAIT	De chèvre, pasteurisé, ramassage collectif
AFFINAGE	3 mois, mis dans l'huile de tournesol et d'olive, assaisonné d'herbes et d'épices
CHOISIR	La pâte crayeuse, compacte et tendre
CONSERVER	Jusqu'à 4 mois, dans l'huile; jusqu'à 6 mois, lorsque sec ou semi-sec
OÙ TROUVER	À la fromagerie, dans les boutiques et fromageries spécialisées, dans plusieurs épiceries et supermarchés au Québec

FORMAT	75 g (4 cm sur 5 cm) nature et 100 g (en pot, dans l'huile, assaisonné)
M.G.	28 %
HUM.	43 %

CAPRICE DES CANTONS

PÂTE MOLLE À CROÛTE LAVÉE

Fromagerie La Germaine
Sainte-Edwidge-de-Clifton
[Cantons-de-l'Est]

CROÛTE	Orange-rouge, humide
PÂTE	Jaune crème, molle, lisse devenant coulante
ODEUR	De douce à marquée, notes de noisette
SAVEUR	De douce à marquée, notes fruitées et lactiques très agréables
LAIT	De vache entier, cru, élevage de la ferme
AFFINAGE	60 jours, croûte lavée à la saumure
CHOISIR	La croute et la pâte souples, l'odeur fraîche
CONSERVER	Jusqu'à 2 semaines, dans un papier ciré ou dans son emballage, entre 2 et 4 °C
OÙ TROUVER	À la ferme entre 9 h et 17 h tous les jours, distribué dans les principales fromageries au Québec, plus particulièrement dans la région de production, dans les épiceries de Coaticook, Cookshire, Lennoxville, Magog et Sherbrooke ainsi qu'à Montréal au Marché des saveurs et au Marché de chez nous (Longueuil) de même qu'aux fromageries Hamel et Atwater

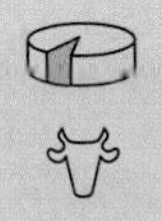

FORMAT Meule de 250 g
M.G. 29 %
HUM. 44 %

CAPRICE

CHÈVRE FRAIS NATURE OU AUX HERBES (SUR DEMANDE)

La Suisse Normande

Saint-Roch-de-l'Achigan [Lanaudière]

CROÛTE	Sans croûte
PÂTE	Blanche, fraîche, humide et crémeuse
ODEUR	Douce et fraîche
SAVEUR	Douce avec une petite pointe acidulée
LAIT	De chèvre entier, pasteurisé, élevage de la ferme
AFFINAGE	Frais
CHOISIR	La pâte crémeuse et onctueuse, l'odeur fraîche
CONSERVER	De 2 semaines à 1 mois dans son emballage d'origine, entre 2 et 4 °C
OÙ TROUVER	À la fromagerie, distribué par Plaisirs Gourmets dans la majorité des boutiques et fromageries spécialisées du Québec

FORMAT	Petit contenant en plastique de 120 g
M.G.	17 %
HUM.	63 %

CAPRICE DES SAISONS

PÂTE MOLLE, LISSE ET COULANTE, À CROÛTE FLEURIE

Fromagerie La Germaine

Sainte-Edwidge-de-Clifton [Cantons-de-l'Est]

CROÛTE	Blanche, fleurie, couverte d'un beau duvet mince
PÂTE	De couleur crème, molle, lisse, coulante et moelleuse
ODEUR	Douce, notes de champignon
SAVEUR	Douce et fruitée
LAIT	De vache entier, cru, élevage de la ferme
AFFINAGE	Environ 2 semaines
CHOISIR	La pâte souple et crémeuse, l'odeur fraîche
CONSERVER	2 à 3 semaines, dans un papier ciré ou dans son emballage, entre 2 et 4 °C
OÙ TROUVER	À la ferme entre 9 h et 17 h tous les jours, distribué dans les principales fromageries au Québec, plus particulièrement dans la région de production, dans les épiceries de Coaticook, Cookshire, Lennoxville, Magog et Sherbrooke ainsi qu'à Montréal au Marché des saveurs et au Marché de chez nous (Longueuil) de même qu'aux fromageries Hamel et Atwater

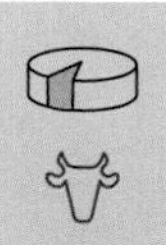

FORMAT	Meule de 250 g
M.G.	30 %
HUM.	44 %

CAPRI...CIEUX

CHÈVRE FRAIS, NATURE OU ASSAISONNÉ (AMANDES, FINES HERBES OU POIVRE)

Ferme Mes Petits Caprices
Saint-Jean-Baptiste [Montérégie]

CROÛTE	Sans croûte
PÂTE	Blanche, dense et fraîche, enrobée d'herbes et d'amandes effilées
ODEUR	Douce
SAVEUR	Assaisonnements se prêtant bien à la finesse de ce chèvre
LAIT	De chèvre entier, pasteurisé, élevage de la ferme
AFFINAGE	Frais
CHOISIR	La pâte fraîche et crémeuse
CONSERVER	Jusqu'à 3 semaines, dans son emballage d'origine ou un sac plastique, entre 2 et 4 °C, 1 an dans l'huile
OÙ TROUVER	À la fromagerie
NOTE	Le Capricieux (amandière) s'est classé meilleur fromage de chèvre à pâte aromatisée lors du concours Sélection Caseus 2001 et meilleur de sa catégorie en 2004.

FORMAT	Boules de 150 g (nature ou assaisonné), pots de 114 ml et de 400 ml, dans l'huile
M.G.	14 %
HUM.	69 %

CAPRINY

CHÈVRE FRAIS, NATURE OU AROMATISÉ AUX HERBES OU AU POIVRE

Cayer
Saint-Raymond [Québec]

CROÛTE	Sans croûte
PÂTE	Lisse et fraîche, nature ou enrobée d'herbes ou de poivre
ODEUR	Fraîche et lactique
SAVEUR	Douce, lactique, caprine et légèrement salée
LAIT	De chèvre entier, non pasteurisé, ramassage collectif
AFFINAGE	Frais
CHOISIR	Dans son emballage d'origine, la pâte onctueuse et fraîche
CONSERVER	90 jours à partir du départ de l'usine, maintenu entre 0 et 4 °C
OÙ TROUVER	À la fromagerie et dans les supermarchés du Québec

FORMAT	Rouleaux de 100 g, de 125 g et de 1 kg
M.G.	22 % et 24 %
HUM.	55 %

CASIMIR

PÂTE MOLLE À CROÛTE FLEURIE

La Fromagerie de l'Érablière
Mont-Laurier [Laurentides]

CROÛTE	Striée brunâtre, couverte d'une mousse rase blanche et fleurie
PÂTE	De couleur crème à jaunâtre, onctueuse et lisse, devenant coulante lorsque bien chambrée
ODEUR	Douce de lait frais, arômes subtils de champignon frais
SAVEUR	Douce et légèrement salée, notes de lait, de noisette et de champignon
LAIT	De vache thermisé (sera prochainement transformé cru), un seul élevage
AFFINAGE	60 jours
CHOISIR	La pâte souple et crémeuse, l'odeur fraîche
CONSERVER	2 mois, dans un papier ciré ou parchemin, entre 2 et 4 °C
OÙ TROUVER	Distribué par Plaisirs Gourmets dans la majorité des boutiques spécialisés du Québec
NOTE	Honore la mémoire de Casimir (aïeul des propriétaires), qui s'installa au siècle dernier sur les rives de la Lièvre.

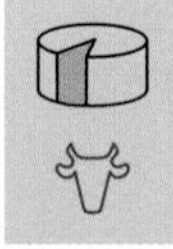

FORMAT	Meule de 1 kg (17 cm sur 3 cm)
M.G.	26 %
HUM.	50 %

CENDRÉ DES PRÉS

PÂTE MOLLE À CROÛTE FLEURIE, STRIÉE EN SON CENTRE D'UNE RAIE DE CENDRE, À LA FAÇON DU MORBIER

Fromagerie du Domaine Féodal
Rivière Bayonne Berthier [Lanaudière]

CROÛTE	Blanche, fleurie et parcourue de taches brunâtres
PÂTE	Ivoire, crémeuse et onctueuse, traversée horizontalement d'une strie de cendre végétale
ODEUR	De douce à marquée, fongique
SAVEUR	Douce, bien présente et longue en bouche, notes typiques de lait cru
LAIT	De vache entier, cru, d'un seul élevage
AFFINAGE	60 jours
CHOISIR	La pâte souple et crémeuse, l'odeur fraîche
CONSERVER	2 à 3 semaines, dans son emballage ou dans un papier ciré, entre 2 et 4 °C
OÙ TROUVER	À la fromagerie (du lundi au samedi de 9 h à 17 h) et distribué par Plaisirs Gourmets dans la majorité des boutiques spécialisées au Québec

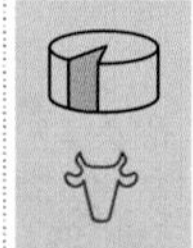

FORMAT	Meule de 1,3 kg, à la coupe
M.G.	20 %
HUM.	49 %

CENDRÉ DU VILLAGE

MORBIER, PÂTE DEMI-FERME, PRESSÉE NON CUITE, À CROÛTE LAVÉE

Groupes Fromages Côté
Warwick [Bois-Francs]

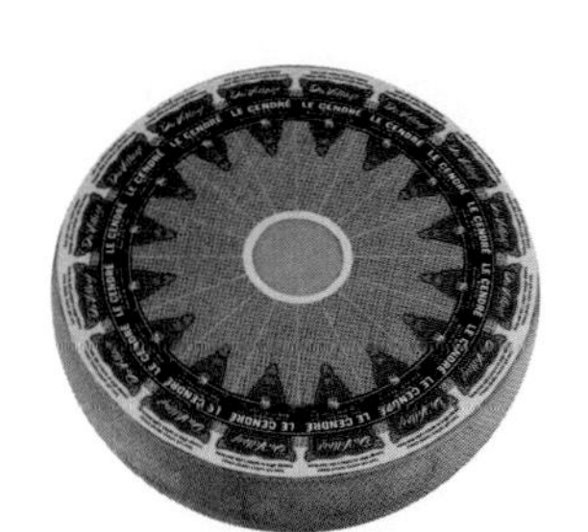

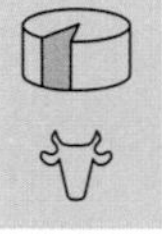

FORMAT	Meule de 2 kg, à la coupe
M.G.	22 %
HUM.	52 %

CROÛTE	Marron avec des traces grisâtres, moyennement épaisse et tendre
PÂTE	Couleur grain de blé, souple, lisse, fondante en bouche, striée horizontalement par une raie de charbon végétal
ODEUR	Douce, arômes de noisette et de foin
SAVEUR	Lactique et fruitée se développant en bouche, de douce et crémeuse à marquée
LAIT	De vache entier, pasteurisé, ramassage collectif
AFFINAGE	60 jours
CHOISIR	La pâte ferme et souple, la croûte tendre et sèche
CONSERVER	2 mois, dans un papier ciré doublé d'un papier d'aluminium, entre 2 et 4 °C
OÙ TROUVER	À la fromagerie, dans les fromageries spécialisées, dans les épiceries et supermarchés au Québec

CHAMBLÉ

PÂTE MOLLE À CROÛTE LAVÉE

Fromages Chaput, affiné par Les Dépendances du Manoir
Brigham [Cantons-de-l'Est]

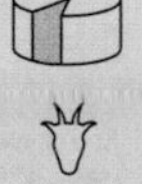

FORMAT	Meule de 1 kg, à la coupe
M.G.	23 %
HUM.	56 %

CROÛTE	Rose orangé, humide et légèrement collante, tachée de moisissures blanches
PÂTE	Moelleuse, onctueuse, fine, souple et fondante, se détachant de la croûte
ODEUR	Marquée, agréable arôme caprin
SAVEUR	Marquée, goût caprin
LAIT	De chèvre entier, non pasteurisé, un seul élevage
AFFINAGE	60 jours, croûte lavée et brossée à la saumure additionnée de ferments d'affinage
CHOISIR	La croûte humide et légèrement collante, et la pâte souple, à l'odeur fraîche et agréable
CONSERVER	2 semaines, dans un papier ciré ou parchemin, entre 2 et 4 °C
OÙ TROUVER	Dans les boutiques et fromageries spécialisées, dans les bonnes épiceries et supermarchés au Québec
NOTE	La fabrication du Chamblé est semblable à celle du Cabriole, mais il est élaboré à partir de lait cru fermier.

CHALIBERG SÉLECTION DU MAÎTRE AFFINEUR

SUISSE, PÂTE FERME SANS LACTOSE

Laiterie Chalifoux
Les Fromages Riviera
Sorel-Tracy [Montérégie]

CROÛTE	Sans croûte
PÂTE	Ivoire (plus foncé dans le cas du Chaliberg Sélection) ferme, lisse, élastique, parsemée de trous ronds (yeux) irréguliers
ODEUR	Douce, notes d'amande
SAVEUR	Douce, lactique et légèrement fruitée, notes de noisette s'amplifiant avec le temps (surtout dans le cas du Chaliberg Sélection)
LAIT	De vache entier ou écrémé, pasteurisé, ramassage collectif
AFFINAGE	1 mois et 1 an (Chaliberg Sélection)
CHOISIR	Sous-vide, la pâte ferme et souple, l'odeur fraîche et agréable
CONSERVER	3 mois, dans un papier ciré doublé d'un papier d'aluminium, entre 2 et 4 °C
OÙ TROUVER	À la fromagerie, dans les boutiques et fromageries spécialisées, dans les bonnes épiceries et supermarchés au Québec

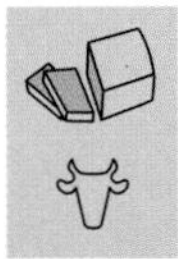

FORMAT	À la coupe, sous-vide
M.G.	27 % et 17 % (Chaliberg léger)
HUM.	40 % et 49 % (Chaliberg léger)

CHÂTEAUGUAY

PÂTE MOLLE À CROÛTE FLEURIE

Fromagerie de l'Alpage

Châteauguay [Montérégie]

CROÛTE — Striée sous un beau duvet blanc, marquée par des sillons

PÂTE — Couleur crème, uniformément crémeuse et onctueuse, ne coulant pas et formant un ventre

ODEUR — Douce de crème et de champignon

SAVEUR — Relativement douce, notes de champignon et de navet typiques du camembert s'intensifiant avec l'affinage, légère pointe de sel

LAIT — De vache entier, cru, élevages sélectionnés

AFFINAGE — 60 jours

CHOISIR — La pâte souple et crémeuse, l'odeur fraîche

CONSERVER — Jusqu'à 120 jours

OÙ TROUVER — Dans la majorité des boutiques et fromageries spécialisées, dans les supermarchés Bonichoix, IGA et Métro

NOTE — Il a été conçu sous l'appellation Le Châteauguay pour le distributeur Le Choix du Fromager.

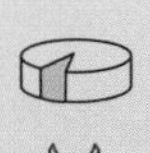

FORMAT — Meule de 250 g, dans une petite boîte de présentation

M.G. — 24 %

HUM. — 53 %

Le cheddar

Ce fromage a pris le nom de Cheddar, village anglais qui l'a vu naître au XVIe siècle dans le Somersetshire.

Distribué dans tout le Commonwealth britannique, ce fromage est très certainement le plus consommé en Amérique du Nord. Seul un fromage au lait de vache peut porter l'appellation cheddar.

APERÇU DE FABRICATION

Fromage à pâte ferme (cuite), élaboré avec du lait cru ou pasteurisé, son mode de fabrication est appelé cheddarisation.

Le caillé, coupé et mélangé, est chauffé à 40 °C (approximativement la chaleur de la main) afin de faciliter l'écoulement du petit-lait. On laisse les grains se souder entre eux afin de former de gros blocs de fromage qui sont ensuite pliés et retournés pour en extraire le lactosérum, d'où la texture fibreuse caractérisant le cheddar. Ces blocs, ensuite découpés en petits morceaux et salés, prennent alors l'appellation de fromage en grains. Le cheddar se forme à partir de ces grains pressés en blocs. Le cheddar doux est conservé pendant trois mois, le cheddar moyen, de quatre à neuf mois et le cheddar vieux (fort ou extra-fort) de neuf mois à quelques années.

En usine, le cheddar peut être obtenu autrement que par cheddarisation, méthode habituellement manuelle. Le procédé consiste à agiter le caillé par moyens mécaniques jusqu'à l'obtention de l'acidité désirée. Salés et pressés les blocs sont distribués sur le marché frais ou affinés.

On y ajoute parfois de la poudre de lactosérum ou de la poudre de lait. Ces éléments sont utilisés afin de standardiser le lait. Le cheddar ainsi fabriqué possède une texture plus dure quand il est froid. En outre, il est plus mat et farineux; et il surit rapidement à la température de la pièce.

DESCRIPTION

CROÛTE Sans croûte

PÂTE De blanc ivoire à jaune pâle, ferme et souple à dure, elle est crémeuse, souple, fondante, légèrement granuleuse, souvent friable. Certains cheddars vieux développent des cristaux.

ODEUR De douce à marquée et piquante.

SAVEUR De douce avec léger goût de noisette à prononcée et piquante ; le cheddar vieux développe parfois des cristaux qui apportent un légère acidité.

Comment le choisir

Dans son emballage d'origine ou à la découpe dans les bonnes fromageries. Choisir le cheddar frais ou en grains dès la sortie de fabrication.

Conservation

Plus d'un an dans son emballage sous-vide; 2 à 3 mois entre 2 et 4 °C, dans un papier ciré doublé d'une feuille d'aluminium.

Cheddars fabriqués au Québec

La majorité des fabricants proposent le fromage frais du jour en bloc ou en grains, mais on trouve, de plus en plus sur le marché, des cheddars vieillis ou affinés durant une période pouvant atteindre cinq ans.

CHEDDARS FABRIQUÉS AU QUÉBEC

ANCÊTRE · Fromagerie L'Ancêtre
Lait entier, thermisé ou pasteurisé, d'un seul élevage ou ramassage collectif ; frais en grains, 60 jours, 6 mois, 12 mois, 24 mois et plus en bloc

BEAUCERON [LÉGER 6 % ET 12 %] · Fromagerie Gilbert
Lait entier, pasteurisé, ramassage collectif ; frais en bloc

BEAUPRÉ · Fromagerie Côte-de-Beaupré
Lait entier, pasteurisé, ramassage collectif ; frais en grain, doux et affiné 2 ans en bloc ; le cheddar doux se trouve également fumé sous l'appellation « Fumeron »

BRITANNIA · Agropur
Frais (nature, jaune ou marbré), 3 mois à 3 ans

CHEDDAR AGRILAIT
Lait entier, pasteurisé, ramassage collectif ; frais en grains, doux, 6 mois ou 1 an en bloc

CHEDDAR D'ANTAN · Ferme Bord-des-Rosiers

CHEDDAR BIO D'ANTAN · Fromages La Chaudière

Cheddar Bio · La Ferme des Chutes
Bio; lait entier, pasteurisé, élevage de la ferme ; frais en grains, doux, 6 mois, 1 an à 2 ans

Cheddar Bio · Liberté
Lait entier ou écrémé, pasteurisé, ramassage collectif ; régulier et léger

Cheddar Boivin · Fromagerie Boivin
Lait entier, pasteurisé, ramassage collectif; frais en bloc ou en grains ou affiné (médium, fort ou extra-fort) et sans sel

Cheddar Bourgadet · Fromagerie de la Bourgade
Lait entier, pasteurisé, ramassage collectif ; frais en bloc ou en grains

Cheddar Champêtre · Fromagerie Champêtre
Lait entier, pasteurisé, ramassage collectif ; frais en bloc ou en grains

Cheddar de l'Île-aux-Grues · SCA de l'Île-Aux-Grues
Lait entier, thermisé, d'un seul élevage; frais en grains, 6 mois à 2 ans en bloc

Cheddar des Basques · Fromagerie des Basques
Lait entier, pasteurisé, ramassage collectif ; frais en grains et doux (nature ou fumé), mi-fort, fort ou extra-fort, en bloc

Cheddar Gilbert · Fromagerie Gilbert
Lait entier, pasteurisé, ramassage collectif ; frais en bloc ou en grains

Cheddar Kingsey · Groupe Fromage Côté
Lait entier, pasteurisé, ramassage collectif ; frais en grains, doux, moyen et fort en bloc

Cheddar La Chaudière · Fromages La Chaudière
Doux et affiné en bloc

Cheddar et Cheddar-Vieux · Laiterie Charlevoix
Lait entier, pasteurisé, ramassage collectif ; frais en grains, doux et vieilli en bloc, au lait cru ou pasteurisé

Cheddar Laiterie Coaticook
Lait entier, pasteurisé, ramassage collectif ; frais en grains, doux et affiné jusqu'à 2 ans, en bloc

Bio d'Antan, Liberté, d'Antan, Kingsey, des Basques, Île-aux-Grues

Cheddar Lavoye · Fromagerie de Lavoye
Lait entier, pasteurisé, ramassage collectif ; frais en grains (Crotte Pressée du Dimanche) ou en bloc

Cheddar La Pépite d'Or · Fromagerie La Pépite d'Or
Lait entier, pasteurisé, ramassage collectif ; frais en bloc ou en grains

Cheddar La Petite Nation · La Biquetterie
Lait entier, pasteurisé, ramassage collectif ; frais en grains

Cheddar La Vache à Maillotte
Lait entier, pasteurisé, ramassage collectif ; frais en bloc ou en grains

Cheddar Le Fromage au Village
Lait entier, pasteurisé, élevage de la ferme ; frais en bloc ou en grains

Cheddar Le Détour
Lait entier, thermisé, ramassage collectif ; frais en grains, jusqu'à 1 an, au lait thermisé

Cheddar Le P'tit Train du Nord
Lait entier, pasteurisé, ramassage collectif ; frais en bloc ou en grains

Cheddar Lemaire · Fromagerie Lemaire
Lait entier, pasteurisé, ramassage collectif ; frais nature, à l'ail ou aux herbes, en bloc ou en grains

Cheddar Les Méchins · Fromagerie les Méchins
Frais en bloc ou en grains

Cheddar Mirabel · Fromagerie Mirabel
Lait entier, pasteurisé, ramassage collectif ; frais en bloc ou en grains

Cheddar Perron · Fromagerie Perron
Lait entier, pasteurisé, ramassage collectif ; frais en bloc ou en grains, mi-fort, fort ou extra-fort (Le Doyen), et le Cheddar Perron macéré dans un porto de 10 ans

Cheddar Port-Joli · Fromagerie Port-Joli
Lait entier, pasteurisé, ramassage collectif; frais en bloc ou en grains, nature, fumé ou aux herbes et affiné jusqu'à 3 ans

Cheddar Princesse · Fromagerie Princesse
Lait entier, pasteurisé, ramassage collectif ; frais en bloc ou en grains

Cheddar Proulx · Fromagerie Proulx
Lait entier, pasteurisé, ramassage collectif ; frais en bloc ou en grains et sans sel

Cheddar P'tit Plaisir · Fromagerie P'tit Plaisir
Lait entier, pasteurisé, ramassage collectif ; frais en bloc ou en grains, nature ou assaisonné, doux ou affiné jusqu'à 2 ans

Cheddar Riviera · Fromages Riviera
Lait entier, pasteurisé, ramassage collectif ; frais en grains, doux, médium, fort ou extra-fort en bloc

CHEDDAR SAINT-FIDÈLE · Fromagerie Saint-Fidèle
Lait entier, pasteurisé, ramassage collectif; frais en bloc ou en grains

CHEDDAR SAINT-LAURENT · Fromagerie Saint-Laurent
Lait entier, pasteurisé, ramassage collectif; frais en bloc, en grains ou en tortillons, doux ou vieilli, nature ou macéré dans le porto

CHEDDAR SAPUTO · Fromages Saputo
Lait entier, pasteurisé, ramassage collectif; frais en bloc

CHEDDAR S.M.A. · Ferme S.M.A.
Lait entier, pasteurisé, ramassage collectif; frais en bloc ou en grains

CHEDDAR VICTORIA · Fromagerie Victoria
Lait entier, pasteurisé, ramassage collectif; frais en bloc ou en grains

CHÉNÉVILLE · La Biquetterie
Lait entier, pasteurisé, ramassage collectif; frais en bloc

CRU DU CLOCHER · Le Fromage au village

DOYEN · Fromagerie Perron

FRUGAL · Fromagerie L'Ancêtre
Lait écrémé, pasteurisé, ramassage collectif; frais, allégé

GRAND CAHILL · La Pépite d'Or

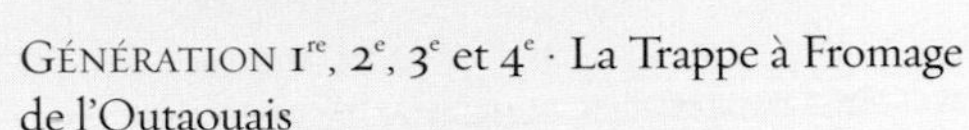

GÉNÉRATION 1re, 2e, 3e et 4e · La Trappe à Fromage de l'Outaouais

LÉO · La Trappe à Fromage de l'Outaouais
Lait entier, pasteurisé, ramassage collectif; cheddar macéré dans la liqueur d'érable Mont-Laurier

MASSU · Ferme Bord-des-Rosiers

NEIGE · La Trappe à Fromage de l'Outaouais
Lait entier, pasteurisé, ramassage collectif; cheddar macéré dans le cidre de glace

SILO · Les Dépendances du Manoir
Lait entier, pasteurisé, ramassage collectif; affiné jusqu'à 8 ans

Riviera, Lemaire, Silo, Perron, St-Laurent

VACHEKAVAL · Fromagerie Marie Kadé
Lait entier, pasteurisé, ramassage collectif; frais en bloc

CHEDDAR D'ANTAN et MASSU

PÂTE FERME, FRAIS OU VIEILLI (MASSU)

Ferme Bord-des-Rosiers
Saint-Aimé [Montérégie]

CROÛTE	Sans croûte
PÂTE	Blanche, ferme et souple
ODEUR	Très lactique et légèrement acide
SAVEUR	De fraîche et lactique avec une légère acidité fruitée à marquée
LAIT	De vache entier, cru ou pasteurisé à basse température, élevage de la ferme
AFFINAGE	90 jours et jusqu'à 4 ans
CHOISIR	La pâte ferme, souple et non collante, l'odeur fraîche et agréable
CONSERVER	2 mois à 3 mois, dans un papier ciré doublé d'un papier d'aluminium, entre 2 et 4 °C
OÙ TROUVER	À la ferme, dans les magasins d'aliments naturels, les supermarchés IGA, et dans plusieurs boutiques et fromageries spécialisées au Québec

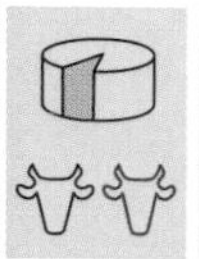

FORMAT	Meules de150 g et 500 g, bloc de 20 kg, découpé en carrés de 350 g
M.G.	31%
HUM.	39 %

CHEDDAR LE DÉTOUR

PÂTE FERME

Fromagerie Le Détour
Notre-Dame-du-Lac
[Bas-Saint-Laurent]

CROÛTE	Sans croûte
PÂTE	Jaune crème, dense et crémeuse
ODEUR	Marquée, légèrement piquante
SAVEUR	Lactique avec de délicates et agréables notes acidulées et alcoolisées
LAIT	De vache entier, thermisé, un seul élevage
AFFINAGE	1 an
CHOISIR	La pâte ferme, souple et non collante, l'odeur fraîche
CONSERVER	2 à 3 mois et plus, dans un papier ciré doublé d'un papier d'aluminium, entre 2 et 4 °C
OÙ TROUVER	À la fromagerie

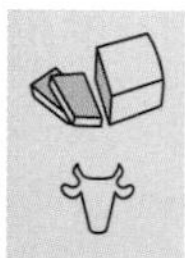

FORMAT	Bloc rectangulaire, à la coupe
M.G.	33 %
HUM.	37 %

Le cheddar de chèvre

Seuls les fromages au lait de vache issus du procédé de cheddarisation peuvent porter le nom « cheddar », une appellation réservée. Les fromages au lait de chèvre obtenus suivant cette même méthode sont désignés comme « cheddar de chèvre ».

DESCRIPTION

CROÛTE Sans croûte

PÂTE De blanche (en raison de l'absence de bêta carotène) à crème, elle est ferme, mais souple et de texture variant de granuleuse à friable ; elle s'assèche en vieillissant.

ODEUR De douce et fraîche à marquée, suivant la maturation, souvent avec des notes caprines.

SAVEUR De douce à marquée et piquante, de lait ou de beurre, parfois salée et légèrement caprine.

Comment le choisir

Dans l'emballage d'origine, sous-vide ; la pâte luisante, ferme et souple, à l'odeur douce.

Conservation

Plus d'un an dans son emballage sous-vide, entre 2 et 4 °C, 2 à 3 mois dans un papier ciré doublé d'une feuille d'aluminium.

CHEDDARS DE CHÈVRE FABRIQUÉS AU QUÉBEC

BRIN DE CHÈVRE · Fromagerie Dion
Lait entier, pasteurisé, élevage de la ferme ; frais en grains

CAPRANO · Cayer
Lait entier, pasteurisé, ramassage collectif ; frais ou vieilli 18 mois

CAPRICOOK · Laiterie Coaticook
Lait entier, pasteurisé, d'un élevage de la région ; frais en bloc ou en grains

CAPRINY · Fromagerie Cayer
Lait entier, pasteurisé, ramassage collectif ; frais en bloc

CHEDDAR DE CHÈVRE · La Bergère et le Chevrier
Lait entier, pasteurisé, élevage de la ferme ; frais en bloc ou en grains

CHEDDAR DE CHÈVRE · Fromagerie Les P'tits Bleuets
Lait entier, pasteurisé, élevage de la ferme ; frais en bloc ou en grains

CHÈVRATOUT · Ferme Mes Petits Caprices
Lait entier, pasteurisé, élevage de la ferme ; frais ou affiné 6 mois à 1 an

CHÈVRE D'OR · Fromagerie Ruban Bleu
Lait entier, cru ou pasteurisé, élevage de la ferme ; doux, au lait cru ou pasteurisé

CHÈVRE NOIR SÉLECTION · Fromagerie Tournevent

CHEVRINO · Fromagerie Tournevent
Lait entier, pasteurisé, ramassage collectif ; frais, nature ou aux graines de lin

MINI-CHÈVRE · Fromagerie Tournevent
Lait de chèvre entier, pasteurisé, ramassage collectif ; frais en bloc ou en grains, nature ou assaisonné aux graines de lin

MONTAGNARD · Ferme Floralpe
Lait entier, pasteurisé, élevage de la ferme ; doux en bloc

MONTBEIL · Fromagerie Dion
Lait entier, pasteurisé, élevage de la ferme ; doux, moyen ou vieilli, en grains ou en bloc

PETIT HEIDI DU SAGUENAY · Fromagerie la Petite Heidi
Lait entier, pasteurisé, élevage de la ferme ; frais en bloc

SAINT-ROSE EN GRAINS · Fromagerie la Petite Heidi
Lait entier, pasteurisé, élevage de la ferme ; frais

SAMUEL ET JÉRÉMIE · Fromagerie du Vieux-Saint-François
Lait entier, pasteurisé, élevage de la ferme ; frais en bloc ou en grains

SIEUR COLOMBAN · Fromagerie du Vieux-Saint-François
Lait entier, pasteurisé, élevage de la ferme ; 3 mois, 1 an ou 2 ans en bloc

SIEUR FRONTENAC · Fromagerie La Petite Irlande
Lait entier, pasteurisé, élevage de la ferme ; frais en bloc

VAL D'ESPOIR · Ferme Chimo
Lait entier, pasteurisé, élevage de la ferme ; frais, en bloc ou en grains, et plus de 1 an

Caprano, Chèvratout, Chèvre d'Or, Montbeil, Sieur Colomban, Val d'Espoir

Le chèvre frais

On leur doit en partie la renaissance de la production fromagère au Québec. Le mouvement de retour à la terre des années 1970 y a fortement contribué.

À cette époque, le Québec se développait à un rythme extraordinaire, et le goût évoluait avec autant d'enthousiasme. Avec leur petit troupeau de chèvres, bien de ces jeunes néo-campagnards sont devenus producteurs agricoles. Plusieurs firent un stage en France sur la fabrication du fromage.

En 20 ans, le marché s'est développé. Les moniales de Mont-Laurier furent les premières à commercialiser le chèvre, puis vint ensuite le Tournevent avec des fromages frais, dont un type cheddar, un chèvre à pâte molle et à croûte fleurie. Parmi les autres pionniers, il faut mentionner les fromages du Ruban Bleu en Montérégie et ceux de la Ferme Chimo en Gaspésie.

Le marché ne cesse de croître, les fermes laitières et les fromageries artisanales prolifèrent et leur production arrive tout juste à approvisionner une clientèle locale et régionale.

Le chèvre frais, dont la fabrication est semblable à celle du fromage blanc, est égoutté et vendu en vrac dans des contenants ou en rouleau dans des sachets sous vide. Il est souvent assaisonné ou enrobé d'herbes ou d'épices, façonné en boules et mis à macérer dans l'huile. Il est parfois mélangé avec du lait de vache - le mi-chèvre - ou de brebis.

Presque tous les producteurs caprins font leur propre chèvre frais. Ils suscitent l'enthousiasme de leur région respective tout en développant un nouveau marché. Ces fromages sont surtout vendus à la ferme, mais on peut parfois se les procurer sur le marché.

LES CHÈVRES FRAIS FABRIQUÉS AU QUÉBEC

Biquet, Blanchon, Bouchées d'Amour, Capri...cieux, Capriny, Caprice, Chèvre de Gaspé, Chèvre des Alpes (chèvre et mi-chèvre), Chèvre des Neiges, Chèvre blanc, Chèvre Tour de France, Micha ?, Délices des Cantons, Goémon nature ou assaisonné, Médaillon, Montefino, Pampille, Petit-Prince, Petit Vinoy, Petites Sœurs, Petit Soleil, Roulé, Tourilli, Tournevent et Veloutin.

CHÈVRE BLANC

PÂTE FRAÎCHE, ENTRE YOGOURT ET LABNEH

Fromagerie Tournevent
Chesterville [Bois-Francs]

CROÛTE	Sans croûte
PÂTE	Fraîche, liquide, riche et granuleuse
ODEUR	Douce de lait frais avec une légère acidité
SAVEUR	Fraîche et savoureuse de lait, légèrement acidulé, typée de chèvre mais délicate
LAIT	De chèvre entier, pasteurisé, élevage sélectionné
AFFINAGE	Aucun
CHOISIR	Frais, dans son contenant d'origine
CONSERVER	8 semaines à partir de sa mise en marché, maintenu à une température entre 0 et 4 °C
OÙ TROUVER	À la laiterie, dans les boutiques et fromageries, les magasins d'aliments naturels et quelques supermarchés
NOTE	Le Chèvre blanc délactosé à 99 % est le moins gras des fromages de chèvre, il est aussi plus liquide et sa texture rappelle celle du yogourt.

FORMAT	Contenant de 200 g
M.G.	8,5 %
HUM.	78%

CHÈVRE D'ART

PÂTE MOLLE À CROÛTE FLEURIE

Cayer
Saint-Raymond [Québec]

CROÛTE	Blanche fleurie
PÂTE	Blanche, lisse et crémeuse
ODEUR	Fraîche et lactique, plus marquée selon le degré de maturation
SAVEUR	Légère et piquante, goût plus corsé selon le degré de maturation
LAIT	Entier, de chèvre entier, pasteurisé, ramassage collectif
AFFINAGE	2 semaines
CHOISIR	Le plus tôt après sa sortie d'usine, la croûte et la pâte souple
CONSERVER	90 jours à partir du départ de l'usine, dans son emballage d'origine ou dans un papier ciré ou parchemin, entre 2 et 4 °C
OÙ TROUVER	À la fromagerie et dans les supermarchés
NOTE	Le Chèvre d'art s'est classé finaliste au grand prix des Produits nouveaux 2003.

FORMAT	Meule de 125 g
M.G.	25 %
HUM.	50 %

CHÈVRE DE GASPÉ

CHÈVRE FRAIS, NATURE, AU POIVRE, AUX HERBES OU À LA CIBOULETTE

Ferme Chimo
Douglastown [Gaspésie]

CROÛTE	Sans croûte
PÂTE	Blanche, onctueuse et veloutée
ODEUR	Douce et lactique, léger arôme salin (les chèvres se nourrissent d'herbes de prés salés, les pâturages bordant la mer)
SAVEUR	Douce et légèrement acidulée
LAIT	De chèvre, pasteurisé, élevage de la ferme
AFFINAGE	Frais
CHOISIR	Frais, le plus tôt après sa sortie de la fromagerie
CONSERVER	De 2 semaines à 2 mois, maintenu entre 0 et 4 °C
OÙ TROUVER	À la fromagerie et, au Québec, dans la majorité des boutiques spécialisées approvisionnées par Plaisirs Gourmets

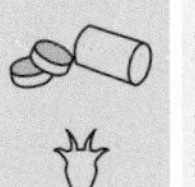

FORMAT	Rouleaux de 100 g, de 500 g et de 1 kg
M.G.	23 %
HUM.	52 %

CHÈVRE DES ALPES

CHÈVRE FRAIS, NATURE, AU POIVRE OU AUX HERBES

Damafro
Fromagerie Clément
Saint-Damase [Montérégie]

CROÛTE	Sans croûte
PÂTE	Blanche, crémeuse et veloutée
ODEUR	Douce
SAVEUR	Douce, peu caprine, légèrement salée et acidulée
LAIT	De chèvre entier, pasteurisé, ramassage collectif
AFFINAGE	Frais
CHOISIR	Frais, le plus tôt après sa sortie d'usine, dans son emballage d'origine
CONSERVER	De 2 semaines à 1 mois, dans un papier ciré, entre 2 et 4 °C
OÙ TROUVER	À la fromagerie et dans la majorité des supermarchés au Québec
NOTE	La qualité du Chèvre des Alpes est constante, sa pâte est riche et crémeuse, friable quand elle est froide, douce avec une saveur caprine légèrement salée et acidulée.

FORMAT	Rouleaux de 150 g et de 1 kg
M.G.	15 %
HUM.	68 %

CHÈVRE DES ALPES

MI-CHÈVRE, PÂTE FRAÎCHE

Damafro
Fromagerie Clément
Saint-Damase [Montérégie]

CROÛTE	Sans croûte
PÂTE	Blanche, crémeuse et veloutée
ODEUR	Douce
SAVEUR	Douce de crème, caractère caprin discret, légèrement salée et acidulée
LAIT	Entier, 50 % chèvre 50 % vache, pasteurisé, ramassage collectif
AFFINAGE	Frais
CHOISIR	Sous vide, le plus tôt après sa sortie d'usine
CONSERVER	De 2 semaines à 1 mois, dans un papier ciré, entre 2 et 4 °C
OÙ TROUVER	À la fromagerie, dans la majorité des supermarchés au Québec

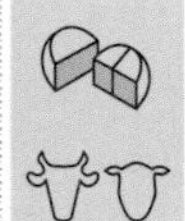

FORMAT	Meule de 75 g, sous vide
M.G.	15 %
HUM.	68 %

CHÈVRE DES NEIGES

MI-CHÈVRE FRAIS, NATURE OU AROMATISÉ

Cayer
Saint-Raymond [Québec]

CROÛTE	Sans croûte
PÂTE	Lisse et fraîche, nature ou enrobée d'herbes ou de poivre
ODEUR	Fraîche et lactique
SAVEUR	Douce, lactique et légèrement caprine ou salée, laisse une forte acidité en bouche
LAIT	50 % de vache et 50 % chèvre pasteurisé, de ramassage collectif
AFFINAGE	Frais
CHOISIR	Le plus tôt après sa sortie de l'usine, la pâte crayeuse, l'odeur fraîche
CONSERVER	Jusqu'à 90 jours à partir du départ de l'usine lorsque maintenu entre 0 et 4 °C
OÙ TROUVER	À la fromagerie et dans les supermarchés du Québec
NOTE	Le mélange lait de vache et lait de chèvre atténue le goût piquant de ce fromage tout indiqué pour le palais peu familiarisé avec les fromages de chèvre.

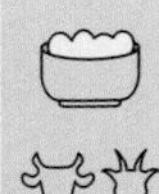

FORMAT	Rouleaux de 100 g, de 125 g et de 1 kg
M.G.	22 % et 24 %
HUM.	55 %

CHÈVRE D'OR

PÂTE FERME CUITE, NATURE OU ASSAISONNÉ AU POIVRE OU AU ROMARIN

Ruban Bleu

Saint-Isidore [Montérégie]

CROÛTE	Sans croûte
PÂTE	Couleur crème à ivoire, ferme et souple à dure, plâtreuse, assaisonnée
ODEUR	De douce à marquée et piquante selon le taux de maturation
SAVEUR	De douce à charpentée, voire corsée selon la maturation, crémeuse, légèrement acidulée et herbacée, relevée au poivre ou au romarin
LAIT	De chèvre entier, cru ou pasteurisé, élevage de la ferme
AFFINAGE	Frais 6 mois jusqu'à 1 an, à la fromagerie
CHOISIR	La pâte ferme mais souple, l'odeur fraîche
CONSERVER	2 à 3 mois, dans un papier ciré doublé d'un papier d'aluminium, entre 2 et 4 °C
OÙ TROUVER	À la fromagerie
NOTE	Le Chèvre d'Or est fabriqué de la même façon que le cheddar cru, son goût est encore plus raffiné.

FORMAT	Meule de 3 kg, à la coupe
M.G.	25 %
HUM.	48 %

CHÈVRE FIN

PÂTE MOLLE À CROÛTE FLEURIE NATURE OU CENDRÉE

Fromagerie Tournevent

Chesterville [Bois-Francs]

CROÛTE	Blanche ou cendrée, fleurie
PÂTE	Blanche, molle, de crayeuse à crémeuse et coulante de la croûte vers le centre
ODEUR	Marquée, bouquet caprin
SAVEUR	Franche et caprine et légèrement acidulée, l'alcalinité de la cendre atténuant la nature acidulée de ce type de fromage
LAIT	De chèvre, pasteurisé à basse température, ramassage collectif
AFFINAGE	De 3 à 4 semaines croûte ensemencée de *penicillium candidum*
CHOISIR	Frais, la pâte bien crayeuse, la croûte blanche et sèche
CONSERVER	Jusqu'à 8 semaines à partir du départ de l'usine, maintenu entre 0 et 4 °C
OÙ TROUVER	À la fromagerie, dans les boutiques et fromageries spécialisées, les magasins d'aliments naturels, dans plusieurs épiceries et supermarchés au Québec

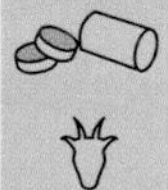

FORMAT	120 g (5 cm de diamètre sur 7 cm de longueur) et 1 kg, dans un contenant plastifié
M.G.	24 %
HUM.	52 %

CHÈVRE NOIR et CHÈVRE NOIR SÉLECTION

CHEDDAR, PÂTE FERME

Fromagerie Tournevent
Chesterville [Bois-Francs]

FORMAT Bloc de 130 g et 1,1 kg (6 mois et 1 an), 260 g (2 ans et Sélection), sous vide
M.G. 28 %
HUM. 42 %

CROÛTE	Sans croûte, enrobé de cire noire
PÂTE	Blanche à crème ferme, de souple à friable selon le degré de maturation
ODEUR	Franche de cheddar bien fait
SAVEUR	Longue en bouche, notes de noisette et de beurre, concluant parfois sur une pointe de caramel
LAIT	De chèvre, pasteurisé à basse température, ramassage collectif
AFFINAGE	6 mois et plus
CHOISIR	Sous vide
CONSERVER	Jusqu'à 1 an à partir du départ de l'usine, maintenu entre 2 et 4 °C
OÙ TROUVER	À la fromagerie, dans les boutiques et fromageries spécialisées, dans plusieurs épiceries et supermarchés au Québec
NOTE	Classé Champion dans la catégorie Fromage de lait de chèvre, à pâte semi-ferme, ferme ou dure en plus du Prix de la presse au Concours des fromages fins du Québec 2004.

CHEVRINES

PÂTE FRAÎCHE, DANS L'HUILE, AUX TOMATES SÉCHÉES ET AU BASILIC

Les Dépendances du Manoir
Brigham [Cantons-de-l'Est]

FORMAT Contenant de 90 g
M.G. 17 %
HUM. 63 %

CROÛTE	Sans croûte
PÂTE	Fraîche, texture agréable en bouche, fondante et onctueuse, crémeuse, enrobée d'assaisonnements
ODEUR	Douce, fraîche avec des notes acidulées et d'herbes
SAVEUR	Douce et fraîche avec une très légère acidité, ajout de sel judicieux
LAIT	De chèvre entier, pasteurisé, de deux élevages
AFFINAGE	Frais, roulé en boules et mis à macérer dans l'huile de tournesol avec tomates séchées et basilic
CHOISIR	Dans son contenant d'origine
CONSERVER	Jusqu'à 3 mois, dans l'huile, entre 2 et 4 °C
OÙ TROUVER	Dans les fromageries spécialisées et dans les supermarchés

CHEVROCHON

PÂTE MOLLE À CROÛTE LAVÉE

Kaiser

Noyan [Montérégie]

CROÛTE	Jaune orangé à rouge orangé, striée, humide et légèrement collante, se couvrant partiellement d'un léger duvet blanc
PÂTE	Blanc crème, molle, d'onctueuse à coulante et crémeuse
ODEUR	Lactique, de marquée à forte avec une légère acidité typique au chèvre
SAVEUR	Franche, peu caprine, notes de beurre salé
LAIT	De chèvre entier, pasteurisé, élevages de la région
AFFINAGE	De 5 à 6 semaines croûte lavée
CHOISIR	La croûte et la pâte souples
CONSERVER	Jusqu'à 4 semaines, dans un papier ciré ou parchemin, entre 2 et 4 °C
OÙ TROUVER	À la fromagerie, dans les boutiques et fromageries spécialisées et dans les supermarchés, distribué par Le Choix du Fromager

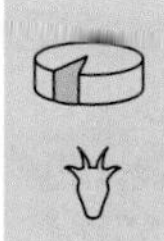

FORMAT Meule de 450 g (12 cm sur 4 cm)

M.G. 24 %

HUM. 50 %

CIEL DE CHARLEVOIX

BLEU, PÂTE DEMI-FERME

La maison d'affinage Maurice Dufour
Baie-Saint-Paul [Charlevoix]

CROÛTE	Grisâtre, naturelle
PÂTE	Ivoire, veinée de bleu demi-ferme, crémeuse et onctueuse
ODEUR	Marquée et piquante
SAVEUR	De marquée à piquante, notes de crème et de noisette
LAIT	De vache entier, cru, un seul élevage
AFFINAGE	60 jours
CHOISIR	La pâte crémeuse et humide, l'odeur fraîche
CONSERVER	2 à 3 semaines, dans un papier ciré ou parchemin, entre 2 et 4 °C
OÙ TROUVER	À la Maison d'affinage, au Marché des saveurs et dans la majorité des fromageries du Québec

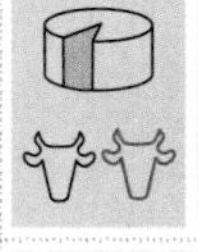

FORMAT Meule de 2,6 kg
M.G. 32 %
HUM. 44 %

CLANDESTIN

PÂTE MOLLE À CROÛTE LAVÉE

Fromagerie Le Détour
Notre-Dame-du-Lac
[Bas-Saint-Laurent]

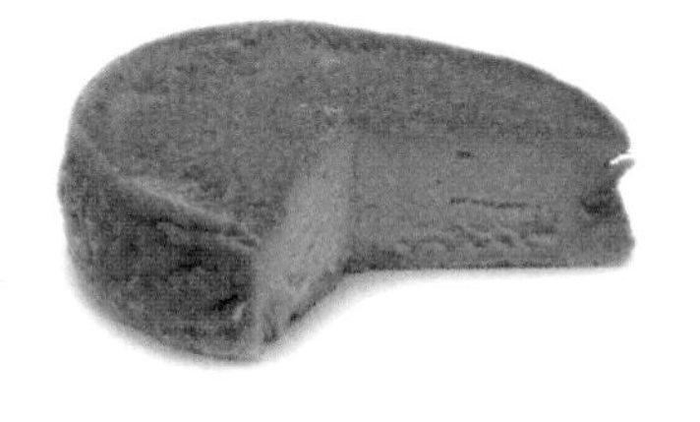

CROÛTE	Plissée et rustique, rose orangé, humide, collante et souple
PÂTE	De molle à coulantes près de la croûte à crayeuse au centre, s'uniformisant
ODEUR	Prononcée ou marquée du terroir, arômes ovins lactiques
SAVEUR	Typée, sans agressivité, délicates notes acidulées, bon goût crémeux
LAIT	50 % de vache entier, ramassage collectif, 50 % de brebis d'un élevage du Saguenay, pasteurisé
AFFINAGE	40 jours
CHOISIR	Dès sa mise en marché : croûte et la pâte souple, odeur fraîche
CONSERVER	70 jours, dans un papier ciré, entre 2 et 4 °C
OÙ TROUVER	À la fromagerie et dans quelques boutiques, au Marché des saveurs à Montréal et à Longueuil
NOTE	Le Clandestin évoque l'histoire locale. Lors de la prohibition américaine (de 1919 à 1931) la région a connu une forte activité de contrebande d'alcool.

FORMAT Meule de 500 g dans une boite de présentation
M.G. 33 %
HUM. 46 %

CLÉ DES CHAMPS
PÂTE MOLLE À CROÛTE FLEURIE

Ferme Mes Petits Caprices
Saint-Jean-Baptiste [Montérégie]

CROÛTE	Blanche, fleurie
PÂTE	Blanche, crémeuse, centre plus crayeux en été
ODEUR	Champignon
SAVEUR	Douce, goût de champignon et de noisette
LAIT	De chèvre entier, thermisé, élevage de la ferme
AFFINAGE	3 semaines
CHOISIR	Pâte bien crémeuse autour de la croûte et odeur fraîche
CONSERVER	5 semaines, dans un papier ciré ou parchemin, entre 2 et 4 °C
OÙ TROUVER	À la ferme uniquement
NOTE	Fabriqué à la façon du camembert. Salé, ensemencé de champignons et conservé dans un hâloir jusqu'à sa maturation. Texture et le poids varient selon les saisons. En été, il sera plus sec et léger, son centre légèrement crayeux et plus humide et crémeux à l'automne.

FORMAT	Meules de 200 g à 300 g
M.G.	20 %
HUM.	60 %

CLOS SAINT AMBROISE
PÂTE DEMI-FERME À CROÛTE LAVÉE

Kaiser
Noyan [Montérégie]

CROÛTE	Rouge orangé, souple
PÂTE	Jaune crème, demi-ferme, souple et onctueuse
ODEUR	Marquée, lactique et fruitée, notes de noisette
SAVEUR	De douce à prononcée, idéale vers 2 mois
LAIT	De vache entier, pasteurisé, élevages de la région
AFFINAGE	De 6 à 8 semaines, croûte lavée à la bière Saint-Ambroise
CHOISIR	La croûte et la pâte souples et non collantes
CONSERVER	1 à 2 mois, dans un papier ciré doublé d'un papier d'aluminium, entre 2 et 4 °C
OÙ TROUVER	À la fromagerie et dans les supermarchés, distribué par Le Choix du Fromager

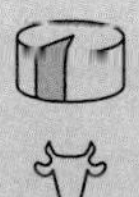

FORMAT	Meule de 2 kg, à la coupe
M.G.	24 %
HUM.	50 %

Le colby

Ce fromage de type cheddar a vu le jour à Colby au Wisconsin. Sa fabrication est semblable à celle du Monterey Jack. Sa pâte demi-ferme est plus humide que le cheddar.

Le lavage à la saumure additionnée ou non de ferments ainsi qu'un léger affinage (d'un à trois mois) lui donnent sa texture crémeuse. Sa pâte est colorée artificiellement en orange, sa saveur très douce. À cause de son humidité élevée, sa durée de conserver est restreinte, par contre il se congèle bien. Populaire en collation et dans les sandwichs, sa qualité de fonte et de brunissement favorise son utilisation dans les gratins et les plats cuisinés : omelette, pâtes (macaroni), dans un pain au maïs ou pour ajouter de la consistance à une sauce ou une soupe. Par contre, il se dégrade à une trop grande chaleur : les matières grasses se séparent et les protéines se dénaturent.

COGRUET
SUISSE SANS LACTOSE, PÂTE FERME CUITE

Groupe Fromage Côté
Warwick [Bois-Francs]

CROÛTE	Sans croûte
PÂTE	Ivoire, lisse, luisante et élastique ouvertures bien rondes réparties dans la masse
ODEUR	Douce
SAVEUR	Douce, fruitée, piquante quelque peu sucrée, goût d'amande se développant en bouche
LAIT	De vache entier, pasteurisé, ramassage collectif
AFFINAGE	De 4 à 8 semaines
CHOISIR	Sous vide, la pâte lisse et luisante, l'odeur fraîche
CONSERVER	1 à 2 mois, dans un papier ciré doublé d'un papier d'aluminium, entre 2 et 4 °C
OÙ TROUVER	À la fromagerie, dans les boutiques et fromageries spécialisées, dans la majorité des épiceries et supermarchés au Québec
NOTE	Le Cogruet est le premier fromage de type suisse à voir le jour en 1982. Il a mérité plusieurs prix en Amérique du Nord.

FORMAT Meule de 10 kg, à la coupe
M.G. 27 %
HUM. 40 %

CORSAIRE
PÂTE MOLLE À CROÛTE FLEURIE

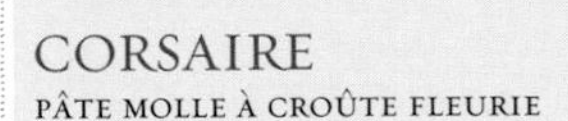

Ferme Chimo
Douglastown [Gaspésie]

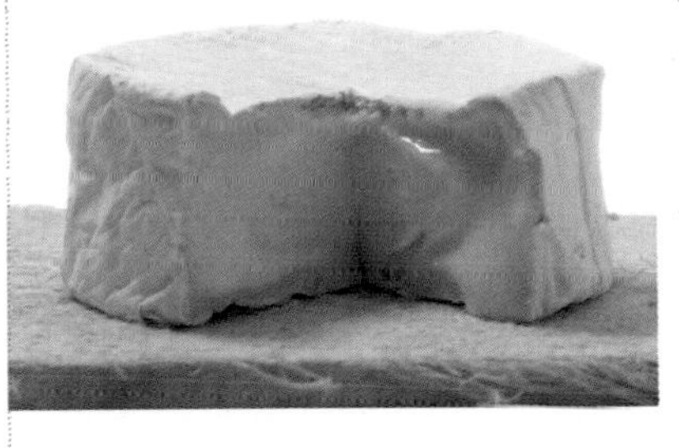

CROÛTE	Blanche et fleurie
PÂTE	Blanche, onctueuse, devenant coulante
ODEUR	Douce d'amande, arômes salins de la Gaspésie
SAVEUR	Douce et non salée, goût d'amande
LAIT	De chèvre, pasteurisé, élevage de la ferme
AFFINAGE	5 semaines, croûte ensemencée de *penicillium candidum*
CHOISIR	Jeune, la pâte crayeuse
CONSERVER	De 2 semaines à 1 mois, dans un papier ciré, entre 2 et 4 °C
OÙ TROUVER	À la fromagerie et dans la majorité des boutiques spécialisées au Québec, distribué par Plaisirs Gourmets

FORMAT Meules de 160 g et de 1 kg (à la coupe) et bûchette de 230 g
M.G. 25 %
HUM. 51 %

Le cottage

Le cottage, anglais ou américain, est le caillé égoutté du lait que l'on fait cuire.

Autrefois, dans les fermes, le caillé égoutté se cuisait à la poêle; on ajoutait au lait chaud une eau légèrement vinaigrée ou citronnée. Aujourd'hui, le caillé est obtenu par addition de ferment et d'un peu de présure. Afin de le raffermir, il est coupé, puis cuit à une température de 50 à 55 °C. Il est ensuite lavé, égoutté et mélangé à une sauce à la crème légèrement salée. Il peut aussi être sec comme son cousin indien le paneer ou panir, un fromage artisanal modelé en gros morceaux et fabriqué avec du lait de bufflonne.

COTTAGE À L'ANCIENNE
PÂTE FRAÎCHE

Liberté
Brossard [Montérégie]

CROÛTE	Sans croûte
PÂTE	Consistante, lisse, crémeuse et humide
ODEUR	Neutre
SAVEUR	Douce et légèrement acide
LAIT	De vache, pasteurisé, ramassage collectif
AFFINAGE	Frais
CHOISIR	Dans son contenant d'origine, vérifier la date de péremption
CONSERVER	1 à 2 semaines, vérifier la date de péremption
OÙ TROUVER	Dans tous les supermarchés et épiceries du Québec
NOTE	Le Cottage à l'ancienne Liberté se rapproche du fromage blanc, mais sa texture est plus lisse et plus ferme. Le cottage sans gras reçoit un léger ajout de sel.

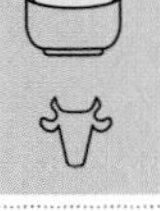

FORMAT	Contenant de 500 g
M.G.	4 % et 0,25 %
HUM.	60 %

COUREUR DES BOIS
GOUDA, PÂTE FERME, ASSAISONNÉ AU CUMIN

Fromagerie Bergeron
Saint-Antoine-de-Tilly [Chaudière-Appalaches]

CROÛTE	Enrobée de cire noire
PÂTE	Lisse, élastique, souple et marquée de petits yeux, assaisonnée aux graines de cumin
ODEUR	Prononcée, marquée par le cumin
SAVEUR	Marquée, caractérisée par le cumin
LAIT	De vache entier, pasteurisé, ramassage collectif
AFFINAGE	3 mois
CHOISIR	Sous vide, la pâte ferme mais souple, l'odeur fraîche
CONSERVER	Jusqu'à 180 jours dans un papier ciré doublé d'un papier d'aluminium, entre 2 et 4 °C
OÙ TROUVER	À la fromagerie, dans les boutiques ou fromageries spécialisées et dans plusieurs supermarchés
NOTE	L'assaisonnement au cumin est une longue tradition en Hollande. En vieillissant, le goût de l'épice domine de plus en plus, et ce n'est qu'après plusieurs mois d'affinage que son goût est vraiment au point.

FORMAT	Meule de 4 kg (10 cm de diamètre sur 12,5 cm d'épaisseur), à la coupe
M.G.	28 %
HUM.	43 %

Le crottin, frais ou affiné

Ce fromage dérivé du chèvre frais se présente sous forme de petite meule presque aussi haute que large, parfois plate comme un mini-camembert ou encore en cône tronqué. Sa pâte varie de molle à demi-ferme et à ferme selon le taux d'humidité puisque son affinage dans une cave ventilée l'assèche graduellement.

Il est élaboré à l'exemple du crottin de Chavignol, fabriqué en bord de Loire, dans la région de Sancerre depuis le XVIe siècle. Son appellation et sa forme rappellent une lampe à huile en terre cuite utilisée par les vignerons pour éclairer leur cave. Les types crottins sont toujours de petite taille, affinés ou non, assaisonnés aux herbes ou aux épices ou macérés dans l'huile.

APERÇU DE FABRICATION

Le caillage du lait est essentiellement lactique avec très peu de présure, conférant ainsi à sa pâte son côté crayeux. Le caillé est préégoutté avant d'être déposé dans des moules cylindriques ou en troncs de cônes. Sitôt égoutté, il est démoulé et salé puis affiné dans une cave ventilée (hâloir). La nature particulière du lait se développe et donne au fromage son caractère. L'affinage dure de quelques semaines à quelques mois, la pâte s'affermit, de molle et tendre elle passe de crémeuse à friable, puis durcit en devenant cassante. Son goût devient plus piquant et salé avec l'évaporation. La croûte se couvre d'un duvet blanc, bleuté ou ocre correspondant à l'atmosphère de la cave.

CHÈVRES DE TYPE CROTTIN FABRIQUÉS AU QUÉBEC

Barbu, Bouquetin de Portneuf, Bouton de Culotte, Caillou de Brigham, Capriati, Crottin la Suisse Normande, Montefino, Petite Perle, Québécou, Ti-Lou.

CRISTALIA

PÂTE DEMI-FERME ASSAISONNÉE (AIL ET PERSIL, AUX CINQ POIVRES OU AUX FINES HERBES)

Kaiser
Noyan [Montérégie]

CROÛTE	Sans croûte
PÂTE	Crème, blanche, humide, fine et souple
ODEUR	Douce, dominance des assaisonnements
SAVEUR	Douce, rappelle le fromage frais, relevée par les herbes ou les épices
LAIT	De chèvre entier, pasteurisé, d'élevages de la région
AFFINAGE	2 semaines
CHOISIR	Sitôt sa sortie de fabrication, la pâte ferme, souple et humide, à l'odeur fraîche
CONSERVER	1 mois, dans un papier ciré doublé d'un papier d'aluminium, entre 2 et 4 °C
OÙ TROUVER	À la fromagerie, dans les supermarchés, distribué par Le Choix du fromager

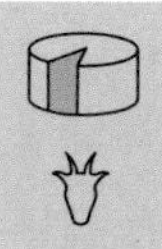

FORMAT	Meule de 2 kg (20 cm sur 6,5 cm), à la coupe
M.G.	23 %
HUM.	50 %

CROTTIN SUISSE NORMANDE

PÂTE FRAÎCHE, DEMI-FERME, DANS L'HUILE, ASSAISONNÉ

La Suisse Normande
Saint-Roch-de-l'Achigan [Lanaudière]

CROÛTE	Sans croûte
PÂTE	Blanche, crayeuse, ferme cassante avec l'affinage tout en demeurant crémeuse
ODEUR	Douce et caprine, exhalant les odeurs d'huile d'olive et de thym
SAVEUR	Délicate de chèvre, de thym et d'olive, bien équilibrée
LAIT	De chèvre entier, pasteurisé, d'un seul élevage
AFFINAGE	Aucun, macération dans l'huile d'olive assaisonnée aux herbes
CHOISIR	Dans son contenant d'origine
CONSERVER	Jusqu'à 6 mois dans l'huile, entre 2 et 4 °C
OÙ TROUVER	À la fromagerie

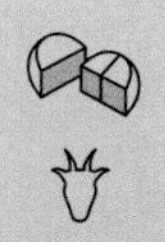

FORMAT	Meule conique, tronçons de 90 g
M.G.	26 %
HUM.	43 %

CRU DES ÉRABLES

MUNSTER, PÂTE MOLLE À CROÛTE LAVÉE

La Fromagerie de l'Érablière
Mont-Laurier [Laurentides]

CROÛTE	Rose saumon, humide jeune, s'assèche et se couvre d'un duvet blanc
PÂTE	Molle et crémeuse
ODEUR	Marquée, notes de cave humide et de champignon sauvage
SAVEUR	De marquée à prononcée, crème légèrement salée et champignon, pointe d'amertume
LAIT	De vache entier, thermisé (prochainement cru), élevage de la ferme
AFFINAGE	60 jours, croûte lavée au Charles-Aimé Robert, très relevé à 90 jours et plus
CHOISIR	La croûte légèrement humide et la pâte souple
CONSERVER	Jusqu'à 2 semaines, dans un papier ciré ou parchemin, entre 2 et 4 °C
OÙ TROUVER	Il n'y a pas de comptoir de vente à la fromagerie pour l'instant mais un projet est en cours de réalisation. Les fromages de l'Érablière sont distribués par Plaisirs Gourmets dans la majorité des boutiques et fromageries spécialisées du Québec
NOTE	Le Charles-Aimé Robert est un « acéritif » (apéritif à la sève d'érable de type porto) fabriqué à Auclair au Témiscouata. L'élevage, 40 vaches métissées canadiennes et suisses brunes, est nourri au foin sec, aux grains (orge, avoine et pois) et aux herbes du pâturage biologique.

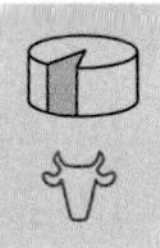

FORMAT Meule de 1 kg
M.G. 26 %
HUM. 50 %

CRU DU CLOCHER

CHEDDAR, PÂTE FERME, DOUX ET AFFINÉ

Le fromage au Village
Lorrainville [Abitibi-Témiscamingue]

CROÛTE	Sans croûte
PÂTE	Couleur crème, ferme et brillante, texture lisse devenant friable en vieillissant
ODEUR	De fraîche et lactique à marquée
SAVEUR	De douce et lactique, notes de noisette à plus corsée et piquante
LAIT	De vache entier, cru, un seul élevage
AFFINAGE	6 mois et plus
CHOISIR	Dans son emballage d'origine sous vide, la pâte ferme, souple et non collante
CONSERVER	2 à 3 mois, dans un papier ciré doublé d'un papier d'aluminium, entre 2 et 4 °C
OÙ TROUVER	À la fromagerie, les fromageries spécialisées et dans plusieurs supermarchés

FORMAT	Bloc de 200 g, sous-vide
M.G.	31 %
HUM.	40 %

CUMULUS

PÂTE MOLLE À CROÛTE FLEURIE

Fromages Chaput, affiné par Les Dépendances du Manoir
Brigham [Cantons-de-l'Est]

CROÛTE	Grisâtre, agrémentée de stries brunes
PÂTE	Ivoire, très fondante
ODEUR	Douce et parfumée
SAVEUR	Marquée, fromage de caractère au bon goût de lait cru
LAIT	De vache entier, cru ou non pasteurisé, un seul élevage
AFFINAGE	60 jours
CHOISIR	La croûte et la pâte souples
CONSERVER	Meilleur entre 80 et 90 jours
OÙ TROUVER	Dans les boutiques et fromageries spécialisés et dans la majorité des supermarchés
NOTE	Ensemencée de penicillium, la croûte se couvre d'un duvet blanchâtre. Les arômes développés, la croûte se désagrège, évolue et subit une mutation. Il est alors frotté ou lavé avec très peu d'eau, pour en retirer la mousse blanche. La croûte grisonne et se marque de stries brunes, une particularité propre au brie de Melun.

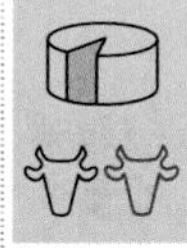

FORMAT	Meule de 1,8 kg à 2 kg
M.G.	22 %
HUM.	56 %

LE CURÉ-LABELLE

REBLOCHON, PÂTE DEMI-FERME, NON PRESSÉE, NON CUITE, À CROÛTE LAVÉE

Fromagerie
Le P'tit Train du Nord
Mont-Laurier [Laurentides]

CROÛTE	Orangé, humide et souple
PÂTE	Ivoire, souple, lisse et fondante
ODEUR	Franche, légèrement piquante, fumée et florale
SAVEUR	Marquée mais légère, notes de noix
LAIT	De vache entier, pasteurisé, un seul élevage
AFFINAGE	6 semaines
CHOISIR	La pâte souple, la croûte légèrement humide, l'odeur fraîche
CONSERVER	2 mois, dans un papier ciré doublé d'un papier d'aluminium, entre 2 et 4 °C
OÙ TROUVER	À la fromagerie, dans quelques boutiques (Marché des Saveurs) et fromageries spécialisées, dans les supermarchés
NOTE	Son nom rend hommage au curé Antoine Labelle, grand homme que le peuple surnommait le roi du Nord et qui a encouragé la colonisation des Laurentides.

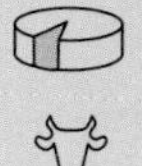

FORMAT	Meule de 600 g (12 cm sur 4,5 cm), à la coupe
M.G.	28 %
HUM.	45 %

DAMABLANC, DAMABLANC ALLÉGÉ

PÂTE FRAÎCHE

Damafro
Fromagerie Clément
Saint-Damase [Montérégie]

CROÛTE	Sans croûte
PÂTE	Texture blanche et lisse, assez liquide
ODEUR	Légèrement acide rappelant le yogourt
SAVEUR	Douce, légèrement acide
LAIT	De vache, pasteurisé, écrémé ou partiellement écrémé, ramassage collectif
AFFINAGE	Frais
CHOISIR	Dans son contenant d'origine, le plus éloigné de la date de péremption
CONSERVER	1 à 2 semaines, entre 2 et 4 °C, vérifier la date de péremption
OÙ TROUVER	À la fromagerie et dans la majorité des épiceries et supermarchés au Québec

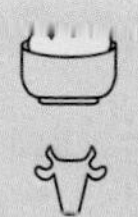

FORMAT	Contenants de 250 g (allégé) et 500 g
M.G.	5,8 %, 0,1 % (allégé)
HUM.	84 % et 88 % (allégé)

DÉLICE DES APPALACHES

PÂTE DEMI-FERME, TENDRE, À CROÛTE LAVÉE

Éco-Délices

Plessisville [Bois-Francs]

CROÛTE	Teintée de rose et de doré, tendre, fleur blanche se développant avec l'affinage
PÂTE	De crème à blé mûr, lisse, souple et crémeuse devenant presque coulante en vieillissant
ODEUR	Subtil arôme de pomme sucrée
SAVEUR	Douce, crémeuse, notes volatiles de pomme, délicate et fruitée
LAIT	De vache pasteurisé, d'un seul élevage
AFFINAGE	1 mois trempage et lavage à la Pomme de glace en fin d'affinage
CHOISIR	La croûte tendre, pas trop humide, avec une odeur de pomme fraîche
CONSERVER	Jusqu'à 1 mois dans son emballage ou un papier ciré, entre 2 et 4 °C, (vérifier la date d'expiration sur l'emballage de 200 g) les meules plus grandes se conservent plus longtemps
OÙ TROUVER	À la fromagerie, dans les boutiques et fromageries spécialisées et dans les supermarchés
NOTE	Le Délice des Appalaches est brossé et lavé avec une solution à base de Pomme de glace du Clos-Saint-Denis qui lui confère son arôme et son goût particuliers.

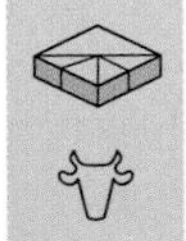

FORMAT	Meules carrées de 200 g et de 1,5 kg
M.G.	30 %
HUM.	50 %

DÉLICES DES CANTONS

CHÈVRE FRAIS, EN BOULETTE DANS L'HUILE, AROMATISÉE AUX HERBES ET AUX TOMATES SÉCHÉES

Fromagerie la P'tite Irlande
Weedon [Cantons de l'Est]

CROÛTE	Sans croûte
PÂTE	Blanche, humide, fine et onctueuse
ODEUR	Douce, fraîche et légèrement acide prédominance des assaisonnements
SAVEUR	Fraîche, salée avec une pointe caprine et une légère acidité rappelant le yogourt, goût franc des assaisonnements s'intensifiant avec le temps
LAIT	De chèvre entier, pasteurisé, élevage de la ferme
AFFINAGE	Frais
CHOISIR	Dans son emballage d'origine, sitôt sa sortie de fabrication
CONSERVER	2 semaines dans son emballage d'origine, entre 2 et 4 °C
OÙ TROUVER	À la fromagerie Le P'tit Plaisir à Weedon, les boutiques et fromageries spécialisées, les supermarchés Bonichoix, IGA et Métro au Québec
NOTE	Les Délices des Cantons est fabriqué à partir d'un caillé lactique obtenu à la façon du yogourt, en incubation, ce qui lui confère son côté acide.

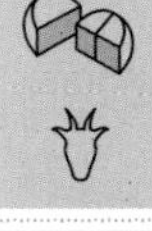

FORMAT Pot de 110 g
M.G. 22 %
HUM. 60 %

DÉLICRÈME

PÂTE FRAÎCHE, À LA CRÈME, ASSAISONNÉ

Agropur – Usine d'Oka
Montréal [Montréal-Laval]

CROÛTE	Sans croûte
PÂTE	Lisse et crémeuse
ODEUR	Douce, marquée par les assaisonnements
SAVEUR	Douce, marquée par les assaisonnements
LAIT	De vache entier parteurisé, ramassage collectif
AFFINAGE	Frais
CHOISIR	Dans son emballage d'origine, sitôt sa sortie de fabrication
CONSERVER	2 semaines, dans un papier ciré ou parchemin, entre 2 et 4 °C
OÙ TROUVER	Dans les supermarchés
NOTE	Délicrème se présente sous plusieurs saveurs : ail et fines herbes, aneth, basilic et tomate, crème sure et ciboulette, crevette, herbes et épices, saumon fumé et cinq poivres auxquels s'ajoutent des assaisonnements aux fruits : ananas, fraise ou pêche.

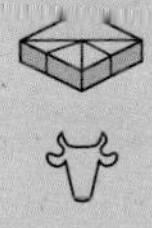

FORMAT Bloc de 250 g, sous vide
M.G. 24 %
HUM. 60 %

DIABLE AUX VACHES

PÂTE MOLLE À CROÛTE LAVÉE

La Fromagerie de l'Érablière

Mont-Laurier [Laurentides]

CROÛTE	Rougeâtre, humide, se couvrant d'un duvet blanc
PÂTE	Ivoire, lisse, crémeuse et onctueuse, parsemée de petites ouvertures régulières
ODEUR	Typée
SAVEUR	Douce à marquée et herbacée, note de lait frais fermier, longue et agréable en bouche
LAIT	De vache entier, thermisé (prochainement transformé cru), élevage de la ferme
AFFINAGE	60 jours, croûte lavée à la saumure
CHOISIR	La croûte humide ou recouverte d'un léger duvet clairsemé et d'odeur agréable, la pâte souple
CONSERVER	De 1 à 2 mois, dans un papier ciré ou parchemin, entre 2 et 4 °C
OÙ TROUVER	Distribué par Plaisirs Gourmets dans les boutiques et fromageries spécialisées du Québec

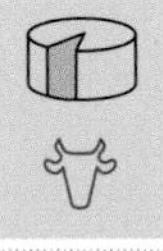

FORMAT	Meule de 1,3 kg
M.G.	29 %
HUM.	50 %

DOMIATI

MÉDITERRANÉEN, PÂTE DEMI-FERME, SAUMURÉ

Fromagerie Marie Kadé

Boisbriand [Laurentides]

CROÛTE	Sans croûte
PÂTE	Compacte, semblable à la féta, mais plus molle et crémeuse
ODEUR	Neutre à prononcée
SAVEUR	Fraîche et salée, notes lactiques, beaucoup plus marquée avec l'affinage
LAIT	De vache entier, pasteurisé, ramassage collectif
AFFINAGE	Frais et de 60 à 90 jours
CHOISIR	Dans son emballage d'origine, la pâte ferme et friable, l'odeur fraîche
CONSERVER	2 à 3 mois, sous pellicule plastique, entre 2 et 4 °C
OÙ TROUVER	À la fromagerie et dans les marchés arabes (Épicerie du Ruisseau, bd Laurentien, Marché Daoust, bd des Sources, Intermarché, Côte-Vertu, Alimentation Maya, Gatineau)
NOTE	Populaire chez les Égyptiens qui le consomment frais ou affiné. Les origines de sa fabrication sont inconnues, mais il existait déjà en 332 avant J.-C.

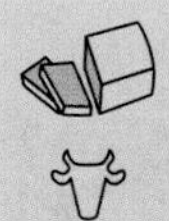

FORMAT	Sous vide
M.G.	24 %
HUM.	52 %

DOUANIER

PÂTE DEMI-FERME À CROÛTE LAVÉE, DE TYPE MORBIER

Kaiser

Noyan [Montérégie]

CROÛTE	Brun orangé, toilée, parsemée de moisissures blanches naturelles, souple
PATE	Crème jaunâtre, demi-ferme, lisse, souple et parsemée de petites ouvertures, striée au centre par une couche de cendre végétale
ODEUR	Lactique, de marquée à forte
SAVEUR	De douce à marquée de crème et de noix fraîche
LAIT	De vache entier, pasteurisé, élevages de la région
AFFINAGE	2 mois
CHOISIR	La croûte sèche mais souple, la pâte fraîche et non collante
CONSERVER	Jusqu'à 2 mois, dans un papier ciré doublé d'un papier d'aluminium, entre 2 et 4 °C
OÙ TROUVER	Dans la majorité des supermarchés, distribué par Le Choix du Fromager
NOTE	Le Douanier a été couronné Champion dans sa catégorie et grand Champion du grand Prix des Fromages 2004.

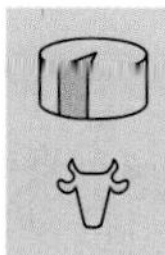

FORMAT	Meule de 3,5 kg
M.G.	24 %
HUM.	48 %

DOUBLE CRÈME DU VILLAGE DE WARWICK

PÂTE MOLLE À CROÛTE FLEURIE

Groupes Fromages Côté
Warwick [Bois-Francs]

CROÛTE	Blanche, teintes rougeâtres se développant avec l'affinage, fleurie, duveteuse et tendre
PÂTE	Crayeuse et jeune, s'affinant de la croûte vers le centre, fine ou onctueuse, moelleuse à point, se détachant de sa croûte en formant une gueule sans couler
ODEUR	Délicate, florale, légèrement fongique et lactique
SAVEUR	Douce, fruitée, goût de noisette, notes de beurre et de champignon, légèrement salée, l'ajout de crème donnant une prédominance de crème
LAIT	De vache pasteurisé, ramassage collectif
AFFINAGE	De 20 à 30 jours, excellent après 40 jours
CHOISIR	La pâte crémeuse et souple, l'odeur fraîche
CONSERVER	2 mois, dans un papier ciré, entre 2 et 4 °C
OÙ TROUVER	À la fromagerie, dans les boutiques et fromageries spécialisées, dans la majorité des épiceries et supermarchés du Québec
NOTE	En 2002, le Double Crème du Village de Warwick s'est classé Champion dans sa catégorie au grand Prix des Fromages.

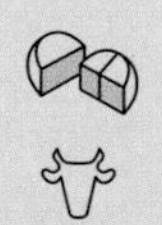

FORMAT	Meule de 150 g (7,5 cm sur 4 cm)
M.G.	30 %
HUM.	52 %

DOUX PÉCHÉ

MI-CHÈVRE, PÂTE MOLLE À CROÛTE FLEURIE

Kaiser pour
Le Choix du Fromager
Noyan [Montérégie]

CROÛTE	Blanche sur fond orangé, duveteuse
PÂTE	Couleur crème, compacte avec quelques ouvertures au centre, crémeuse, s'affinant de la croûte vers le centre
ODEUR	Douce, fruitée et lactique influencée par les champignons de la croûte
SAVEUR	Douce avec une très légère acidité du chèvre atténuée par le lait de vache, goût de crème salée et de champignons
LAIT	Entier, 50 % de vache, 50 % de chèvre, pasteurisé, ramassage collectif régional
AFFINAGE	3 semaines à 1 mois
CHOISIR	La pâte et la croûte souple et moelleuse, l'odeur douce et fraîche
CONSERVER	3 semaines à 1 mois dans son emballage, entre 2 et 4 °C
OÙ TROUVER	À la fromagerie, dans les boutiques et fromageries spécialisées, dans les supermarchés IGA, Métro et Bonichoix, distribué par le Choix du Fromager
NOTE	À l'origine du nom « Choix du Fromager » se trouve une ambassadrice des artisans culinaires québécois : Sœur Angèle. Le Doux Péché est ainsi nommé en son honneur.

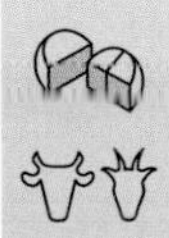

FORMAT	Meule de 180 g dans une petite boîte
M.G.	27 %
HUM.	52 %

DORÉ-MI

PÂTE DEMI-FERME, SAUMURÉ

Cayer

Saint-Raymond [Québec]

CROÛTE	Sans croûte
PÂTE	Demi-ferme non affinée, relevée d'épices, humide, homogène et légèrement caoutchouteuse
ODEUR	Douce
SAVEUR	Fraîche, salée et légèrement épicée
LAIT	De vache entier, pasteurisé, ramassage collectif
AFFINAGE	Frais
CHOISIR	Sous vide, la pâte souple, l'odeur douce et saline
CONSERVER	1 à 2 mois, sous pellicule plastique, entre 2 et 4 °C
OÙ TROUVER	À la fromagerie et dans les supermarchés
NOTE	Le Doré-Mi est saumuré avant d'être emballé. La pâte est repliée sur elle-même comme le Halloom.

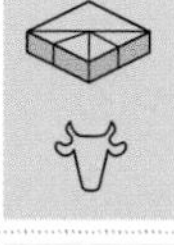

FORMAT Bloc de 350 g
M.G. 24 %
HUM. 50 %

DOYEN et CHEDDAR PERRON

CHEDDAR, PÂTE FERME, FRAIS, MI-FORT, FORT OU EXTRA-FORT

Fromagerie Perron

Saint-Prime
[Saguenay-Lac-Saint-Jean]

CROÛTE	Sans croûte
PÂTE	Crème à orangé, ferme lisse et luisante, devenant friable
ODEUR	De douce à marquée et fruitée, notes de noisette
SAVEUR	Douce et fruitée, se corsant avec le temps
LAIT	De vache entier, pasteurisé, ramassage collectif
AFFINAGE	Frais, mi-fort (6 mois), fort (6 mois à 1 an), extra-fort (1 an et plus). Le Doyen (de 2 à 4 ans)
CHOISIR	Sous vide, la pâte ferme mais souple
CONSERVER	2 à 4 mois, dans un papier ciré doublé d'un papier d'aluminium, entre 2 et 4 °C
OÙ TROUVER	À la fromagerie, dans les boutiques et fromageries spécialisées, dans la majorité des supermarchés au Québec
NOTE	Le cheddar Perron au porto s'est classé Champion de sa catégorie au Grand Prix des fromages 2002.

FORMAT À la coupe
M.G. 34 %
HUM. 39 %

DUO DU PARADIS

PÂTE DEMI-FERME À CROÛTE LAVÉE

Fromagerie
Le P'tit Train du Nord
Mont-Laurier [Laurentides]

CROÛTE	Rustique, d'une belle teinte de blé mûr à brune, texture fine
PÂTE	Jaunâtre blanc, demi-ferme à ferme, lisse, souple, onctueuse et fondante
ODEUR	Marquée, bouquetée, effluves de terroir et de terre fraîche
SAVEUR	Onctueuse, fondante en bouche et douce, notes herbacées et de lait de brebis
LAIT	50 % de brebis et 50 % de vache, laits entiers, thermisés, un seul élevage
AFFINAGE	60 jours, croûte lavée à la saumure
CHOISIR	La croûte légèrement humide et la pâte souple et non collante
CONSERVER	Jusqu'à 1 mois en pointe, jusqu'à 1 an, en meule, entre 0 et 4 °C
OÙ TROUVER	Dans les boutiques et fromageries spécialisées et dans les supermarchés
NOTE	Le Duo du Paradis tient son nom d'une part du duo de laits dont il est fait et d'autre part du nom de Dame Paradis, qui élève les brebis. La fromagerie favorise l'agriculture biologique et les vaches sont nourries au foin sec et aux céréales.

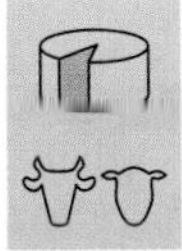

FORMAT	Meule de 2 kg (18 cm de diamètre sur 5,5 cm d'épaisseur), à la coupe
M.G.	28 %
HUM.	45 %

ÉLAN

PÂTE DEMI-FERME, SANS LACTOSE, NATURE ET ASSAISONNÉ AUX LÉGUMES OU AUX OLIVES ET AUX PIMENTS

Laiterie Chalifoux
Les Fromages Riviera
Sorel-Tracy [Montérégie]

CROÛTE	Sans croûte
PÂTE	Blanc crème, souple et élastique
ODEUR	Douce, notes de lait frais
SAVEUR	Douce et salée, légères notes de lait frais plus goûteux lorsque assaisonné
LAIT	De vache écrémé, pasteurisé, ramassage collectif
AFFINAGE	2 semaines
CHOISIR	Sous vide, la pâte ferme et souple
CONSERVER	1 à 2 mois, dans un papier ciré doublé d'un papier d'aluminium, entre 2 et 4 °C
OÙ TROUVER	À la fromagerie, dans les boutiques et fromageries spécialisées, dans les bonnes épiceries et supermarchés au Québec

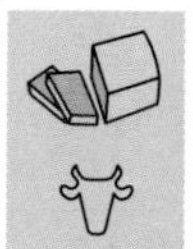

FORMAT	Bloc de 225 g, à la coupe et en sachet sous vide
M.G.	7 %
HUM.	55 %

EMMENTAL BIOLOGIQUE L'ANCÊTRE

EMMENTAL, PÂTE FERME

Fromagerie L'Ancêtre
Bécancour [Centre du Québec]

CROÛTE	Sans croûte
PÂTE	Jaune crème, flexible, lisse, fondante et élastique, yeux petits et moyens répartis dans la masse
ODEUR	Légèrement marquée, notes de beurre et d'amande
SAVEUR	Douce, légère note de noix ou d'amande, bon goût caractéristique de l'emmental
LAIT	De vache entier, thermisé, d'un seul élevage
AFFINAGE	60 jours
CHOISIR	Sous vide, la pâte ferme et souple, l'odeur agréable
CONSERVER	1 à 2 mois, dans un papier ciré doublé d'un papier d'aluminium, entre 2 et 4 °C
OÙ TROUVER	À la fromagerie, dans les boutiques d'aliments naturels, les boutiques et fromageries spécialisées, dans les supermarchés IGA, Métro et Provigo
NOTE	Certifié biologique par Québec Vrai.

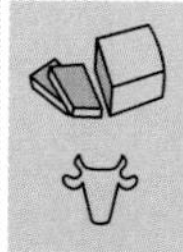

FORMAT	200 g et 19 kg, à la coupe
M.G.	27 %
HUM.	41 %

EMPEREUR et EMPEREUR ALLÉGÉ

PÂTE MOLLE À CROÛTE LAVÉE

Kaiser

Noyan [Montérégie]

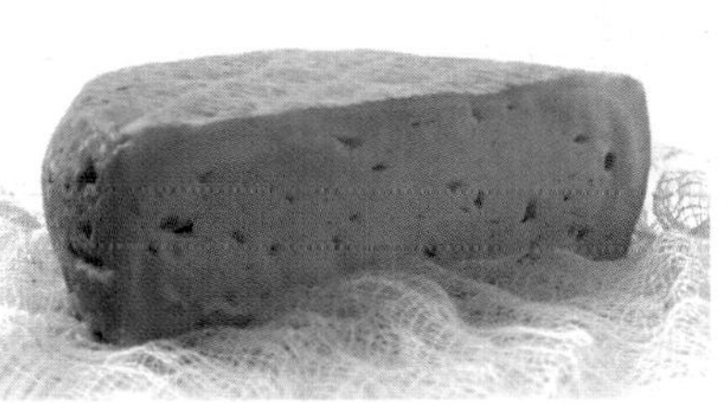

CROÛTE	Rouge orangé, striée, collante et humide
PÂTE	Blanc crème, molle, onctueuse et crémeuse, formant un ventre lorsque à point
ODEUR	De marquée à forte, voire pénétrante, note de navet très parfumé
SAVEUR	De douce à prononcée, notes de beurre salé
LAIT	De vache entier et écrémé (allégé), pasteurisé, élevages de la région
AFFINAGE	5 semaines
CHOISIR	La pâte souple, et l'odeur douce
CONSERVER	De 3 à 4 semaines, dans un papier ciré doublé d'un papier d'aluminium, entre 2 et 4 °C
OÙ TROUVER	À la fromagerie, dans les boutiques et fromageries spécialisées et les supermarchés

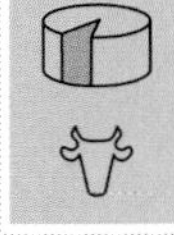

FORMAT	Meules de 500 g (12 cm sur 4 cm) et de 1 kg
M.G.	Empereur classique 24 %, Empereur allégé 13 %
HUM.	50 %

ERMITE

PÂTE DEMI-FERME, PERSILLÉE (VEINES BLEUES)

Abbaye de Saint-Benoît-du-Lac

Saint-Benoît-du-Lac [Cantons-de-l'Est]

CROÛTE	Grisâtre, humide
PÂTE	Couleur crème, persillée, avec de franches veines de moisissures bleues bien réparties, texture friable devenant crémeuse avec le temps
ODEUR	Corsée, de cave, de fermentation
SAVEUR	Franche et corsée, voire relevée et piquante légèrement âcre et salée
LAIT	De vache, pasteurisé, élevage de l'abbaye et ramassage collectif
AFFINAGE	De 5 à 6 semaines
CHOISIR	Bien fait, avec des moisissures bleues bien réparties, la pâte friable et humide
CONSERVER	2 à 4 mois dans son emballage d'origine ou dans un papier ciré doublé d'une feuille d'aluminium perforé, entre 2 et 4 °C
OÙ TROUVER	À la fromagerie, dans les supermarchés IGA et Métro, les boutiques et fromageries spécialisées partout au Québec, distribué par Le Choix du Fromager

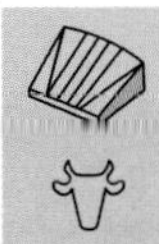

FORMAT	Meule de 10 cm à 12 cm sur 25 cm, à la coupe
M.G.	30 %
HUM.	41 %

FERMIER

FÉTA DE CHÈVRE, PÂTE DEMI-FERME

La Suisse Normande

Saint-Roch-de-l'Achigan [Lanaudière]

CROÛTE	Sans croûte
PÂTE	Blanche, moelleuse et crémeuse, ne s'effritant pas
ODEUR	Très douce de lait
SAVEUR	Douce de crème, piquante, sel très présent
LAIT	De chèvre entier, cru, élevage de la ferme
AFFINAGE	90 jours
CHOISIR	Dans la saumure
CONSERVER	3 à 4 mois dans son contenant d'origine, dans la saumure, entre 2 et 4 °C
OÙ TROUVER	À la fromagerie, en période hivernale seulement
NOTE	Faire tremper le Fermier dans l'eau de source avant de le consommer afin d'en extraire un peu de sel. Après deux jours dans l'eau, la pâte se détend pour devenir crémeuse : à consommer rapidement.

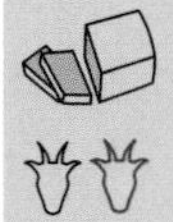

FORMAT	Bloc de 700 g, dans un contenant
M.G.	25 %
HUM.	55 %

Le farmer

Le farmer est un dérivé du cheddar.

Le caillé cuit est pressé afin d'en extraire tout le liquide. Moulé en bloc, sa pâte est demi-ferme et sa texture plutôt granuleuse, il s'émiette facilement. Une légère maturation l'attendrit et lui confère une texture semblable au brick. Son goût est doux. Le farmer se fabrique au Québec à La Trappe à Fromage de l'Outaouais. On le trouve nature ou assaisonné à l'aneth, à l'ail ou à l'oignon ainsi qu'aux herbes ou aux épices

L'estrom

Son origine monacale le fait nommer le « port-salut danois ».

L'esrom est un fromage à pâte demi-ferme, à saveur douce et riche. Le Saint-Pierre-de-Saurel est un fromage de type esrom fabriqué par Les Fromages Riviera.

La féta

La féta est fabriquée en Grèce depuis l'Antiquité. Dans l'Odyssée, Homère décrit comment le géant Polythimos fabrique son fromage. Malgré les milliers d'années écoulées, la technique utilisée de nos jours est très similaire.

Les Grecs sont les premiers consommateurs de fromage avec 23 kg par personnes par année, ils sont suivis de près par les Français avec 20 kg. Les Grecs considèrent le fromage comme une nourriture et non un supplément, et il est servi du petit déjeuner au souper. Aussi, 40 % du fromage consommé en Grèce demeure la féta.

Primitivement au lait de brebis, la féta est aujourd'hui davantage fabriquée avec le lait de chèvre ou un mélange des deux dans les fromageries artisanales ou fermières. La féta au lait de vache est produite par les fromageries industrielles ou semi-industrielles et distribuée à grande échelle.

La féta est un fromage doux, blanc qui se présente en bloc dans la saumure. La pâte est irrégulièrement parsemée de petits trous, elle est friable, cassante ou crémeuse à saveur lactique parfois aigre et fréquemment amère.

Son appellation vient de « tranche », car on tranche le caillé auparavant élaboré à partir de lait cru, maintenant avec du lait pasteurisé. Tout l'art du fromager réside dans les dosages : densité de la saumure, enzymes (lipases) ajoutées, acidité et égouttage, déterminants du produit final.

La féta est une pâte demi-ferme non cuite. Le caillé obtenu par ajout de ferment lactique et de présure est découpé sans être chauffé. On le laisse s'égoutter dans des moules troués puis on le découpe en bloc que l'on dépose dans une saumure pour une période de deux à trois mois.

La lipase est d'usage fréquent dans la fabrication de la féta. Cet enzyme est ajouté au lait en début de production afin d'accélérer l'affinage et de travailler le profil aromatique des fromages. Elle agit comme rehausseur de saveur. La lipase est un enzyme du suc gastrique et du suc pancréatique des animaux, favorisant la digestion des lipides, ou gras. Durant le vieillissement, la fragmentation de la matière grasse dans le fromage produit des acides gras à courte chaîne, des composés contribuant à l'arôme intense et au goût piquant du fromage. La lipase engendre la lipolyse des acides gras du lait et provoque un goût prononcé caractéristique.

L'enzyme lipase utilisée au Québec et au Canada est d'origine végétale, elle provient de champignons microscopiques : l'*aspergillus oryzae* modifié génétiquement avec le gène de la lipase provenant du *rhizomucor miehie.*

DESCRIPTION

CROÛTE Sans croûte

PÂTE De blanche à crème, humide, compacte, tendre selon de taux de matières grasses, souvent friable

ODEUR Arômes lactés devenant marqués, voire piquants avec l'affinage

SAVEUR De douce de lait, salée, devenant piquante

Comment le choisir

Dans son emballage d'origine (sous vide ou dans la saumure) ou à la découpe dans les bonnes fromageries, vérifier la date de péremption sur l'emballage.

Conservation

Jusqu'à 6 mois dans la saumure ; 2 à 3 semaines sous pellicule plastique entre 2 et 4 °C.

FÉTAS FABRIQUÉS AU QUÉBEC

FÉTA L'ANCÊTRE · Fromagerie L'Ancètre
Certifié bio par Québec Vrai ; lait de vache, thermisé, ramassage collectif ; nature sous vide

FÉTA CARON · Ferme Caron
Certifié bio ; lait de chèvre entier, pasteurisé, élevage de la ferme ; nature en saumure

FÉTA CAYER · Fromagerie Cayer
Lait de vache entier, pasteurisé, ramassage collectif ; nature en saumure

FÉTA DANESBORG · Agropur
Lait de vache entier, pasteurisé, ramassage collectif ;
nature en saumure.

FÉTA DIODATI · Ferme Diodati
Lait de chèvre entier, pasteurisé, deux élevages voisins ;
nature en saumure

FÉTA FANTIS · Fromagerie Polyethnique
Lait de vache entier, pasteurisé, ramassage collectif ;
nature en saumure

FÉTA FLORALPE · Ferme Floralpe
Lait de chèvre entier, pasteurisé, élevage de la ferme ;
nature et assaisonné à la ciboulette, aux fines herbes ou
aux tomates et basilic, sous vide ou en saumure

FÉTA MARIE KADÉ · Fromagerie Marie Kadé
Lait de vache entier, pasteurisé, ramassage collectif ; sous
vide ou en saumure

FÉTA MES PETITS CAPRICES · Ferme Mes Petits Caprices
Certifié bio ; lait de chèvre entier, thermisé, élevage de la
ferme; nature en saumure

FÉTA LA MOUTONNIÈRE

FÉTA SAPUTO · Saputo
Lait de vache entier, pasteurise, ramassage collectif ;
en saumure ; nature ou assaisonné à l'origan, aux tomates
séchées ou aux olives

FÉTA TRADITION · Fromagerie Tournevent

FÉTA LE TROUPEAU BÉNIT

FLEUR DES NEIGES · Fromagerie du Vieux Saint-François
En saumure ou dans l'huile de pépins de raisin

P'TIT FÉTA · Fromagerie Dion
Lait de chèvre pasteurisé, élevage de la ferme ; en saumure

QUESO ESPAÑOL · Fromagerie Marie Kadé
Lait de vache entier, pasteurisé, ramassage collactif,
sous vide

SALIN DE GASPÉ · Ferme Chimo
Lait de chèvre entier, pasteurisé, élevage de la ferme ;
sous vide et en saumure

Danesborg, La Moutonnière, Fleur des Neiges, P'tit Féta, Salin de Gaspé

FÉTA LA MOUTONNIÈRE

FÉTA, PÂTE DEMI-FERME

La Moutonnière
Sainte-Hélène-de-Chester [Bois-Francs]

CROÛTE	Sans croûte
PÂTE	Très blanche pâte fraîche, à la texture douce et friable
ODEUR	Lactique, légère acidité
SAVEUR	Acidulée et salée
LAIT	De brebis entier, pasteurisé, élevages sélectionnés
AFFINAGE	Sans affinage, mariné dans l'huile d'olive parfumée aux fines herbes
CHOISIR	Bien frais dans son emballage, vérifier la date de péremption.
CONSERVER	Jusqu'à 1 an, à 2 °C, dans l'emballage sous vide jusqu'à 1 mois une fois l'emballage ouvert
OÙ TROUVER	Épicerie Chez Gaston à Trottier dans les Bois-Francs, au marché Atwater à Montréal, à L'Échoppe des Fromages à Saint-Lambert, au Fromager du marché du Vieux-Port à Québec et dans quelques boutiques et fromageries spécialisées au Québec

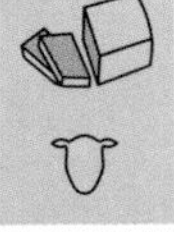

FORMAT	Découpé et conservé sous vide dans une huile assaisonnée de fines herbes
M.G.	22 %
HUM.	54 %

FÉTA MES PETITS CAPRICES

FÉTA, PÂTE DEMI-FERME

Ferme Mes Petits Caprices
Saint-Jean-Baptiste [Montérégie]

CROÛTE	Sans croûte
PÂTE	Blanche, friable et crémeuse
ODEUR	Douce ou délicate de lait frais
SAVEUR	Douce, peu salée, rappelle la féta grecque
LAIT	De chèvre entier, thermisé, élevage de la ferme
AFFINAGE	3 mois, dans une saumure légère
CHOISIR	Dans son contenant d'origine, vérifier la date de péremption
CONSERVER	3 à 4 mois dans la saumure, entre 2 et 4 °C
OÙ TROUVER	À la ferme et à la boutique Les Aliments l'Eau-Vive à Saint-Hilaire
NOTE	Certifié biologique par Québec Vrai.

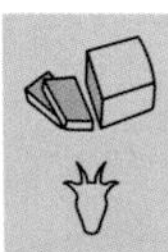

FORMAT	Meule découpée en pointes de 150 g
M.G.	22 %
HUM.	45 %

FÉTA TRADITION

FÉTA, PÂTE DEMI-FERME, EN SAUMURE OU DANS L'HUILE DE TOURNESOL ET D'OLIVE AVEC OLIVES ET TOMATES SÉCHÉES

Fromagerie Tournevent
Chesterville [Bois-Francs]

CROÛTE	Sans croûte
PÂTE	Blanche demi-ferme et bien serrée, de friable à crémeuse
ODEUR	Fraîche et lactique
SAVEUR	Salée et piquante avec des notes de chèvre ou caprine, influencée par les assaisonnements
LAIT	De chèvre, pasteurisé à basse température, ramassage collectif
AFFINAGE	3 mois sans addition de lipase selon la technique traditionnelle, en saumure ou dans l'huile de tournesol avec des olives et des tomates séchées
CHOISIR	Dans son contenant d'origine, vérifier la date de péremption sur l'emballage.
CONSERVER	3 à 4 mois dans la saumure, entre 2 et 4 °C
OÙ TROUVER	À la fromagerie, dans les boutiques et fromageries spécialisées ainsi que dans plusieurs épiceries et supermarchés au Québec

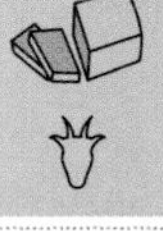

FORMAT	125 g, 150 g, 1 kg (cubes) et 150 g (mini-cubes)
M.G.	22 %
HUM.	55 %

FÉTA TROUPEAU BÉNIT

FÉTA, PÂTE DEMI-FERME

Le Troupeau Bénit
Brownsburg-Chatham
[Basses-Laurentides]

CROÛTE	Sans croûte
PÂTE	Blanche, humide et friable
ODEUR	Douce
SAVEUR	Douce, légèrement salée avec un arrière-goût de beurre et d'amande
LAIT	De brebis, de chèvre ou mixte (brebis-chèvre), entier, pasteurisé, élevage de la ferme
AFFINAGE	2 à 3 mois dans une saumure légère
CHOISIR	Dans la saumure, date de fabrication indiquée sur l'emballage
CONSERVER	De 1 à 2 ans dans la saumure (féta de bonne fabrication)
OÙ TROUVER	À la fromagerie, à la Fromagerie du Marché (Saint-Jérôme) et chez Yannick Fromagerie d'Exception (rue Bernard, Outremont)

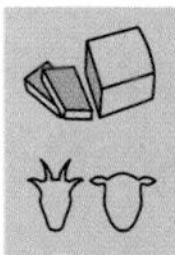

FORMAT	Bloc de 300 g dans la saumure
M.G.	18 %
HUM.	60 %

FÊTARD CLASSIQUE et FÊTARD RÉSERVE

PÂTE DEMI-FERME À FERME

Fromagerie du Champ à la meule

Notre-Dame-de-Lourdes [Lanaudière]

CROÛTE	Cuivrée lavée et macérée
PÂTE	Teinte crème dense, de ferme et souple à friable
ODEUR	Fruitée, marquée par les arômes de beurre et de bière
SAVEUR	Nuancée, à la fois douce et prononcée, fruitée et florale goût s'intensifiant avec la maturation
LAIT	De vache entier, cru, un seul élevage
AFFINAGE	Au moins 90 jours (Fêtard classique), 1 an (Fêtard réserve), croûte macérée et lavée à la bière tout au long de l'affinage
CHOISIR	La pâte ferme et souple sans être sèche
CONSERVER	Jusqu'à 2 mois, dans son emballage d'origine, entre 0 et 4 °C
OÙ TROUVER	À la fromagerie, dans les boutiques et fromageries spécialisées
NOTE	Le Fêtard est une création québécoise. Il tire en partie son goût de la bière dans laquelle il a macéré, La Maudite, une bière forte, sur lie, brassée par Unibroue.

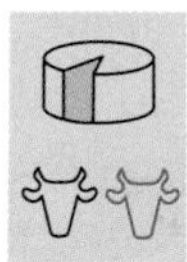

FORMAT	Meule de 2,5 kg, à la coupe
M.G.	32 %
HUM.	44 %

FEUILLE D'AUTOMNE

PÂTE MOLLE À CROÛTE LAVÉE

Kaiser, affiné par
Les Dépendances du Manoir
Brigham [Cantons-de-l'Est]

CROÛTE	Rose orangé, trace de mousse blanche humide et fine
PÂTE	De couleur crème molle, souple et fondante
ODEUR	Douce et lactique, notes de noisette
SAVEUR	De beurre doux et de noisette, légèrement salée
LAIT	De vache entier, pasteurisé, ramassage collectif
AFFINAGE	60 jours, croûte lavée à la saumure
CHOISIR	La croûte légèrement humide et la pâte souple
CONSERVER	2 semaines dans son emballage ou un papier ciré doublé d'un papier d'aluminium
OÙ TROUVER	Dans les boutiques et fromageries spécialisées et dans les supermarchés

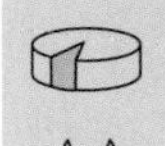

FORMAT	Meule de 180 g (8,5 cm sur 3,5 cm), dans une boîte en bois
M.G.	25 %
HUM.	55 %

FINBOURGEOIS

HAVARTI, PÂTE DEMI-FERME, SANS LACTOSE

Laiterie Chalifoux
Les Fromages Riviera
Sorel-Tracy [Montérégie]

CROÛTE	Sans croûte
PÂTE	Blanc ivoire, demi-ferme, lisse et souple, parsemée de petites ouvertures irrégulières
ODEUR	Douce et lactique
SAVEUR	Douce, notes de beurre frais
LAIT	De vache entier, pasteurisé, ramassage collectif
AFFINAGE	2 semaines
CHOISIR	Dans son emballage sous vide, la pâte lisse, et l'odeur fraîche
CONSERVER	1 mois et plus une fois retiré de son emballage sous vide, dans un contenant plastique ou un papier ciré doublé d'un papier d'aluminium, entre 2 et 4 °C
OÙ TROUVER	À la fromagerie, dans les boutiques et fromageries spécialisées ainsi que dans les bonnes épiceries et supermarchés au Québec.

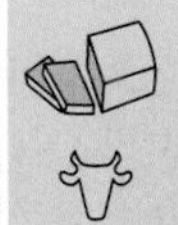

FORMAT	À la coupe
M.G.	23 %
HUM.	50 %

FIN RENARD

PÂTE FERME À CROÛTE LAVÉE

Fromagerie Bergeron
Saint-Antoine-de-Tilly
[Chaudière-Appalaches]

CROÛTE	Lavée, orangé-brun, sèche et épaisse
PÂTE	Paille clair, plus foncée près de la croûte, lisse et élastique, yeux ronds irréguliers
ODEUR	Fruitée, nuancée de douce à marquée, amande
SAVEUR	Douce, goût de noix acidulé
LAIT	De vache entier, pasteurisé, ramassage collectif
AFFINAGE	De 2 à 3 mois, croûte lavée à la saumure
CHOISIR	Dans son emballage, la pâte non sèche ou non collante
CONSERVER	Jusqu'à 52 jours, à 4 °C
OÙ TROUVER	À la fromagerie, dans les boutiques ou fromageries spécialisées et dans plusieurs supermarchés
NOTE	Le Fin Renard est fabriqué à la façon du gouda, mais sa croûte est lavée à la saumure et non enduite de cire.

FORMAT	Meule de 4 kg (10 cm sur 12,5 cm), à la coupe
M.G.	28 %
HUM.	43 %

FLEURMIER
BRIE, PÂTE MOLLE À CROÛTE FLEURIE

Laiterie Charlevoix
Baie-Saint-Paul [Charlevoix]

CROÛTE	Blanche, fleurie et duveteuse
PÂTE	De couleur crème molle, crémeuse et légèrement coulante
ODEUR	Très douce, notes de champignon et de noisette
SAVEUR	Très douce, notes de noisette et d'amande
LAIT	De vache entier, pasteurisé, ramassage collectif
AFFINAGE	2 semaines
CHOISIR	La croûte et la pâte souple
CONSERVER	Jusqu'à 1 mois, dans un papier ciré, entre 2 et 4 °C
OÙ TROUVER	À la fromagerie et dans les boutiques et fromageries spécialisées au Québec

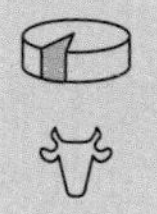

FORMAT	Meule de 300 g
M.G.	27 %
HUM.	54 %

FLEURS DES MONTS
PÂTE DEMI-FERME À CROÛTE NATURELLE

La Moutonnière
Sainte-Hélène-de-Chester [Bois-Francs]

CROÛTE	Ambrée, naturelle, brossée
PÂTE	Couleur crème dense, souple et crémeuse
ODEUR	De douce à piquante
SAVEUR	Selon l'âge, douce et fruitée, notes d'amande
LAIT	De brebis entier, thermisé, un seul élevage
AFFINAGE	De 3 à 6 mois
CHOISIR	La pâte ferme et souple, l'odeur agréable
CONSERVER	3 mois à 1 an, réfrigéré entre 2 et 4 °C
OÙ TROUVER	À l'épicerie Chez Gaston au village de Trottier, au marché Atwater à Montréal, à L'Échoppe des Fromages à Saint-Lambert, au marché du Vieux-Port à Québec et dans des boutiques et fromageries spécialisées au Québec
NOTE	Inspiré des fromages de brebis des Pyrénées, il a remporté un prix spécial du jury au Festival des fromages du Québec 2002, comme meilleur fromage fermier.

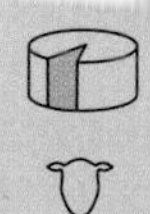

FORMAT	Meule de 2 kg, à la coupe
M.G.	30 %
HUM.	De 30 % à 50 %, selon l'âge

FLORENCE
PÂTE MOLLE À CROÛTE FLEURIE

Fromages Chaput affiné par Les Dépendances du Manoir
Brigham [Cantons-de-l'Est]

7CROÛTE	Blanche à grisâtre, avec des stries brunes, fleurie
PÂTE	Blanche, crayeuse et souple, fondante avec l'affinage
ODEUR	Douce et légèrement caprine
SAVEUR	Douce, délicate, caprine et longue en bouche
LAIT	Entier, de chèvre, non pasteurisé, un seul élevage
AFFINAGE	45 jours
CHOISIR	La croûte et la pâte souples
CONSERVER	Jusqu'à 2 semaines, dans un papier ciré doublé d'un papier d'aluminium
OÙ TROUVER	Dans les boutiques et fromageries spécialisées et dans les supermarchés

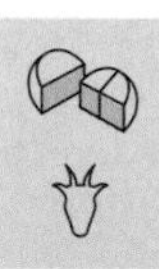

FORMAT Meule de 120 g
M.G. 22 %
HUM. 56 %

FOIN D'ODEUR

PÂTE MOLLE À CROÛTE FLEURIE, MIXTE

La Moutonnière

Sainte-Hélène-de-Chester [Bois-Francs]

CROÛTE	Fleurie mixte, blanche et rosée
PÂTE	Blanche, de coulante près de la croûte à crayeuse au centre, mais toujours crémeuse
ODEUR	Franche, arômes de crème et de foin sec
SAVEUR	Douce et fruitée rappelant la poire
LAIT	De brebis entier, pasteurisé, un seul élevage
AFFINAGE	3 semaines
CHOISIR	La pâte à moitié coulante
CONSERVER	2 à 3 semaines dans son emballage d'origine, réfrigérer de 2 à 4 °C
OÙ TROUVER	À l'épicerie Chez Gaston au village de Trottier dans les Bois-Francs, au Marché Atwater à Montréal, à L'Échoppe des Fromages à Saint-Lambert, au marché du Vieux-Port à Québec et dans quelques boutiques et fromageries spécialisées au Québec
NOTE	Le foin d'odeur est une herbe aromatique qui pousse à l'état sauvage dans les vallons de Sainte-Hélène-de-Chester dans les Bois-Francs. Les Amérindiens en font brûler pour purifier l'ambiance d'un lieu et pour attirer les énergies bénéfiques. Son odeur rappelle l'encens.

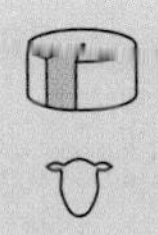

FORMAT	Meule de 1 kg, vendu à la coupe
M.G.	25 %
HUM.	55 %

FONTINA DE L'ABBAYE

PÂTE DEMI-FERME À FERME (SEMI-CUITE)

Abbaye de Saint-Benoît-du-Lac

Saint-Benoît-du-Lac [Cantons-de-l'Est]

CROÛTE	Sans croûte, pâte recouverte de cire rouge, emballé sans cire
PÂTE	Ivoire, texture douce, dense, souple et élastique, plutôt molle, peu d'ouvertures
ODEUR	Délicate, rappelant la noisette, légèrement parfumée
SAVEUR	Douce, légèrement lactique, goût de noisette
LAIT	De vache, pasteurisé, élevage de l'abbaye et ramassage collectif
AFFINAGE	2 à 3 mois
CHOISIR	Dans son emballage sous-vide, la pâte souple à l'odeur douce
CONSERVER	1 à 2 mois, dans un papier ciré ou parchemin à 4 °C
OÙ TROUVER	À la fromagerie, dans les supermarchés IGA et Métro et les boutiques et fromageries spécialisées au Québec, distribué par Le Choix du Fromager

FORMAT	Meule de 3 kg, à la coupe
M.G.	30 %
HUM.	43 %

FONTINA PRESTIGIO

PÂTE DEMI-FERME, PRESSÉE ENROBÉE DE CIRE

Agropur – Usine d'Oka

Montréal [Montréal-Laval]

CROÛTE	Recouverte de cire rouge
PÂTE	Couleur crème, lisse et souple
ODEUR	Douce et de noisette
SAVEUR	Douce et de noisette, se bonifiant en vieillissant
LAIT	De vache entier, pasteurisé, ramassage collectif
AFFINAGE	40 jours
CHOISIR	Sous vide, la pâte ferme et souple, l'odeur douce
CONSERVER	180 jours réfrigéré entre 4 et 6 °C
OÙ TROUVER	Dans la plupart des supermarchés au Québec
NOTE	La Fontina d'Agropur est fabriquée à la façon de la raclette, mais au lieu de laver la croûte, on l'enrobe de cire lui permettant de développer sa saveur avec la maturation.

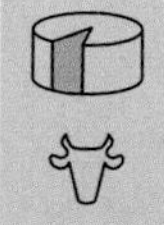

FORMAT	Meule de 3,5 kg, à la coupe
M.G.	27 %
HUM.	46 %

FREDDO AU LAIT CRU et AU LAIT PASTEURISÉ

PÂTE DEMI-FERME À CROÛTE LAVÉE

La Suisse Normande
Saint-Roch-de-l'Achigan [Lanaudière]

CROÛTE	Orangé rustique, léger duvet blanc, fleurie par l'affinage
PÂTE	Blanc crème, demi-ferme, crémeuse et fondante en bouche
ODEUR	Effluves de lait frais et de fleurs des champs
SAVEUR	Douce au palais, bouquetée, agréables notes de noisette avec une finale légèrement piquante sans agressivité; gamme de saveur beaucoup plus riche et subtile du Freddo au lait cru
LAIT	De vache entier, cru ou pasteurisé, un seul élevage
AFFINAGE	60 jours, croûte lavée en début d'affinage
CHOISIR	L'odeur fraîche, la croûte et la pâte souples
CONSERVER	1 mois, dans son emballage ou un papier ciré doublé d'un papier d'aluminium, entre 2 et 4 °C
OÙ TROUVER	À la fromagerie, distribué par Plaisirs Gourmets dans la majorité des boutiques et fromageries spécialisées du Québec

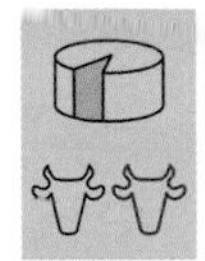

FORMAT	Meule de 2 kg
M.G.	35 %
HUM.	47 %

FREDONDAINE

PORT-SALUT, OKA, PÂTE DEMI-FERME, CROÛTE LAVÉE

Fromagerie La Vache à Maillotte

La Sarre [Abitibi-Témiscamingue]

CROÛTE	Lavée, orangée, sèche mais souple
PÂTE	Ivoire, souple avec des petites ouvertures réparties dans la masse
ODEUR	Douce, fraîche et crémeuse
SAVEUR	Douce, de beurre ou de crème
LAIT	De vache entier, pasteurisé, ramassage collectif
AFFINAGE	45 jours
CHOISIR	La croûte souple, ni trop humide ni cassante, la pâte souple à l'odeur fraîche
CONSERVER	1 mois et demi à 2 mois, dans un papier ciré doublé d'une feuille d'aluminium, entre 2 et 4 °C
OÙ TROUVER	À la fromagerie, dans les boutiques et fromageries spécialisées et dans les supermarchés IGA, Métro et Bonichoix

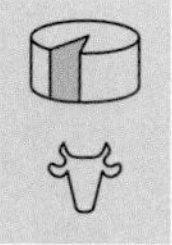

FORMAT	Meule de 3,5 kg ou pointe de 250 g
M.G.	27-31 %
HUM.	40-42 %

FRÈRE JACQUES

SUISSE, PÂTE FERME

Abbaye de Saint-Benoît-du-Lac

Saint-Benoît-du-Lac [Cantons-de-l'Est]

CROÛTE	Jaune orangé, naturelle
PÂTE	Crème à beige clair, ferme, légèrement élastique, lisse et tendre, s'asséchant avec la maturation, yeux plutôt grands
ODEUR	Douce, légèrement acide
SAVEUR	Typée, goût de noisette
LAIT	De vache entier, pasteurisé, élevage de l'abbaye et ramassage collectif
AFFINAGE	30 jours et plus
CHOISIR	La pâte souple et l'odeur fraîche
CONSERVER	De 1 à 2 mois, dans un papier ciré doublé d'un papier d'aluminium perforé, entre 2 et 4 °C
OÙ TROUVER	À la fromagerie, dans les supermarchés IGA et Métro et les boutiques et fromageries spécialisées au Québec, distribué par Le Choix du Fromager

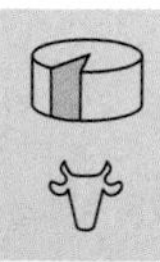

FORMAT	Meule de 2 kg, à la coupe
M.G.	29 %
HUM.	42 %

FROMAGE À LA CRÈME LIBERTÉ

PÂTE FRAÎCHE

Liberté
Brossard [Montérégie]

CROÛTE	Sans croûte
PÂTE	Consistante et crémeuse
ODEUR	Neutre
SAVEUR	Fraîche de lait et de crème, très légère acidité
LAIT	De vache entier et crème, pasteurisé, ramassage collectif
AFFINAGE	Frais
CHOISIR	Dans son contenant d'origine
CONSERVER	1 à 2 semaines, vérifier la date de péremption
OÙ TROUVER	Dans les supermarchés
NOTE	Ce fromage est le produit de la coagulation de la crème après égouttement du petit-lait. Les normes gouvernementales exigent que son taux d'humidité ne dépasse pas 55 % et celui des matières grasses ne doit pas être inférieur à 30 %.

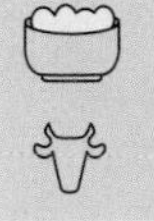

FORMAT	Contenant de 250 g
M.G.	24 %
HUM.	60 %

GAMBADE

PÂTE MOLLE À CROÛTE NATURELLE

Fromagerie la P'tite Irlande
Weedon [Cantons de l'Est]

CROÛTE	Blanche et légèrement fleurie, tendre et croquante
PÂTE	Blanche et crayeuse s'affinant et progressivement coulante de la croûte vers le centre
ODEUR	De douce à corsée, de champignon et de terreau humide, caprine devenant corsé avec le temps
SAVEUR	Franche et caprine, croûte au bon goût de champignon, légère amertume en fin de bouche
LAIT	Entier, de chèvre, pasteurisé, élevage de la ferme
AFFINAGE	1 à 2 semaines
CHOISIR	Jeune, la croûte blanche mais peu fleurie, sèche, la pâte crayeuse
CONSERVER	2 semaines, dans un papier ciré, entre 2 et 4 °C
OÙ TROUVER	À la fromagerie Le P'tit Plaisir à Weedon, dans les boutiques et fromageries spécialisées ainsi que dans les supermarchés Bonichoix, IGA et Métro

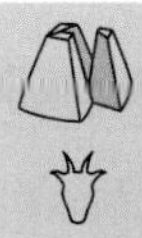

FORMAT	Pyramide tronquée de 145 g dans un emballage plastique
M.G.	18 %
HUM.	65 %

Les fromages à pâte filée

Les pâtes filées sont originaires de l'Est méditerranéen et cette tradition s'est implantée dans la Rome impériale.

Ces fromages se présentaient déjà sous des formes diverses. Pour les conserver, on les suspendait à une accrochée au mur ou à une poutre. La pratique de la pâte filée est toujours courante dans les régions du sud de l'Italie *(pasta filata)* : Abruzzes, Campanie, Molise, Basilicate, Pouilles et Calabre. L'élevage des buffles dans les terres basses de la région de Naples a débuté au XIIe siècle. La consommation du lait de bufflonnes frais a été d'abord été limité à la région d'élevage, puis s'est étendue à la Lombardie, au XVIIIe siècle. La mozzarella *di bufala* (de bufflonne) familière à la région de Naples n'a rien de comparable avec la mozarella américaine issue d'un mode de fabrication différent. Les plus connus des fromages frais à pâte filée italiens sont la mozzarella, le provolone (Campanie), la Burrata (Pouilles), la Provola, la Scarmorza (Campanie, Abruzzes et Molise) et le *cacciocavallo* (Abruzzes, Basilicate, Calabre, Campanie, Molise, Pouilles).

Le gouda

Le gouda est le fromage dont la quantité fabriquée est la plus importante de la Hollande : le gouda et ses dérivés représentent 60 % de la production fromagère du pays.

Fabriqué depuis plus de 300 ans, il tient son nom de gouda, un port situé dans l'estuaire du Rhin, au nord de Rotterdam. À l'origine, le gouda « cru fermier » était transporté vers ce port, pesé, échangé et exporté partout dans le monde. Le gouda hollandais porte un label à base de caséine, partie intégrante de la croûte.

Il est très proche de l'édam et on le copie un peu partout dans le monde. C'est un fromage à pâte demi-ferme dite pâte pressée non cuite. Le lait entier ou partiellement écrémé, cru ou pasteurisé, est versé dans une grande cuve, chauffé à environ 35 °C puis ensemencé de ferments lactiques et de présure. Cet ajout permet la coagulation du lait. Le caillé se découpe ensuite en grains assez fins, brassés afin d'en séparer le petit-lait. Les grains caillés sont lavés à une température légèrement supérieure à celle du caillage. L'opération dite de « délactosage » permet de limiter l'acidification de la pâte pendant l'affinage et influe sur la texture en la rendant plus ferme. Le fromage est moulé puis pressé dans sa forme caractéristique de meule légèrement bombée. Après salage dans un bain de saumure, il est mis à sécher. La croûte qui commence à se former est recouverte d'une couche de plastique poreux qui le protégera des moisissures tout en lui permettant de respirer. L'affinage en cave dure de 4 semaines à 1 an.

On nomme « étuvé » un gouda ou un édam affiné ayant séjourné en étuve, une cave chauffée et humidifiée permettant de réduire le temps d'affinage. Ce procédé donne une saveur plus charpentée.

On appelle « fruité de gouda » un fromage affiné de 6 à 8 mois.

Le goût s'affirme au cours de la maturation, variant de doux à charpenté et piquant ; sa couleur passe d'un beau jaune clair à une teinte ocre ; sa pâte devient alors plus ferme, plus sèche et plus corsée.

Il existe aussi le gouda sans sel, le gouda aux herbes, le gouda au cumin et le bébé gouda.

GOUDAS FABRIQUÉS AU QUÉBEC

Anco, Anthonite, Classique, Damafro, gouda de chèvre, gouda Saint-Laurent, P'tit Bonheur, Patte blanche et Seigneur de Tilly, version allégée du gouda Classique.

GEAI BLEU

PÂTE DEMI-FERME, PERSILLÉE

Abbaye de Saint-Benoît-du-Lac, affiné par Les Dépendances du Manoir

CROÛTE	Fine, orangée brune parsemée d'une mousse bleu grisâtre
PÂTE	Friable et veinée de moisissures bleues
ODEUR	Cave humide, piquante, notes fruitées
SAVEUR	Typée, léger goût de miel sauvage en fin de bouche
LAIT	De vache entier, pasteurisé, élevage de l'Abbaye de Saint-Benoît-du-Lac
AFFINAGE	3 mois
CHOISIR	La pâte crémeuse, friable et légèrement humide
CONSERVER	2 à 4 semaines, dans un papier ciré, entre 2 et 4 °C
OÙ TROUVER	Dans les fromageries et certains supermarchés

NOTE

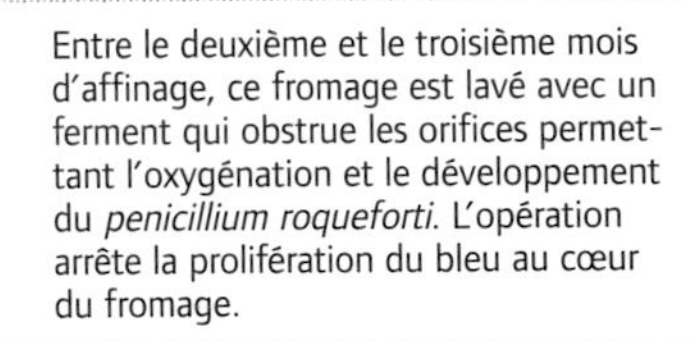

Entre le deuxième et le troisième mois d'affinage, ce fromage est lavé avec un ferment qui obstrue les orifices permettant l'oxygénation et le développement du *penicillium roqueforti*. L'opération arrête la prolifération du bleu au cœur du fromage.

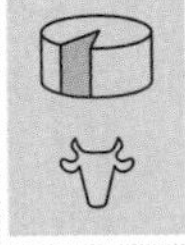

FORMAT	Meule de 1 kg, à la coupe
M.G.	27 %
HUM.	47 %

GÉNÉRATION, 1e, 2e, 3e et 4e

CHEDDAR, PÂTE FERME

Trappe à Fromage de l'Outaouais

Gatineau [Outaouais]

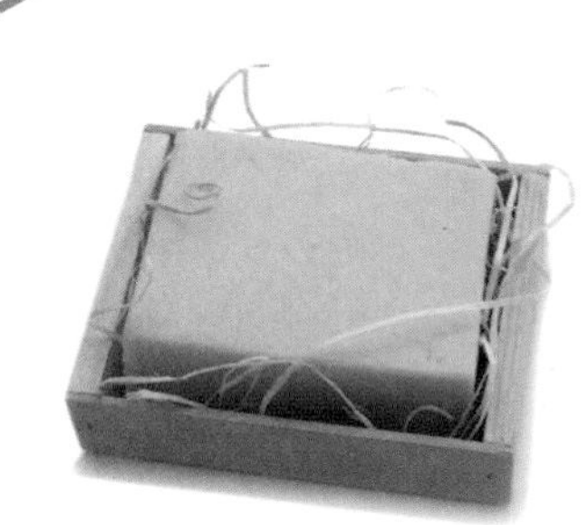

CROÛTE	Sans croûte
PÂTE	Jaunâtre, friable
ODEUR	De douce à fruitée et marquée
SAVEUR	Douce devenant marquée et typée de cheddar, légèrement piquante
LAIT	De vache entier, pasteurisé, ramassage collectif
AFFINAGE	2, 3, 4 et 5 ans
CHOISIR	Sous vide, la pâte ferme et souple
CONSERVER	3 à 4 mois, dans un papier ciré doublé d'un papier d'aluminium, entre 2 et 4 °C
OÙ TROUVER	À la fromagerie, dans la majorité des chaînes d'alimentation de l'Outaouais et à la fromagerie La Trappe à Fromage

NOTE

La Trappe à Fromages de l'Outaouais propose également le Léo et le Neige, deux cheddars vieux macérés plusieurs mois dans le cidre de glace (le Neige) et la liqueur d'érable Mont-Laurier (Léo).

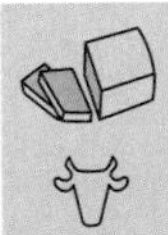

FORMAT	270 g environ sous vide, dans une caissette de bois et à la coupe
M.G.	31 %
HUM.	39 %

GOUDA ANCO

GOUDA, PÂTE FERME, DOUX, ÉPICÉ OU ARÔME DE FUMÉE

Agropur

Montréal [Montréal-Laval]

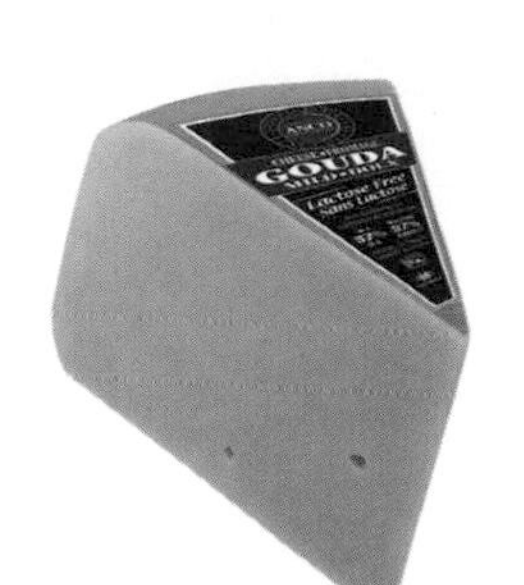

CROÛTE	Recouverte de cire jaune orangé ou fumé, aspect brunâtre
PÂTE	Ivoire, ferme et lisse, parsemée de rares petits trous avec graines de carvi (gouda épicé)
ODEUR	De douce à marquée par les assaisonnements
SAVEUR	Douce, notes d'amande et de crème
LAIT	De vache entier, pasteurisé, ramassage collectif
AFFINAGE	Environ 2 semaines
CHOISIR	Sous vide, la pâte ferme et souple
CONSERVER	Jusqu'à 12 mois
OÙ TROUVER	Dans les supermarchés

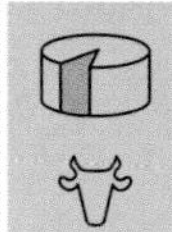

FORMAT	Meule de 4,5 kg, à la coupe
M.G.	37 %
HUM.	37 %

GOUDA CLASSIQUE et SEIGNEUR DE TILLY

PÂTE DEMI-FERME À FERME

Fromagerie Bergeron

Saint-Antoine-de-Tilly [Chaudière-Appalaches]

CROÛTE	Pâte recouverte de cire rouge
PÂTE	Jaune clair ou crème, tendre, ferme et lisse, quelques petites ouvertures
ODEUR	Douce et fraîche de crème
SAVEUR	De beurre et de noisette légèrement acidulée
LAIT	De vache entier, pasteurisé, ramassage collectif
AFFINAGE	3 mois
CHOISIR	Dans son emballage, la pâte bien luisante et souple
CONSERVER	Jusqu'à 180 jours, dans son emballage, à 4 °C
OÙ TROUVER	À la fromagerie, dans les fromageries ou boutiques spécialisées et dans plusieurs supermarchés

FORMAT	Meule de 4 kg (10 cm de diamètre sur [illegible] cm d'épaisseur), à la coupe
M.G.	28 %, 15 % (Seigneur de Tilly)
HUM.	43 %

GOUDA DAMAFRO

PÂTE DEMI-FERME

Damafro
Fromagerie Clément
Saint-Damase [Montérégie]

CROÛTE	Pâte recouverte de cire rouge
PÂTE	Demi-ferme et blanche souple, légèrement élastique
ODEUR	Douce de crème fraîche
SAVEUR	Douce de crème et légèrement acidulée, avec notes de noisette
LAIT	De vache entier, pasteurisé et stabilisé, ramassage collectif
AFFINAGE	De 2 semaines à 1 mois
CHOISIR	Sous vide, la pâte fraîche, souple et non collante.
CONSERVER	1 à 2 mois, dans un papier ciré doublé d'un papier d'aluminium, entre 2 et 4 °C
OÙ TROUVER	À la fromagerie, dans la majorité des supermarchés au Québec

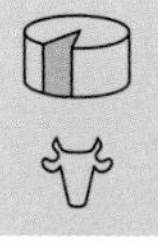

FORMAT	Meule de 3 kg, à la coupe
M.G.	28 %
HUM.	43 %

GOUDA DE CHÈVRE

PÂTE DEMI-FERME

Damafro
Fromagerie Clément
Saint-Damase [Montérégie]

CROÛTE	Pâte recouverte de cire jaune
PÂTE	Blanche demi-ferme souple, légèrement élastique et facile à couper parsemée de petits trous
ODEUR	De douce de lait frais à marquée, selon l'âge
SAVEUR	Douce, devenant piquante et corsée
LAIT	De chèvre entier, pasteurisé, ramassage collectif
AFFINAGE	De 2 semaines à 1 mois
CHOISIR	Sous vide, la pâte fraîche, souple et non collante
CONSERVER	1 à 2 mois, dans un papier ciré doublé d'un papier d'aluminium, entre 2 et 4 °C
OÙ TROUVER	À la fromagerie, dans la majorité des supermarchés au Québec

FORMAT	Meule de 3 kg, à la coupe
M.G.	28 %
HUM.	43 %

GOUDA SAINT-LAURENT

PÂTE DEMI-FERME, DE TYPE GOUDA

Fromagerie Saint-Laurent

Saint-Bruno [Saguenay-Lac-Saint-Jean]

CROÛTE	Pâte recouverte d'une couche de cire rouge
PÂTE	De crème à beige clair, ferme, lisse, brillante et flexible
ODEUR	Douce, arômes de crème, d'amande ou de noisette
SAVEUR	Douce, notes de noisette et de crème
LAIT	De vache entier, pasteurisé, ramassage collectif
AFFINAGE	Frais
CHOISIR	Sous vide, la pâte souple
CONSERVER	1 à 2 mois, dans un papier ciré doublé d'un papier d'aluminium, entre 2 et 4 °C
OÙ TROUVER	À la fromagerie et dans les régions du Saguenay–Lac-Saint-Jean, Chibougamau, Chapais et de la Côte-Nord

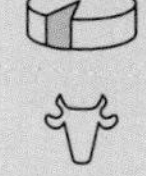

FORMAT	250 g environ, emballage sous vide
M.G.	28 %
HUM.	45 %

GOURMANDINE

PÂTE FERME À CROÛTE LAVÉE

Fromages Chaput, affiné par Les Dépendances du Manoir

Brigham [Cantons-de-l'Est]

CROÛTE	Orange doré, lavée et sèche
PÂTE	Ferme, homogène, souple et crémeuse
ODEUR	De douce à marquée
SAVEUR	Douce et typée, plus marquée que le fromage de brebis habituel
LAIT	De brebis entier, non pasteurisé, un seul élevage
AFFINAGE	5 mois
CHOISIR	La croûte et la pâte fermes mais non collantes
CONSERVER	Jusqu'à 1 mois, dans un papier ciré doublé d'un papier d'aluminium, entre 2 et 4 °C
OÙ TROUVER	Dans la majorité des boutiques et fromageries spécialisées au Québec et dans certains supermarches

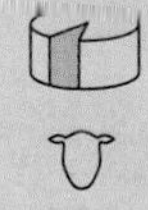

FORMAT	Meule de 2 kg
M.G.	31 %
HUM.	43 %

GRAND CAHILL

PÂTE FERME, TYPE CHEDDAR

Fromagerie la Pépite d'Or
Saint-Georges Ouest
[Chaudière–Appalaches]

CROÛTE Sans croûte

PÂTE Jaune crème, ferme, friable, crémeuse avec l'affinage

ODEUR De douce et lactique à prononcée

SAVEUR De douce et lactique à piquante

LAIT De vache entier, cru, un seul élevage

AFFINAGE 60 jours et plus

CHOISIR Sous vide, la pâte ferme, friable et non collante, l'odeur fraîche

CONSERVER 2 à 3 mois, dans un papier ciré doublé d'un papier d'aluminium, entre 2 et 4 °C

OÙ TROUVER À la fromagerie

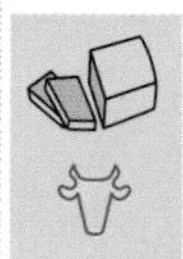

FORMAT Bloc de 200 g et à la coupe
M.G. 25 %
HUM. 39 %

GRAND CHOUFFE

PÂTE DEMI-FERME À CROÛTE LAVÉE

Fromagerie Champêtre
Repentigny [Lanaudière]

CROÛTE Brunâtre à cause de la bière rousse, sèche mais souple

PÂTE Souple, lisse et crémeuse

ODEUR Typée avec des arômes de levure

SAVEUR Marquée notes de noisette et de champignons sauvages

LAIT De vache entier, pasteurisé, ramassage collectif

AFFINAGE 30 jours, croûte lavée à la bière et ajout de ferments d'affinage pour en faire ressortir la couleur

CHOISIR La croûte sèche et souple, la pâte souple, ferme au toucher et non collante

CONSERVER 45 jours à partir du départ de la fromagerie, dans un papier ciré doublé d'un papier d'aluminium, entre 2 et 4 °C

OÙ TROUVER Dans les boutiques et fromageries spécialisées et dans plusieurs supermarchés au Québec, distribué par J.L. Freeman

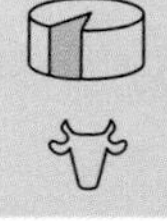

FORMAT Meule de 450 g, demi-meule de 225 g, à la coupe
M.G. 26 %
HUM. 42 %

GRAND DÉLICE
PÂTE MOLLE À DEMI-FERME
À CROÛTE FLEURIE

Damafro
Fromagerie Clément
Saint-Damase [Montérégie]

CROÛTE	Toilée et tendre, orangé, recouverte d'une mousse rase, sèche et blanche
PÂTE	Couleur crème-jaunâtre, lisse et crémeuse
ODEUR	Douce et délicate de crème et de champignon
SAVEUR	Douce de crème et de champignon
LAIT	De vache entier (substances laitières modifiées), pasteurisé, ramassage collectif
AFFINAGE	2 semaines
CHOISIR	La pâte ferme mais souple, la croûte blanche fleurie
CONSERVER	2 à 3 mois, dans un papier ciré doublé d'un papier d'aluminium, entre 2 et 4 °C
OÙ TROUVER	Dans les supermarchés partout au Québec

FORMAT	Meule haute de 2,2 kg (20 cm sur 6,25 cm), à la coupe
M.G.	25 %
HUM.	50 %

GRAND DUC
PÂTE FRAÎCHE, AUX FINES HERBES
OU AU POIVRE

Damafro
Fromagerie Clément
Saint-Damase [Montérégie]

CROÛTE	Sans croûte
PÂTE	Blanche, onctueuse, enrobée de poivre ou de fines herbes et enroulée sur elle-même
ODEUR	Légèrement lactique, arômes de l'enrobage
SAVEUR	Douce et saline, goût de l'enrobage au poivre ou aux fines herbes
LAIT	De vache entier, pasteurisé, ramassage collectif
AFFINAGE	Frais
CHOISIR	Dans l'emballage d'origine, la pâte onctueuse, l'odeur fraîche
CONSERVER	De 2 semaines à 2 mois, dans un papier ciré, entre 2 et 4 °C
OÙ TROUVER	À la fromagerie et distribué dans la majorité des supermarchés du Québec

FORMAT	Rouleau de 1 kg
M.G.	25 %
HUM.	56 %

GRAVIERA

GRUYÈRE OU JARLSBERG, PÂTE FERME

Le Troupeau Bénit
Brownsburg-Chatham
[Basses-Laurentides]

CROÛTE	Recouverte de cire claire
PÂTE	Ivoire et luisante, parsemée de petits yeux irréguliers
ODEUR	Douce et subtil parfum floral rappelant les alpages et le gruyère
SAVEUR	Douce, de beurre et de noisette, légèrement salée et fruitée
LAIT	De brebis, de chèvre ou mixte, entier, pasteurisé, élevage de la ferme
AFFINAGE	de 4 à 6 mois
CHOISIR	Sous vide, la pâte ferme mais souple
CONSERVER	Jusqu'à 2 mois, dans un papier ciré doublé d'un papier d'aluminium, entre 2 et 4 °C
OÙ TROUVER	Sur place, dans les fromageries spécialisées
NOTE	Un type gruyère fabriqué en Grèce. Il bénéficie d'une appellation d'origine protégée (AOP) européenne. Les meules, de tailles variées, se présentent avec une croûte naturelle.

FORMAT	Meule de 1 kg, à la coupe
M.G.	33 % et 36 % (brebis)
HUM.	36 %

GRUBEC ET GRUBEC LÉGER

SUISSE, PÂTE FERME

Agropur
Montréal [Montréal-Laval]

CROÛTE	Sans croûte
PÂTE	De crème à ivoire, ferme, lisse et élastique, parsemée d'ouvertures rondes et régulières
ODEUR	Douce
SAVEUR	À peine sucrée, délicates notes d'amande
LAIT	De vache, pasteurisé, ramassage collectif
AFFINAGE	De 1 à 2 semaines
CHOISIR	Sous vide, la pâte ferme mais souple
CONSERVER	Jusqu'à 10 mois dans un papier ciré doublé d'un papier d'aluminium, entre 2 et 4 °C
OÙ TROUVER	À la fromagerie et dans les supermarchés
NOTE	Le Grubec et le Grubec léger sont des fromages sans lactose. Agropur produit également un fromage de type suisse allégé commercialisé sous la marque Allégro.

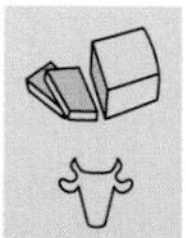

FORMAT	Bloc de 2,8 kg
M.G.	27 % et 17 % (Grubec léger)
HUM.	40 % et 49 % (Grubec léger)

GRÉ DES CHAMPS

PÂTE FERME À CROÛTE LAVÉE ET FLEURIE

Fromagerie Au gré des Champs
Saint-Athanase-d'Iberville [Montérégie]

CROÛTE	De jaune à brun orangé, épaisse, rustique et marquée, se couvrant naturellement de moisissures blanches et clairsemées
PÂTE	Couleur blé, ferme et souple, petits yeux dans l'ensemble de la pâte
ODEUR	De douce à marquée, parfum floral prononcé se développant avec le temps
SAVEUR	Marquée, typée et fruitée, notes de noisette
LAIT	De vache entier, cru fermier, élevage de la ferme
AFFINAGE	90 jours et plus, sans ajout de ferment
CHOISIR	La croûte et la pâte souples
CONSERVER	Jusqu'à 2 mois, en pointe, dans un papier ciré doublé de papier d'aluminium, entre 2 et 4 °C; beaucoup plus longtemps en meule dans des conditions d'entreposage idéales.
OÙ TROUVER	À la fromagerie le samedi de 10 h à 17 h, distribué par Plaisirs Gourmets dans les boutiques et fromageries spécialisées ainsi que dans certains supermarchés au Québec
NOTE	Certifié biologique par garantie Bio-Écocert. Le Gré des Champs est un fleuron de l'industrie fromagère québécoise. Le lait dont il est issu est traité avec tous les égards et n'attend jamais plus de 12 heures. Il est transformé tous les matins, aucun ferment n'est ajouté laissant ainsi la préséance aux ferments naturels du lait.

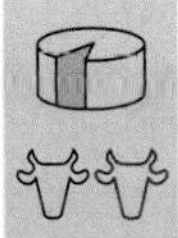

FORMAT	Meule de 2 kg (24 cm de diamètre sur 6 cm d'épaisseur)
M.G.	35 %
HUM.	31 %

Le havarti

Il a été créé au XIXe siècle près du village de Havarti, au Danemark.

Sa pâte demi-ferme, souple, flexible et crémeuse est totalement parsemée d'innombrables petits yeux ronds irréguliers. Il s'assaisonne aux épices, aux herbes ou au piment, mais traditionnellement à l'aneth ou au cumin.

Il se présente en bloc rectangulaire sans croûte. Sa saveur varie de douce à piquante avec la maturation.

FROMAGES DE TYPE HAVARTI FABRIQUÉS AU QUÉBEC

Bon Berger, Finbourgeois, Havarti Danesborg, Havarti Cayer, Havarti Saputo et Symandre.

HALLOOM

PÂTE DEMI-FERME, SAUMURÉ

Fromagerie Marie Kadé,
Fromagerie Polyethnique

CROÛTE	Sans croûte
PÂTE	Blanche, demi-ferme et souple, pliée comme un livre
ODEUR	Douce
SAVEUR	Douce, lactique et légèrement salée
LAIT	De vache entier, pasteurisé, ramassage collectif
AFFINAGE	Frais
CHOISIR	Sous vide ou dans la saumure, la pâte souple
CONSERVER	6 mois et plus, entre 2 et 4 °C
OÙ TROUVER	À la fromagerie et dans la plupart des magasins arabes (Épicerie du Ruisseau, bd Laurentien, Marché Adonis, bd des Sources, Intermarché, Côte-Vertu Alimentation Maya, Gatineau)
NOTE	La pâte demi-ferme, chauffée dans le lactosérum, est pliée, encore chaude, à la façon d'un livre. On trouve l'Halloom râpé prêt à utiliser.

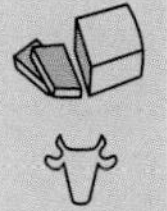

FORMAT	Bloc de 300 g à 400 g, sous vide ou en saumure
M.G.	26 %
HUM.	50 %

HAVARTI CAYER

PÂTE DEMI-FERME, NATURE OU RELEVÉE DE FINES HERBES, D'ANETH, DE PIMENTS JALAPEÑO OU DE GRAINES DE CARVI

Cayer
Saint-Raymond [Québec]

CROÛTE	Sans croûte
PÂTE	Blanche, légèrement dorée, lisse et souple, avec de petits yeux ronds irréguliers
ODEUR	De douce à marquée, selon le mûrissement
SAVEUR	De douce à piquante, notes de crème fraîche
LAIT	De vache entier, pasteurisé, ramassage collectif
AFFINAGE	2 semaines et plus
CHOISIR	La pâte lisse et souple, l'odeur fraîche
CONSERVER	2 à 4 mois, dans un papier ciré doublé d'un papier d'aluminium, entre 2 et 4 °C
OÙ TROUVER	À la fromagerie et dans les supermarchés

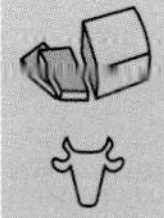

FORMAT	Meule de 200 g et 4 kg, à la coupe, râpé, en tranches
M.G.	35 %
HUM.	42 %

HAVARTI DANESBORG

PÂTE DEMI-FERME, NATURE OU ASSAISONNÉE

Agropur – Usine d'Oka

Montréal [Montréal-Laval]

CROÛTE	Sans croûte
PÂTE	De crème à ivoire, souple, petites ouvertures irrégulières
ODEUR	Douce
SAVEUR	Douce et un peu acidulée, notes de beurre
LAIT	De vache, pasteurisé, ramassage collectif
AFFINAGE	De 1 à 2 semaines
CHOISIR	La pâte lisse et souple, l'odeur fraîche
CONSERVER	Jusqu'à 160 jours, dans un papier ciré doublé d'un papier d'aluminium, entre 2 et 4 °C
OÙ TROUVER	Dans la plupart des supermarchés du Québec
NOTE	Offert en plusieurs variétés d'assaisonnement : aneth, basilic et tomate, carvi, crème sure et ciboulette, fines herbes, piments jalapeño, légumes du jardin et en diverses variétés : crémeux, léger, sans lactose.

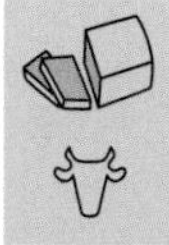

FORMAT	Bloc de 4 kg
M.G.	32 % et 23 % (assaisonné aux légumes et sans lactose)
HUM.	45 % et 50 % (assaisonné aux légumes et Havarti sans lactose)

HAVARTI SAPUTO

PÂTE DEMI-FERME, NATURE, FINES HERBES, ANETH, PIMENTS JALAPEÑO OU TOMATES SÉCHÉES, BASILIC ET AIL

Saputo

Montréal [Montréal-Laval]

CROÛTE	Sans croûte
PÂTE	Blanche et légèrement dorée, demi-ferme, souple, parsemée de petits trous irréguliers
ODEUR	De douce à marquée
SAVEUR	De délicate et douce pour un fromage jeune, à plus marquée selon la maturation
LAIT	De vache entier et écrémé, pasteurisé, ramassage collectif
AFFINAGE	De 1 à 2 semaines
CHOISIR	La pâte lisse et souple, l'odeur fraîche
CONSERVER	Jusqu'à 2 mois, dans un papier ciré doublé d'un papier d'aluminium, entre 2 et 4 °C
OÙ TROUVER	Dans les supermarchés

FORMAT	Meule de 4 kg, à la coupe, en tranches, en emballage de 160 g (crémeux et jalapeño)
M.G.	35 % et 26 % (léger)
HUM.	42 % et 43 % (léger)

HÉRITAGE

PÂTE DEMI-FERME (TENDRE) À CROÛTE LAVÉE À LA SAUMURE OU À LA BIÈRE
TROIS-PISTOLES

Fromagerie des Basques
Trois-Pistoles [Bas-Saint-Laurent]

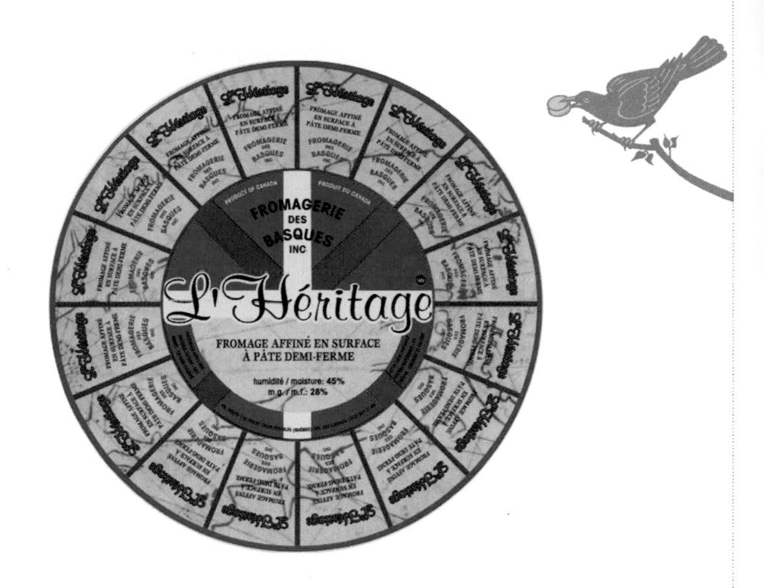

CROÛTE	De blanche à jaune paille et orangé, selon son lavage (saumure ou bière), et selon l'affinage, toilée et de belle épaisseur
PÂTE	Blanche, prenant une teinte crème avec l'affinage ferme et fondante, petits yeux répartis dans la masse
ODEUR	De douce, légèrement terroir
SAVEUR	Fruitée, notes de beurre salé, devient plus prononcées avec l'affinage
LAIT	De vache entier, pasteurisé, ramassage collectif
AFFINAGE	De 40 jours à 6 mois
CHOISIR	Sous vide, la croûte sèche mais souple, pâte souple
CONSERVER	1 à 2 mois, dans un papier ciré doublé d'un papier d'aluminium, entre 2 et 4 °C
OÙ TROUVER	À la fromagerie, dans les épiceries de la région ainsi que dans quelques fromageries spécialisées de Montréal (fromagerie Atwater) ou ailleurs au Québec, selon la demande
NOTE	Les Basques pêchaient au large de Trois-Pistoles et avaient installé un campement sur l'île qui porte leur nom. L'Héritage est élaboré selon une méthode ancestrale du Pays basque, depuis le découpage du caillé, en passant par le pressage, la mise en moule, le saumurage et jusqu'à l'affinage en hâloir. Le lavage des meules à la saumure ou à la bière se prolonge durant toute la période d'affinage. La bière Trois-Pistoles est une bière brune, forte, très aromatique, qui confère au fromage un très agréable goût fruité.

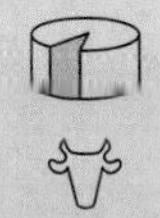

FORMAT	Meule ronde d'environ 3 kg, à la coupe
M.G.	28 %
HUM.	45 %

HEIDI
PÂTE MOLLE À CROÛTE FLEURIE

Ferme Floralpe
Papineauville [Outaouais]

CROÛTE	Blanche et duveteuse
PÂTE	Blanche, crayeuse et onctueuse, devenant lisse et coulante de la croûte vers le centre
ODEUR	Douce, arômes de champignon
SAVEUR	De douce à marquée et piquante avec l'affinage
LAIT	De chèvre entier, pasteurisé, élevage de la ferme
AFFINAGE	De 6 jours à 6 semaines
CHOISIR	De préférence jeune, la pâte crayeuse
CONSERVER	2 à 3 semaines, dans un papier ciré, entre 2 et 4 °C
OÙ TROUVER	À la fromagerie, dans les boutiques et fromageries spécialisées ainsi que dans certains supermarchés

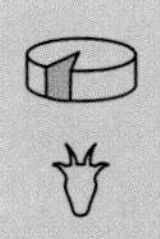

FORMAT	Meules de 140 g et de 600 g
M.G.	20 %
HUM.	60 %

HILAIREMONTAIS
PÂTE DEMI-FERME À CROÛTE LAVÉE AU CIDRE

Ferme Mes Petits Caprices
Saint-Jean-Baptiste [Montérégie]

CROÛTE	Orangée, sèche et souple
PÂTE	Blanche demi-ferme et souple
ODEUR	Marquée
SAVEUR	Marquée et légèrement relevée, subtiles notes de noisette
LAIT	De chèvre entier, thermisé, élevage de la ferme
AFFINAGE	2 mois croûte lavée au cidre
CHOISIR	Sous vide, la croûte et la pâte souple
CONSERVER	1 à 2 mois, dans un papier ciré doublé d'un papier d'aluminium, entre 2 et 4 °C
OÙ TROUVER	À la fromagerie

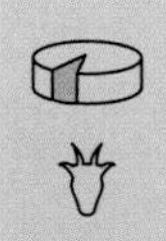

FORMAT	Meule de 500 g
M.G.	22 %
HUM.	62 %

IBERVILLE (D')

PÂTE DEMI-FERME À CROÛTE LAVÉE ET FLEURIE (MIXTE)

Fromagerie Au gré des Champs
Saint-Athanase-d'Iberville [Montérégie]

CROÛTE	Rose-orangé, inégale, plissée, rustique et clairsemée de moisissures blanches naturelles
PÂTE	De crème à jaunâtre, souple, petits yeux répartis dans la masse
ODEUR	Fruitée herbacée au printemps, florale en été et à l'automne
SAVEUR	De marquée à prononcée, bouquetée, de florale à herbacée
LAIT	De vache entier, cru fermier, d'un seul élevage
AFFINAGE	De 60 à 80 jours sans ajout de ferments d'affinage
CHOISIR	Croûte et pâte souples, croûte légèrement humide mais non collante
CONSERVER	Jusqu'à 1 mois, en pointe, dans un papier ciré doublé de papier d'aluminium, jusqu'à 3 mois en meule, entre 2 et 4 °C
OÙ TROUVER	À la fromagerie le samedi de 10 h à 17 h, distribué par Plaisirs Gourmets dans les boutiques et fromageries spécialisées ainsi que dans certains supermarchés au Québec
NOTE	Certifié biologique par garantie Bio-Écocert. Le D'Iberville est fabriqué sans ajout de ferments ou de champignons. Sa croûte se développe grâce aux ferments naturellement présents dans le lait.

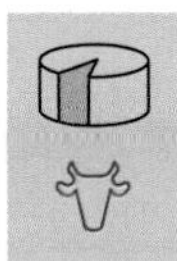

FORMAT Meule de 1 kg (24 cm sur 4 cm)
M.G. 31 %
HUM. 44 %

ISTAMBOULI
PÂTE DEMI-FERME, SAUMURÉ

Fromagerie Marie Kadé
Boisbriand [Laurentides]

CROÛTE	Sans croûte
PÂTE	Blanche demi-ferme et friable
ODEUR	Très douce
SAVEUR	Douce, salée et lactique
LAIT	De vache entier, pasteurisé, ramassage collectif
AFFINAGE	Frais
CHOISIR	Sous vide ou en saumure, la pâte souple, l'odeur douce
CONSERVER	1 mois, sous pellicule plastique, 6 mois et plus en saumure, entre 2 et 4 °C
OÙ TROUVER	À la fromagerie et dans la plupart des magasins arabes (Épicerie du Ruisseau, bd Laurentien, Marché Adonis, bd des Sources, Intermarché, Côte-Vertu Alimentation Maya, Gatineau)

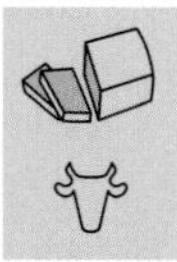

FORMAT	De 300 g à 400 g, sous vide ou en saumure
M.G.	22 %
HUM.	55 %

JEUNE-CŒUR
PÂTE MOLLE À CROÛTE FLEURIE

Fromagerie du Pied-de-Vent
Havre-aux-Maisons
[Îles-de-la-Madeleine]

CROÛTE	Blanche fleurie et duveteuse
PÂTE	D'onctueuse à coulante
ODEUR	Douce
SAVEUR	De douce à piquante, légèrement salée
LAIT	De vache entier, cru, un seul élevage
AFFINAGE	De 8 à 10 semaines
CHOISIR	La pâte souple et la croûte bien blanche
CONSERVER	2 à 3 semaines, dans un papier ciré, entre 2 et 4 °C
OÙ TROUVER	Sur place et dans les boutiques spécialisées au Québec
NOTE	« Jeune cœur » est une expression madelinienne désignant les jeunes phoques du Groenland lorsqu'ils revêtent leur pelage d'adulte : formé d'une tache en forme de cœur ou de harpe (harpseal).

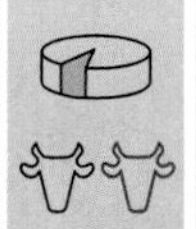

FORMAT	Meule de 1 kg
M.G.	25 %
HUM.	50 %

KÉNOGAMI

PÂTE MOLLE À CROÛTE LAVÉE

Fromagerie Lehmann
Hébertville [Saguenay–Lac-Saint-Jean]

CROÛTE	Orange rosé, lisse, fine et humide
PÂTE	Jaune foncé, molle, souple et lisse
ODEUR	De douce et herbacée à corsée
SAVEUR	Moins marquée que l'odeur, bouquetée, riche et complexe de crème de beurre, de noix, correctement salé
LAIT	De vache entier, cru, élevage de la ferme
AFFINAGE	De 60 à 70 jours, croûte lavée à la saumure
CHOISIR	La croûte légèrement humide et la pâte souple
CONSERVER	Jusqu'à 1 mois, dans un papier ciré, entre 2 et 4 °C
OÙ TROUVER	À la fromagerie et distribué par Plaisirs Gourmets dans la majorité des boutiques spécialisées du Québec
NOTE	Entre le munster et le reblochon, le Kénogami dévoile une pâte très souple, sans jamais être trop coulante, exhalant des arômes et des saveurs complexes qui lui sont particuliers. Pour rendre hommage à leur pays d'adoption, les Lehmann ont baptisé ce fromage du nom de la voie qui reliait autrefois le Saguenay au Lac-Saint-Jean.

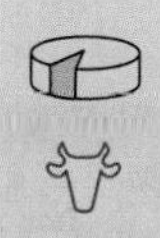

FORMAT	Meule de 1,1 kg (18 cm sur 4 cm)
M.G.	27 %
HUM.	48 %

KINGSBERG

EMMENTAL OU JARLSBERG, PÂTE FERME

Groupes Fromages Côté
Warwick [Bois-Francs]

CROÛTE	Sans croûte
PÂTE	Jaune crème, lisse et luisante, ouvertures assez grandes réparties dans la masse
ODEUR	Douce et légère, arôme de fermentation
SAVEUR	De douce à marquée, léger goût d'amande rappelant le gruyère ou l'emmental
LAIT	De vache entier, pasteurisé, ramassage collectif
AFFINAGE	30 jours
CHOISIR	Sous vide, la pâte lisse et ferme
CONSERVER	Jusqu'à 2 mois, dans un papier ciré doublé d'un papier d'aluminium, entre 2 et 4 °C
OÙ TROUVER	À la fromagerie, dans les boutiques et fromageries spécialisées, dans les épiceries et supermarchés au Québec
NOTE	Fabriqué à la façon de l'emmental ou du jarlsberg norvégien. Classé Champion dans la catégorie Fromages de type suisse, au Grand Prix des fromages 2004.

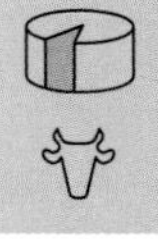

FORMAT Meule de 6 kg, à la coupe
M.G. 27 %
HUM. 40 %

LABNEH

PÂTE FRAÎCHE

Fromagerie Marie Kadé,
Fromagerie Polyethnique

CROÛTE	Sans croûte
PÂTE	Blanche, texture de crème très épaisse
ODEUR	Douce et lactique
SAVEUR	Douce et lactique, notes légèrement acidulées
LAIT	De vache entier, pasteurisé, ramassage collectif
AFFINAGE	Frais
CHOISIR	Dans son contenant d'origine, vérifier la date de péremption
CONSERVER	Jusqu'à la date de péremption, entre 2 et 4 °C
OÙ TROUVER	À la fromagerie, et dans les marchés Adonis sous l'appellation Phoenicia, parfois sous l'appellation de Marie Kadé
NOTE	Le labneh se fabrique avec du yogourt laban. Il faut 3 kg de laban égoutté pour obtenir 1 kg de labneh. Ce fromage se conserve aussi dans l'huile d'olive, nature ou assaisonné au thym, au paprika ou au piment.

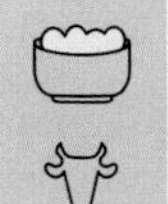

FORMAT Contenant de 500 g
M.G. 12 %
HUM. 72 %

LARACAM

PÂTE MOLLE À CROÛTE LAVÉE

Fromagerie du Champ à la meule

Notre-Dame-de-Lourdes [Lanaudière]

CROÛTE	Rose orangé, souple, devenant sableuse avec le temps
PÂTE	Couleur crème, souple, crémeuse et fondante, ne coule pas
ODEUR	Légère, fruitée et lactique, arôme de crème et de beurre
SAVEUR	Marquée et fruitée, notes de beurre salé, de crème fraîche et de noisette, légère amertume en fin de bouche
LAIT	De vache entier, cru, un seul élevage
AFFINAGE	60 jours, croûte lavée à la saumure
CHOISIR	La pâte souple à la pression et arôme frais
CONSERVER	1 à 2 mois, dans un papier ciré doublé, entre 2 et 4 °C
OÙ TROUVER	À la fromagerie, dans les boutiques et fromageries spécialisées et dans certains supermarchés
NOTE	La pâte légèrement pressée.

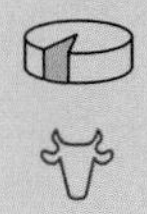

FORMAT Meule de 325 g
M.G. 26 %
HUM. 50 %

LAVALLOIS

PÂTE MOLLE À CROÛTE FLEURIE

Fromagerie du Vieux Saint-François

Laval [Montréal-Laval]

CROÛTE	Blanche, fleurie
PÂTE	Blanche, molle, crémeuse sans être crayeuse s'affinant de la croûte vers le cœur pour devenir coulante
ODEUR	Douce et fraîche, arômes de champignon
SAVEUR	Douce et fraîche de lait, notes de champignon de la croûte
LAIT	De chèvre entier, pasteurisé, deux élevages
AFFINAGE	15 jours en salle d'affinage
CHOISIR	La croûte bien blanche, la pâte souple
CONSERVER	De 2 semaines à 2 mois, dans son emballage, entre 2 et 4 °C
OÙ TROUVER	À la fromagerie, distribué par Sanibel dans les boutiques d'aliments naturels (Rachel-Béry entre autres), quelques fromageries spécialisées et les marchés Atwater, Jean-Talon et Maisonneuve à Montréal, Le Crac, Aliments Santé-Laurier, La Rosalie à Québec

FORMAT Meules de 160 g à 180 g
M.G. 20 %
HUM. 57 %

LE CHEVALIER MAILLOUX

PÂTE MOLLE À CROÛTE LAVÉE ET FLEURIE (MIXTE), CRU FERMIER

Fromages
Luc Mailloux - Piluma
Saint-Basile [Québec]

CROÛTE	Orange, fine, formée de stries parallèles, collante à poisseuse à la façon du maroilles, fleur bleue se développant avec l'affinage
PÂTE	Beige doré, de ferme et crayeuse à coulante avec la maturation
ODEUR	Douce et lactique, arômes de pâturage estival
SAVEUR	Douce, légèrement acidulée, onctueuse, lactique et longue en bouche
LAIT	De vache entier, cru fermier, élevage de la ferme
AFFINAGE	60 jours
CHOISIR	La croûte humide, la pâte onctueuse et les arômes lactiques
CONSERVER	12 jours environ dans le compartiment à beurre du réfrigérateur (de 6 à 9 °C) s'affinant doucement en évitant les coups de chaleur; 1 mois dans un papier ciré ou parchemin, entre 2 et 4 °C
OÙ TROUVER	À la fromagerie entre les heures de traite, à l'Échoppe des Fromages (Saint-Lambert), à la fromagerie Hamel (Montréal), à la Fromagerie du deuxième (Marché Atwater), à La Fromagère (Marché du Vieux-Port, Québec) et dans les magasins Nourcy (Québec)
NOTE	En 1998, Le Chevalier Mailloux a été classé grand champion toutes catégories au grand Prix des Fromages, devenant ainsi le premier fromage au lait «cru fermier» à décrocher cet honneur. Par sa nature, ce fromage évolue, sa croûte passe de sèche et orangée à humide et poisseuse les fleurs bleues, signe de maturité nommées «fleur de noblesse», se développent en fin d'affinage. Les saisons modifient la texture de sa pâte onctueuse ou coulante.

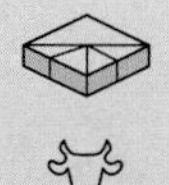

FORMAT	Meule carrée d'environ 250 g, 8 cm de côté sur 4,5 cm d'épaisseur
M.G.	26 %
HUM.	51 %

LE BLANC
PÂTE FRAÎCHE

Ferme Bord-des-Rosiers
Saint-Aimé [Montérégie]

CROÛTE	Sans croûte
PÂTE	Blanche, texture de crème très épaisse
ODEUR	Douce et lactique
SAVEUR	Douce et lactique, notes légèrement acidulées
LAIT	De vache écrémé, pasteurisé à basse température, élevage de la ferme
AFFINAGE	Frais
CHOISIR	Dans son contenant d'origine, vérifier la date de péremption
CONSERVER	1 à 2 semaines selon la date de péremption, entre 2 et 4 °C
OÙ TROUVER	À la ferme tous les jours de 9 h à 17 h, dans les magasins d'aliments naturels, les supermarchés IGA, plusieurs boutiques et fromageries spécialisées au Québec
NOTE	Le blanc est un yogourt pressé nature.

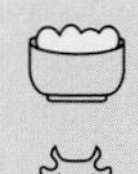

FORMAT	Contenants de 250 g et de 500 g
M.G.	10 %
HUM.	74 %

LOTBINIÈRE
JARLSBERG OU MAASDAM, PÂTE FERME

Fromagerie Bergeron
Saint-Antoine-de-Tilly
[Chaudière-Appalaches]

CROÛTE	Recouverte de cire jaune
PÂTE	Couleur crème, souple, luisante, parsemée de grands trous lustrés
ODEUR	Franche, crème doucement sucrée
SAVEUR	Douce de noisette légèrement acidulée
LAIT	De vache légèrement écrémé, pasteurisé, ramassage collectif
AFFINAGE	3 mois
CHOISIR	La pâte luisante, ferme mais souple, à l'odeur douce et fraîche
CONSERVER	Jusqu'à 6 mois, dans un papier ciré doublé d'un papier d'aluminium, entre 2 et 4 °C
OÙ TROUVER	À la fromagerie, dans les boutiques ou fromageries spécialisées et dans plusieurs supermarchés (IGA, Maxi, Loblaw)
NOTE	Semblable à l'emmenthal. Affiné dans une chambre de maturation plus chaude. Les bactéries propioniques ajoutées à la pâte favorisent la formation des yeux ou de trous lustrés durant l'affinage.

FORMAT	Meule de 4,2 kg
M.G.	28 %
HUM.	42 %

Le mascarpone

Le mascarpone est de fabrication semblable à la ricotta sauf qu'il est fait à base de crème. Il est habituellement fouetté et sa texture rappelle celle d'une crème épaisse, comme la crème sure.

Elle fit son apparition en Lombardie vers la fin du XVIe siècle. L'origine de son appellation est vague, il y a plusieurs hypothèse mais la plus plausible fait référence au mot italien « mascherpa » ou « mascarpia », terme du dialecte lombard pour nommer la ricotta.

LOUIS-DUBOIS

PÂTE DEMI-FERME À CROÛTE LAVÉE ET FLEURIE (MIXTE)

Éco-Délices

Plessisville [Bois-Francs]

CROÛTE	Dorée, tendre et sèche, les champignons la recouvrent progressivement
PÂTE	De crème à blé mûr, lisse, crémeuse, souple et onctueuse
ODEUR	Franche odeur de terroir, de sous-bois humide, de terre et de champignon sauvage
SAVEUR	Douce et fruitée, notes de champignon sauvage
LAIT	De vache, pasteurisé, élevages sélectionnés
AFFINAGE	1 mois et plus, croûte lavée avec une solution saumurée
CHOISIR	La pâte onctueuse et crayeuse
CONSERVER	Jusqu'à 1 mois (200 g), de 2 à 4 mois et plus (1,5 kg), réfrigéré entre 2 et 4 °C
OÙ TROUVER	À la fromagerie, dans les boutiques et fromageries spécialisées et dans certains supermarchés
NOTE	Entouré d'une sangle de frêne blanc, le Louis-Dubois honore l'ancêtre qui s'est établi ici en 1842.

FORMAT	Meules carrées de 200 g et de 1,5 kg
M.G.	30 %
HUM.	50 %

LOUIS-RIEL

PÂTE DEMI-FERME À CROÛTE LAVÉE, DE TYPE TOMME

La Bergère et le Chevrier

Lanoraie [Lanaudière]

CROÛTE	Orangée, se couvrant d'une mousse blanche en vieillissant
PÂTE	Couleur crème, de souple et onctueuse à sèche
ODEUR	Fine et douce, florale avec des arômes de champignon
SAVEUR	De douce à marquée, caprine, finesse et douceur de la brebis, finale rappelant le parmesan ; le Louis-Riel au lait cru diffère par une longueur en bouche plus présente et un goût du terroir plus prononcé
LAIT	50 % de chèvre, 50 % de brebis, entier, cru ou pasteurisé, élevages de la ferme
AFFINAGE	De 60 jours à 8 mois et plus
CHOISIR	La croûte flexible et la pâte souple
CONSERVER	Jusqu'à 2 mois, dans un papier ciré doublé d'un papier d'aluminium, entre 2 et 4 °C
OÙ TROUVER	À la fromagerie, les boutiques et fromagerie spécialisées

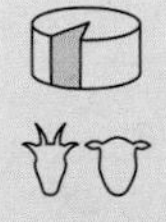

FORMAT	Meule de 2,5 kg
M.G.	29 %
HUM.	39 %

MAMIROLLE
PÂTE DEMI-FERME À CROÛTE LAVÉE

Éco-Délices
Plessisville [Bois-Francs]

CROÛTE	Rouge orangé, mince et humide
PÂTE	Ivoire, souple et onctueuse, fondant en bouche
ODEUR	Fruitée, arômes d'amande de douces à prononcées
SAVEUR	De délicate et fruitée à relevée
LAIT	De vache, pasteurisé, élevages sélectionnés dans la région
AFFINAGE	De 45 à 90 jours
CHOISIR	La croûte fraîche et légèrement humide, la pâte crayeuse
CONSERVER	Jusqu'à 1 mois, dans un papier ciré doublé d'un papier d'aluminium jusqu'à 6 mois en meule, réfrigéré entre 2 et 4 °C
OÙ TROUVER	Dans les fromageries et supermarché du Québec
NOTE	Fromage originaire de la Franche-Comté, fabriqué sous licence exclusive. Durant l'affinage sur planches de bois, le fromage est passé dans une saumure colorée au rocou (une plante) qui lui donne sa teinte orangée.

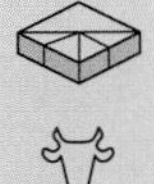

FORMAT	Meules carrées de 200 g et de 1,8 kg
M.G.	23 %
HUM.	50 %

MASCARPONE
PÂTE FRAÎCHE

Damafro
Fromagerie Clément
Saint-Damase [Montérégie]

CROÛTE	Sans croûte
PÂTE	Texture de crème épaisse, onctueuse
ODEUR	Douce de crème
SAVEUR	Douce de crème
LAIT	De vache additionné de crème, pasteurisé, de cueillette collective
AFFINAGE	Frais
CHOISIR	Sitôt sa sortie de fabrication, toujours vérifier la date de péremption sur l'emballage
CONSERVER	2 semaine entre 2 et 4 °C
OÙ TROUVER	À la fromagerie et dans la plupart des épiceries et supermarchés

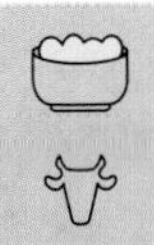

FORMAT	Contenant de 450 g
M.G.	29 %
HUM.	60 %

Les fromages en saumure de type méditerranéen

La Méditerranée fut le berceau et la voie naturelle de la diffusion de la tradition fromagère. Son origine se situerait dans les régions grecques de la Macédoine et de la Thessalie, dès 6 500 avant J.-C.

En Libye, les transformations du lait sont représentées sur des peintures rupestres (entre 5 000 et 2 000 avant J.-C.). En 1 500 avant J.-C., le roi Hammourabi de Babylone réglemente les principales denrées, dont le fromage. Enfin, en Syrie, on a retrouvé les origines (330 avant J.-C.) d'un mode de fabrication qui s'est perpétué aujourd'hui, celui du Domiati. La technique des bergers s'est étendue dans le Proche et le Moyen-Orient : Chypre, Égypte, Irak, Jordanie, Liban, Palestine, Qatar, Syrie, Turquie et l'Est méditerranéen.

Marie Kadé, originaire d'Alep, fut la première Québécoise à entreprendre la production de fromages de son pays natal. Sa fromagerie de type artisanal alimente les marchés arabes du Québec et de l'Amérique du Nord. Originalement fabriqués au printemps, ces fromages se conservent dans une saumure. Ils ne subissent aucune maturation, leur pâte varie de molle à ferme selon le procédé de fabrication : égouttés avec ou sans pression, chauffés ou étirés à la façon de la pasta filata italienne. Ils sont ou non assaisonnés.

Principalement à base de lait de vache, le processus final en détermine l'appellation. Il se conserve sur une longue période.

FROMAGES DE TYPE MÉDITERRANÉEN FABRIQUÉS AU QUÉBEC
Akawi, Baladi, Braisé, Domiati, Dorémi, Halloom, Istambouli, Moujadalé, Nabulsi, Shinglish et Tressé.

MÉDAILLON et TOURNEVENT
PÂTE FRAÎCHE

Fromagerie Tournevent
Chesterville [Bois-Francs]

CROÛTE	Sans croûte
PÂTE	Blanche, friable si réfrigérée, lisse et onctueuse si chambrée
ODEUR	Douce et fraîche de lait et de crème, très légèrement caprine
SAVEUR	De crème, douce et généreuse, notes acidulées, saveurs des assaisonnements (poivre ou herbes séchées)
LAIT	Entier de chèvre, pasteurisé à basse température, ramassage collectif
AFFINAGE	
CHOISIR	Frais, sitôt sa sortie de fabrication
CONSERVER	Jusqu'à 3 mois au sortir de l'usine maintenu entre 0 et 4 °C
OÙ TROUVER	À la fromagerie, dans les boutiques et fromageries spécialisées ainsi que dans plusieurs épiceries et supermarchés au Québec

FORMAT	De 350, 90 g (Médaillon, tranché en médaillon de 15 g)
M.G.	20 %
HUM.	58 %

MES PETITS CAPRICES
PÂTE MOLLE À CROÛTE FLEURIE

Ferme Mes Petits Caprices
Saint-Jean-Baptiste [Montérégie]

CROÛTE	Fleurie, blanche et lisse
PÂTE	Blanche, de crayeuse à coulante, unie
ODEUR	Douce à caprine
SAVEUR	Douce et florale de la pyramide, devenant plus accentuée et goûteuse avec la maturation; les deux formats offrent une longueur aromatique en bouche
LAIT	De chèvre entier, thermisé, élevage de la ferme
AFFINAGE	3 semaines
CHOISIR	Jeune et très frais
CONSERVER	2 semaines, dans un papier ciré, entre 2 et 4 °C
OÙ TROUVER	À la ferme

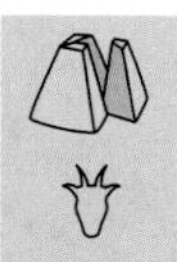

FORMAT	Bûchette et pyramide, environ 200 g
M.G.	16 %
HUM.	60 %

MI-CARÊME

PÂTE MOLLE À CROÛTE LAVÉE ET FLEURIE (MIXTE)

Société coopérative agricole de l'Île-aux-Grues

Île-aux-Grues [Bas-Saint-Laurent]

CROÛTE	Orangée, se recouvrant graduellement d'une mousse blanche
PÂTE	Blanche, onctueuse et presque coulante
ODEUR	Marquée, notes de sous-bois (champignon)
SAVEUR	Marquée, notes de beurre et de noix, légèrement salée
LAIT	De vache entier, thermisé, un seul élevage
AFFINAGE	60 jours
CHOISIR	La croûte souple et non collante, la pâte moelleuse
CONSERVER	Jusqu'à 1 mois, dans un papier ciré, entre 2 et 4 °C
OÙ TROUVER	À la fromagerie, distribué par Plaisirs Gourmets dans les boutiques et fromageries spécialisées du Québec
NOTE	Le Mi-Carême a remporté le Prix de la presse et le Prix du grand public en plus de la catégorie Innovation au Festival des fromages fins 2000. En 2001, il a remporté le Prix de l'industrie.

FORMAT	Meule de 1,1 kg, vendue à la coupe
M.G.	23 %
HUM.	50 %

MICHA

CHÈVRE FRAIS

Ferme Floralpe

Papineauville [Outaouais]

CROÛTE	Sans croûte
PÂTE	Blanche, onctueuse et friable, nature ou dans l'huile de canola, assaisonnée à l'ail, à la ciboulette, aux fines herbes ou aux poivres
ODEUR	Douce et fraîche
SAVEUR	Douce et légèrement acidulée
LAIT	De chèvre entier, pasteurisé, élevage de la ferme
AFFINAGE	Frais
CHOISIR	Sous vide
CONSERVER	De 1 à 2 semaines, entre 2 et 4 °C
OÙ TROUVER	À la fromagerie, dans les fromageries spécialisées et certains supermarchés

FORMAT	125 g, 500 g ou au kilo sous vide, pot de 125 g dans l'huile
M.G.	18 %
HUM.	60 %

MICHEROLLE

PÂTE DEMI-FERME, ENTRE CHEDDAR ET MOZZARELLA

Ferme Mes Petits Caprices
Saint-Jean-Baptiste [Montérégie]

CROÛTE	Sans croûte
PÂTE	Blanche, texture lisse et demi-ferme le situant entre le cheddar et la mozzarella
ODEUR	Douce, lactique
SAVEUR	Douce légèrement caprine
LAIT	De chèvre entier, thermisé, élevage de la ferme
AFFINAGE	1 mois
CHOISIR	La pâte lisse et souple, l'odeur fraîche
CONSERVER	3 à 4 mois, dans un papier ciré doublé d'un papier d'aluminium, entre 2 et 4 °C
OÙ TROUVER	À la ferme
NOTE	Ce fromage présente une saveur caprine très peu relevée, il peut être un substitut pour qui n'aime pas le goût de chèvre.

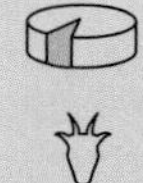

FORMAT	Meules de 150 g et 300 g
M.G.	20 %
HUM.	62 %

MINI TOMME DU MANOIR

TOMME, PÂTE DEMI-FERME À CROÛTE LAVÉE AU CIDRE

Kaiser, affiné par
Les Dépendances du Manoir
Brigham [Cantons-de-l'Est]

CROÛTE	Rose orangé, légèrement humide, traces de mousse blanche rase
PÂTE	Jaune crème crémeuse et souple, petites ouvertures
ODEUR	Douce et fruitée de pomme et d'alcool
SAVEUR	Douce, goût du cidre bien présent en bouche
LAIT	De vache entier, pasteurisé
AFFINAGE	1 mois, croûte lavée au cidre rosé
CHOISIR	Croûte et pâte souples
CONSERVER	Environ 1 mois, dans son emballage d'origine ou un papier ciré, entre 2 et 4 °C
OÙ TROUVER	Dans la majorité des boutiques et fromageries spécialisées au Québec et dans certains supermarchés
NOTE	Le cidre rosé choisi par Jean-Philippe Gosselin pour laver sa tomme est le Rose gorge du vignoble Les blancs Côteaux de Dunham.

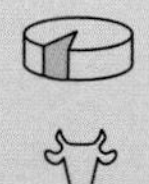

FORMAT	Meules de 200 g (8 cm sur 3,5 cm) et de 3 kg
M.G.	24 %
HUM.	50 %

MIGNERON DE CHARLEVOIX

PÂTE DEMI-FERME À CROÛTE LAVÉE

La maison d'affinage
Maurice Dufour
Baie-Saint-Paul [Charlevoix]

CROÛTE	De paille à rose cuivré, légèrement humide
PÂTE	Ivoire, demi-ferme, souple, lisse et onctueuse en bouche
ODEUR	Douce et bouquetée, notes de crème et de yogourt
SAVEUR	Douce, notes de beurre et de noix et agréable touche acidulée et fruitée
LAIT	De vache entier, pasteurisé, un seul élevage
AFFINAGE	50 jours
CHOISIR	La croûte et la pâte assez fermes mais souples
CONSERVER	1 à 2 mois, dans un papier ciré doublé d'un papier d'aluminium, entre 2 et 4 °C
OÙ TROUVER	À la maison d'affinage ainsi que dans la majorité des fromageries du Québec
NOTE	Le Migneron de Charlevoix a remporté les honneurs du meilleur fromage à croûte lavée et a été classé grand Champion au grand Prix des Fromages 2002.

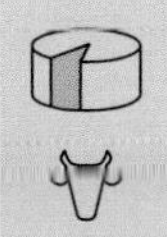

FORMAT	Meule de 2,3 kg, vendue à la coupe
M.G.	29 %
HUM.	47 %

MIRANDA

PÂTE FERME À CROÛTE LAVÉE ET BROSSÉE

Kaiser

Noyan [Montérégie]

CROÛTE	Brun orangé, lavée, partiellement couverte de fines moisissures se développant naturellement
PÂTE	De crème à jaunâtre, demi-ferme, souple et légèrement friable
ODEUR	Marquée, arôme fruité de beurre frais
SAVEUR	Marquée et fruitée, note de noisette légèrement sucrée avec l'affinage, ajout de notes épicées
LAIT	De vache entier, pasteurisé, élevages de la région
AFFINAGE	5 mois minimum croûte lavée et brossée
CHOISIR	La croûte et la pâte assez fermes mais souples
CONSERVER	Jusqu'à 5 mois, dans un papier ciré doublé d'un papier d'aluminium, entre 2 et 4 °C
OÙ TROUVER	À la fromagerie, dans les boutiques et fromageries spécialisées et dans certains supermarchés, distribué par Le Choix du Fromager

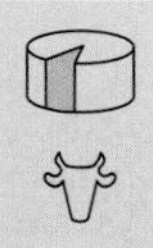

FORMAT	Meule de 2 kg, à la coupe
M.G.	26 %
HUM.	40 %

MOINE
GRUYÈRE, PÂTE FERME

Abbaye de Saint-Benoît-du-Lac
Saint-Benoît-du-Lac [Cantons-de-l'Est]

CROÛTE	Sans croûte
PÂTE	Blé ou paille, ferme, légèrement élastique et lisse, trous ou yeux réguliers
ODEUR	Douce, légèrement acide de fermentation
SAVEUR	Douce à marquée, goût de noisette
LAIT	De vache, pasteurisé, élevage de l'abbaye et ramassage collectif
AFFINAGE	60 jours
CHOISIR	La pâte ferme mais souple, l'odeur agréable
CONSERVER	2 à 3 mois, dans un papier ciré doublé d'un papier d'aluminium, entre 2 et 4 °C
OÙ TROUVER	À la fromagerie, dans les supermarchés IGA et Métro ainsi que les boutiques et fromageries spécialisées au Québec, distribué par Le Choix du Fromager

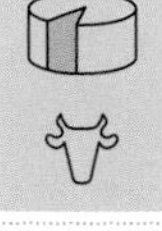

FORMAT	Meule de 2,3 kg, à la coupe
M.G.	29 %
HUM.	42 %

MONARQUE
PÂTE FERME (PRESSÉE NON CUITE) À CROÛTE NATURELLE

Ferme Jeanine
Saint-Rémi-de-Tingwick
[Cantons-de-l'Est]

CROÛTE	Orangée à grisâtre, naturelle, sèche et rustique
PÂTE	Blanc crème, craquante, petits yeux irréguliers répartis dans la masse
ODEUR	Franche et marquée de brebis, odeurs de caveau à légumes et parfum d'abricot
SAVEUR	Douce, fruitée, végétale et vanillée
LAIT	De brebis entier, cru, élevages sélectionnés et accrédités biologiques
AFFINAGE	6 mois
CHOISIR	Croûte et pâte dorées, l'odeur agréable
CONSERVER	Jusqu'à 2 mois, dans un papier ciré doublé d'un papier d'aluminium, entre 2 et 4 °C
OÙ TROUVER	À la fromagerie, dans les boutiques et fromageries spécialisées et dans certains supermarchés
NOTE	Certifié biologique par Québec Vrai. Le Monarque s'inspire du fromage basque Iraty, fabriqué à partir de lait de brebis. Le caillé est brassé, moulé et pressé, l'affinage dure au moins trois mois dans une cave humide.

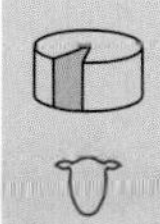

FORMAT	Meule de 3,5 kg, à la coupe
M.G.	29 %
HUM.	38 %

Le Monterey Jack

Il existe plusieurs légendes sur la création du Monterey Jack. On dit qu'il fut l'œuvre de moines espagnols et parfois d'un immigrant écossais.

Quoi qu'il en soit, il est de toute évidence d'origine californienne, ce qui explique son rayonnement aux États-Unis et au Mexique où il s'intègre à un nombre incalculable de préparations. Sa fabrication se veut semblable à celle du Colby. Orangée ou blanche, sa pâte demi-ferme est souple et douce. Ses utilisations culinaires sont multiples à cause de sa qualité de fonte et de brunissement : dans les soupes ou pour lier une sauce, dans les gratins et sur la pizza, dans une omelette, les quiches ou les muffins, sans oublier les sandwichs.

LES MONTEREY JACK AU QUÉBEC

Ils sont fabriqués par les fromageries Lemaire et La Trappe à Fromage de l'Outaouais.

MONT SAINT-BENOÎT

GRUYÈRE, PÂTE DEMI-FERME À FERME

Abbaye de Saint-Benoît-du-Lac
Saint-Benoît-du-Lac [Cantons-de-l'Est]

CROÛTE	Sans croûte
PÂTE	Couleur crème, dense, élastique, lisse et luisante, yeux ronds résultant d'une légère fermentation
ODEUR	Délicate de noisette et de beurre
SAVEUR	Douce, légèrement salée, lactique, touche de noisette et de beurre
LAIT	De vache entier, pasteurisé, élevage de l'abbaye et ramassage collectif
AFFINAGE	De 12 jours à 1 mois
CHOISIR	Sous vide, la pâte ferme mais souple
CONSERVER	Jusqu'à 2 mois, dans un papier ciré doublé d'un papier d'aluminium, entre 2 et 4 °C
OÙ TROUVER	À la fromagerie, distribué par Le Choix du Fromager dans les supermarchés IGA et Métro ainsi que les boutiques et fromageries spécialisées au Québec

FORMAT	Grande meule, à la coupe
M.G.	30 %
HUM.	43 %

MONTPELLIER

FRAIS EN FAISSELLE

La Biquetterie
Chénéville [Outaouais]

CROÛTE	Sans croûte
PÂTE	Blanche, très humide et onctueuse
ODEUR	Douce de lait
SAVEUR	Douce de crème et de lait
LAIT	Entier de vache, pasteurisé, élevage voisin
AFFINAGE	Frais
CHOISIR	Frais dans son contenant, sitôt sa sortie de fabrication
CONSERVER	Jusqu'à 2 semaines, dans son contenant, entre 2 et 4 °C
OÙ TROUVER	À la fromagerie, dans les épiceries de la région et plusieurs supermarchés au Québec

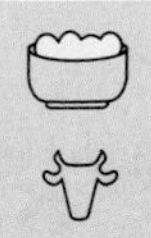

FORMAT	En faisselle de 250 g
M.G.	15 %
HUM.	65 %

MONTEFINO FRAIS et AFFINÉ

CHÈVRE FRAIS OU CROTTIN, PÂTE FRAÎCHE, MOLLE, DEMI-FERME À FERME,

Ferme Diodati
Les Cèdres [Montérégie]

CROÛTE	Sans croûte, nature ou enrobé d'herbes et d'huile d'olive
PÂTE	D'abord blanche, puis légèrement crème, humide, s'asséchant par la suite, tendre et crémeuse, devenant friable, voire cassante en vieillissant, enrobée d'herbes, de piments, de poivre (moulu ou en grains) ou de noix
ODEUR	De douce à marquée, arômes lactés s'intensifiant l'affinage
SAVEUR	Douce et lactique à corsée et piquante, agréable note de beurre et poivrée
LAIT	De chèvre entier et crême, pasteurisé, deux élevages
AFFINAGE	Frais, 6 mois et plus, pâte est enrobée d'huile d'olive et d'un mélange d'herbes (pepinella) rappelant à la fois la sarriette et le serpolet
CHOISIR	Frais dès sa sortie de fabrication, âgé dans son contenant d'origine ou sous vide, la pâte lisse, ferme sans être trop sèche
CONSERVER	Le Montefino frais se consomme rapidement; séché il se conserve jusqu'à 5 ans, dans un papier ciré doublé d'un papier d'aluminium, entre 2 et 4 °C
OÙ TROUVER	À la fromagerie
NOTE	Le Montefino tient son appellation d'un village italien des Abruzzes. Son mode de fabrication est semblable à celui utilisé par les bergers qui se regroupent dans les alpages où ils fabriquent leurs fromages. Après pasteurisation et caillage, les fromages sont moulés dans des herbes puis descendus au village pour être échangés contre d'autres denrées. Les fromages invendus sont mis à sécher en plein air puis enrobés d'un mélange d'herbes (pepinella) et d'olives écrasées pour être conservés dans des pots en terre cuite.

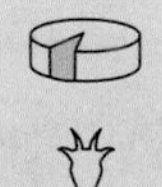

FORMAT	Meules de 150 g (8 cm sur 4,5 cm), 300 g, 500 g (frais) et 2 kg (frais)
M.G.	12 à 29 %
HUM.	65 à 45 % peut varier selon l'âge

MOUJADALÉ

PÂTE FILÉE, FERME ET SAUMURÉ

Fromagerie Marie Kadé

Boisbriand [Laurentides]

CROÛTE	Sans croûte
PÂTE	Ferme et lisse, étirée en un cordon enroulé en forme de nœud
ODEUR	Douce de lait, saline
SAVEUR	Douce de lait, salée
LAIT	De vache entier, pasteurisé, ramassage collectif
AFFINAGE	frais
CHOISIR	Sous-vide
CONSERVER	Jusqu'à 6 mois, sous pellicule plastique, entre 2 et 4 °C
OÙ TROUVER	À la fromagerie et dans la plupart des magasins arabes (épicerie du Ruisseau, bd Laurentien, Marché Adonis, bd des Sources, Intermarché, Côte-Vertu Alimentation Maya, Gatineau)
NOTE	Le Moujadalé est fabriqué à la manière du Tressé, sans la formation de fils. Il se présente sous forme de tresse.

FORMAT	Tresse de 500 g sous vide
M.G.	20 %
HUM.	50 %

MOUTON NOIR

PÂTE DEMI-FERME

Kaiser

Noyan [Montérégie]

CROÛTE	Recouverte d'une pellicule noire
PÂTE	Demi-ferme, lisse, unie et souple
ODEUR	Douce de cheddar frais
SAVEUR	Douce et légère, semblable au Saint-Paulin mais en moins gras
LAIT	De vache entier, pasteurisé, ramassage collectif
AFFINAGE	2 à 3 mois
CHOISIR	La pâte souple, l'odeur douce
CONSERVER	Jusqu'à 2 mois, dans un papier ciré doublé d'un papier d'aluminium, entre 2 et 4 °C
OÙ TROUVER	À la fromagerie, distribué par Le Choix du Fromager dans les boutiques et fromageries spécialisées ainsi que dans plusieurs supermarchés IGA et Métro

FORMAT	Meule de 20 cm de diamètre sur 7,5 cm d'épaisseur, à la coupe
M.G.	24 %
HUM.	48 %

Le morbier

Originaire du Jura, le morbier se reconnaît à sa pâte striée horizontalement par une raie de charbon végétal.

Le morbier est apparenté au comté : autrefois, il se fabriquait avec les restes de caillé d'autres fromages, dont le Comté. Les moules remplis à moitié recevaient une couche de suie qui protégeait le caillé du premier jour en attendant l'arrivée du caillé du jour suivant. Aujourd'hui, le trait de charbon végétal est purement décoratif.

Sa pâte demi-ferme, souple et dense de couleur crème à jaune pâle, se développe sous une belle croûte cuivrée brun-orangé.

LES FROMAGES DE TYPE MORBIER FABRIQUÉS AU QUÉBEC
Le Cendré du Village (Fromages Côté) et le Douanier (Kaiser). Le Cendré des Prés (Domaine Féodal) se fabrique à la façon du morbier, mais sa pâte est plus molle et sa croûte fleurie comme celle du brie.

La mozzarella

La mozzarella américaine subit un étirement de la pâte à la façon de la pasta filata italienne, mais son processus de fabrication diffère.

Elle est très populaire à cause de sa douceur et de sa qualité d'intégration à divers plats cuisinés : gratins, pizza, lasagne, etc.

LES MOZZARELLAS FABRIQUÉES AU QUÉBEC

Elles proviennent des fromageries L'Ancêtre (lait biologique), de la Laiterie Coaticook et de Saputo.

MOZZARINA MEDITERRANEO

PÂTE FRAÎCHE FILÉE

Saputo

Montréal [Montréal-Laval]

CROÛTE	Sans croûte
PÂTE	Blanche, tendre et légèrement granuleuse, façonnée en boules comme les bocconcini mais à la texture plus molle
ODEUR	Délicate de lait
SAVEUR	Douce de lait et de crème fraîche
LAIT	De vache entier, pasteurisé, ramassage collectif
AFFINAGE	Frais, conservé dans une saumure légère
CHOISIR	Dans son emballage d'origine, sitôt sa sortie de fabrication
CONSERVER	1 à 2 semaines, entre 2 et 4 °C
OÙ TROUVER	Dans la majorité des épiceries des grandes surfaces
NOTE	La Mozzarina Mediterraneo se compare à la mozzarella di bufala de l'Italie centrale (Campanie, Lazio, Molise, Basilicate). Il est fabriqué à partir du lait de bufflonne des basses régions fluviales entre Rome et Naples. Ce lait est riche en matières grasses.

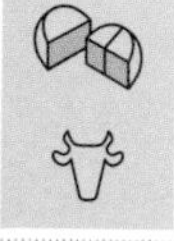

FORMAT	En boules dans son petit-lait et en sachet de 250 g
M.G.	20 %
HUM.	60 %

NABULSI

PÂTE DEMI-FERME, SAUMURÉ

Ferme Bord-des-Rosiers, Fromagerie Marie Kadé, Fromagerie Polyethnique

CROÛTE	Sans croûte
PÂTE	Blanche, dense, à la fois friable et élastique à la façon du cheddar frais, enrobée de graines de nigelle grillées
ODEUR	Douce et lactique
SAVEUR	Douce et salée, légères notes de nigelle
LAIT	De vache entier, pasteurisé, ramassage collectif
AFFINAGE	Frais
CHOISIR	Sous vide
CONSERVER	6 mois à 1 an, sous pellicule plastique, entre 2 et 4 °C
OÙ TROUVER	Aux fromageries et dans les épiceries arabes du Québec
NOTE	Originaire de Jordanie. La graine de nigelle qui l'assaisonne est issue de la nigella sativa. Fraîches ou grillées, les graines de nigelle relèvent les mets grecs et ceux du bassin oriental de la Méditerranée jusqu'en Inde où elles aromatisent certains caris.

FORMAT	Bloc de 450 g, sous vide ou dans la saumure
M.G.	20 % (Bord-des-Rosiers), 25 % (Kadé), 27 % (Polyethnique)
HUM.	40 % (Bord-des-Rosiers), 50 % (Kadé), 48 % (Polyethnique)

NEIGE DE BREBIS

RICOTTA DE BREBIS

La Moutonnière

Sainte-Hélène-de-Chester [Bois-Francs]

CROÛTE	Sans croûte
PÂTE	Fraîche, onctueuse et légère
ODEUR	Douce
SAVEUR	De noisette, douce, légèrement sucrée
LAIT	De brebis, pasteurisé, un seul élevage
AFFINAGE	Frais
CHOISIR	Dans son contenant d'origine, sitôt sa sortie de fabrication
CONSERVER	Jusqu'à 15 jours, réfrigéré à 2 °C
OÙ TROUVER	Épicerie Chez gaston à Trottier dans les Bois-Francs, au marché Atwater à Montréal, à L'Échoppe des Fromages à Saint-Lambert, au marché du Vieux-Port à Québec et dans des boutiques et fromageries spécialisées au Québec
NOTE	S'inspire du broccio corse élaboré à partir du lactosérum, à la façon de la ricotta. Il a été primé par l'American Cheese Society en 2003.

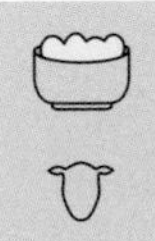

FORMAT	En faisselle de 250 g
M.G.	20 %
HUM.	60 %

NOYAN

PÂTE DEMI-FERME À CROÛTE LAVÉE

Kaiser

Noyan [Montérégie]

CROÛTE	Blanc rosé à orange cuivré et brunâtre, rustique, parsemée de quelques moisissures blanches
PÂTE	Crème jaunâtre, demi-ferme, souple et moelleuse, avec quelques petits yeux répartis dans la masse
ODEUR	De douce à marquée, lactique et très légèrement acide
SAVEUR	De douce à prononcée, notes de beurre salé
LAIT	De vache entier, pasteurisé, élevages de la région
AFFINAGE	De 6 à 8 semaines
CHOISIR	La croûte souple, la pâte souple et moelleuse, arôme frais
CONSERVER	Jusqu'à 2 mois, dans un papier ciré doublé d'un papier d'aluminium, entre 2 et 4 °C
OÙ TROUVER	À la fromagerie, dans les boutiques et fromageries spécialisées et dans certains supermarchés, distribué par Le Choix du Fromager

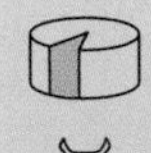

FORMAT	Meule de 2 kg (20 cm de diamètre sur 5,75 cm d'épaisseur), à la coupe
M.G.	24 %
HUM.	50 %

Le Oka

Création québécoise née à la Trappe d'Oka, à la fin du XIXe siècle, ce fromage se fabrique à la façon du Port-Salut français.

Il fut un temps le premier des fromages québécois et sa réputation a largement dépassé nos frontières. Le Oka était la référence de l'industrie fromagère. Comme le Port-Salut, sa fabrication a été remise entre les mains d'une compagnie commerciale : la société Agropur qui tente de redorer son image en le présentant sous plusieurs variétés.

OKA CLASSIQUE, OKA et OKA LÉGER

PÂTE DEMI-FERME À CROÛTE LAVÉE

Agropur – Usine d'Oka

Montréal [Montréal-Laval]

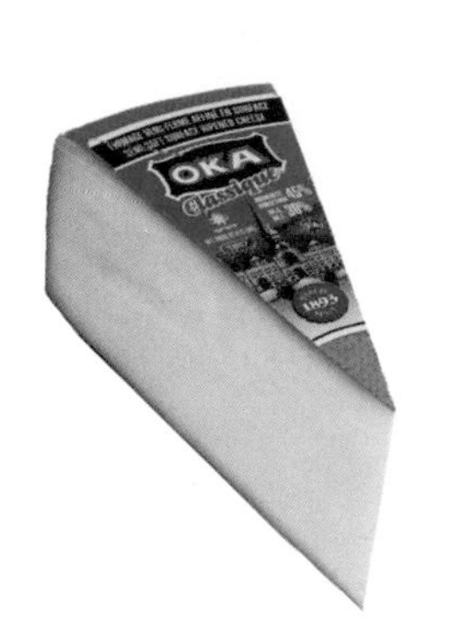

CROÛTE	Jaune paille à jaune orangé, lavée, tendre
PÂTE	De crème à ivoire demi-ferme, souple, veloutée et crémeuse
ODEUR	De délicate à marquée
SAVEUR	De douce à prononcée, fruitée, notes de noisette
LAIT	De vache entier ou écrémé, pasteurisé, ramassage collectif
AFFINAGE	60 jours, croûte lavée à la saumure
CHOISIR	La croûte et la pâte souples, arôme frais
CONSERVER	Jusqu'à 2 mois, dans un papier ciré doublé d'un papier d'aluminium, entre 2 et 4 °C
OÙ TROUVER	Dans les supermarchés

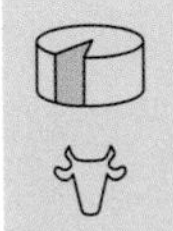

FORMAT	Meules de 225 g, 850 g et 2,5 kg (Oka et Oka Classique), 830 g (Oka léger)
M.G.	30 %, 28 % et 19 %
HUM.	45 %, 47 % et 50 %

PAILLOT DE CHÈVRE

PÂTE MOLLE À CROÛTE FLEURIE

Cayer

Saint-Raymond [Québec]

CROÛTE	Blanche, fleurie et duveteuse, recouverte de tiges de plastique
PÂTE	Crayeuse devenant onctueuse, presque coulante
ODEUR	Fraîche, lactique et fongique
SAVEUR	Légère, salée et piquante, s'accentuant à l'affinage, goût de champignon frais mêlé à une douce acidité
LAIT	De chèvre entier, pasteurisé, ramassage collectif
AFFINAGE	Frais
CHOISIR	Frais, sitôt sa sortie de fabrication
CONSERVER	90 jours à partir du départ de l'usine, entre 2 et 4 °C
OÙ TROUVER	À la fromagerie et dans les supermarchés
NOTE	Le Paillot de chèvre est fabriqué selon les techniques traditionnelles et est entouré de pailles en plastique qui le distinguent du Sainte-Maure traditionnel, entouré de paille fraîche.

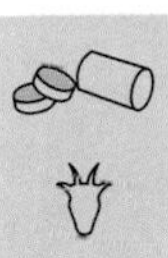

FORMAT	Rouleaux de 125 g et de 1 kg
M.G.	25 %
HUM.	50 %

PAMPILLE

CHÈVRE FRAIS NATURE OU ASSAISONNÉ À L'AIL ET AUX HERBES

Ruban Bleu
Saint-Isidore [Montérégie]

CROÛTE	Sans croûte
PÂTE	Blanche, fine, délicate et crémeuse
ODEUR	Douce et lactique
SAVEUR	Douce, délicate et légèrement caprine, se mariant aux assaisonnements
LAIT	De chèvre entier, pasteurisé, élevage de la ferme
AFFINAGE	Frais
CHOISIR	Frais, sitôt sa sortie de fabrication
CONSERVER	Jusqu'à 21 jours, dans un papier ciré doublé et bien scellé, entre 2 et 4 °C
OÙ TROUVER	À la fromagerie

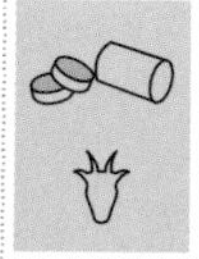

FORMAT	Rouleau de 150 g
M.G.	15 %
HUM.	68 %

PARMESAN L'ANCÊTRE

PÂTE DURE

Fromagerie L'Ancêtre
Bécancour [Centre du Québec]

CROÛTE	Sans croûte
PÂTE	Jaune crème légèrement ambré, à la fois dure et souple, résistant à la cassure
ODEUR	Marquée sans trop, rappelant le parmesan mais en plus doux
SAVEUR	De beurre salé, légèrement piquante
LAIT	De vache partiellement écrémé, thermisé, un seul élevage
AFFINAGE	12 mois
CHOISIR	Sous vide
CONSERVER	Jusqu'à 6 mois en bloc dans un papier ciré doublé d'un papier d'aluminium, jusqu'à 3 mois râpé, entre 2 et 4 °C
OÙ TROUVER	À la fromagerie, dans les boutiques d'aliments naturels, les boutiques et fromageries spécialisées ainsi que dans les supermarchés IGA, Métro et Provigo
NOTE	Certifié biologique par Québec Vrai.

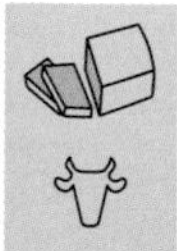

FORMAT	Blocs de 125 g et 200 g ou râpé
M.G.	30%
HUM.	32 %

Le parmesan

En Italie, le parmesan est connu depuis des siècles sous le nom de *grana* qui signifie « grain » : sa texture est granuleuse. Dans ce groupe sont inclus le Parmigiano, le Reggiano, le Lodigiano, le Lombardo, l'Emiliano, le Veneto ou Venezza, et le Bagozzo ou Bresciano.

Il se caractérise par la présence de cristaux formés avec la maturation (comme dans certains cheddars) qui dure près de deux ans. Le parmigiano reggiano est fabriqué avec du lait de vache non pasteurisé et il est vieilli au moins 12 mois. Quant au Romano, peut-être le plus ancien, il fut d'abord fabriqué à partir du lait de brebis sous le nom de *pecorino romano*. Fabriqué au lait de chèvre, il prend l'appellation *caprino romano* et *vacchino romano* s'il est fait à partir du lait de vache.

Les fromages de type parmesan fabriqués au Québec diffèrent de l'original en bien des aspects. L'industrie est encore jeune, mais quelques fromageries artisanales ou fermières proposent des fromages de brebis ou de chèvre, qui ouvrent des perspectives intéressantes une fois vieillis, séchés, émiettés ou non.

PARMESAN SAINT-LAURENT
PÂTE DURE

Fromagerie Saint-Laurent
Saint-Bruno [Saguenay-Lac-Saint-Jean]

CROÛTE	Sans croûte
PÂTE	Jaunâtre, dure, lisse, sèche et friable, voire cassante
ODEUR	Marquée et légèrement piquante
SAVEUR	De marquée à prononcée, piquante et salée
LAIT	De vache entier, pasteurisé, ramassage collectif
AFFINAGE	2 ans et plus
CHOISIR	Sous vide
CONSERVER	Jusqu'à 2 mois, dans un papier ciré doublé d'un papier d'aluminium, entre 2 et 4 °C
OÙ TROUVER	À la fromagerie et dans les régions du Saguenay–Lac-Saint-Jean, Chibougamau, Chapais et de la Côte-Nord
NOTE	Ce fromage est vendu au Québec, au Canada, aux États-Unis et même en Europe par palette de 1000 kg.

FORMAT	Emballage sous vide de 250 g environ
M.G.	22 %
HUM.	35 %

PASTORELLA
PÂTE FERME À CROÛTE NATURELLE (PRESSÉE CUITE)

Saputo
Montréal [Montréal-Laval]

CROÛTE	De blanche à jaune paille, fine, parfois incrustée de motifs tressés
PÂTE	Texture granuleuse, parsemée d'ouvertures irrégulières
ODEUR	Douce et lactique
SAVEUR	Douce, délicate de lait frais et de crème, notes de noisettes devenant plus prononcées avec la maturation
LAIT	De vache entier, pasteurisé, ramassage collectif
AFFINAGE	Environ 2 semaines
CHOISIR	Dans son emballage sous vide, la pâte ferme et l'odeur fraîche
CONSERVER	2 à 3 mois, dans un papier ciré doublé d'un papier d'aluminium, entre 2 et 4 °C
OÙ TROUVER	Dans la majorité des épiceries italiennes et les supermarchés

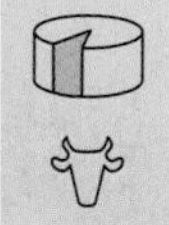

FORMAT	Meule de 2 kg (19,5 cm sur 8 cm)
M.G.	25 %
HUM.	45 %

PATTE BLANCHE
GOUDA, PÂTE FERME

Fromagerie Bergeron
Saint-Antoine-de-Tilly
[Chaudière-Appalaches]

CROÛTE	Sans, recouverte de cire noire
PÂTE	Très blanche, ferme mais souple, parsemée de petits trous
ODEUR	Douce et fraîche de noix
SAVEUR	Douce de noix acidulée, sucrée
LAIT	De chèvre entier, pasteurisé, ramassage collectif
AFFINAGE	3 mois
CHOISIR	Sous vide, la pâte ferme mais souple
CONSERVER	Jusqu'à 6 mois, dans un papier ciré doublé d'un papier d'aluminium, entre 2 et 4 °C
OÙ TROUVER	À la fromagerie, dans plusieurs boutiques et fromageries spécialisées ainsi que dans plusieurs magasins à grandes surfaces (IGA, Maxi, Loblaws).

FORMAT	Meule de 4,2 kg
M.G.	28 %
HUM.	43 %

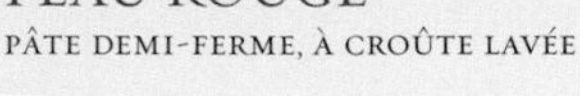

PEAU ROUGE
PÂTE DEMI-FERME, À CROÛTE LAVÉE

Kaiser, affiné par
Les Dépendances du Manoir
Brigham [Cantons-de-l'Est]

CROÛTE	Rose orangé, lavée et humide
PÂTE	Jaune crème demi ferme, assez serrée, parfois friable comme le parmesan
ODEUR	Marquée
SAVEUR	Marquée, avec des notes de noisettes grillées, un peu caramélisée et boisée
LAIT	De vache entier, pasteurisé
AFFINAGE	60 jours et plus affiné sur planche de pin rouge, lavé et retourné tous les 2 jours
CHOISIR	La croûte et la pâte souples
CONSERVER	Jusqu'à 3 mois, dans un papier ciré doublé d'un papier d'aluminium, entre 2 et 4 °C
OÙ TROUVER	Dans la majorité des boutiques et fromageries spécialisées au Québec ainsi que dans certains dans les supermarchés

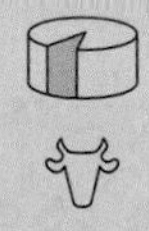

FORMAT	Meule de 3 kg
M.G.	25 %
HUM.	45 %

PETER

PÂTE DEMI-FERME À CROÛTE LAVÉE

Ferme Floralpe

Papineauville [Outaouais]

CROÛTE	Orangée, humide, texture de ferme à friable
PÂTE	Couleur crème, demi-ferme et souple devenant coulante avec l'affinage
ODEUR	Marquée
SAVEUR	De douce à marquée et typée, riche et complexe, notes de beurre et d'herbacées
LAIT	De chèvre entier, pasteurisé, élevage de la ferme
AFFINAGE	6 semaines jusqu'à 2 ou 3 ans, la pâte s'asséchant avec le temps, on l'utilise râpé comme le parmesan
CHOISIR	À tout âge : jeune, la pâte et la croûte souple, ou plus affiné, la pâte coulante et goûteuse
CONSERVER	3 semaines à 1 mois à 4 °C
OÙ TROUVER	À la fromagerie et dans quelques boutiques et fromagerie spécialisées
NOTE	Le Peter se déguste à tout âge, son goût d'abord doux se corse lentement avec le temps. Sa pâte passe de crayeuse à lisse puis elle s'assèche, On l'utilise alors râpé à la façon du parmesan.

FORMAT	Meules de 140 g et de 1 kg
M.G.	22 %
HUM.	55 %

PETIT CHAMPLAIN

BRIE, PÂTE MOLLE À CROÛTE FLEURIE

Damafro
Fromagerie Clément
Saint-Damase [Montérégie]

CROÛTE	Blanche, duveteuse et tendre
PÂTE	de crayeuse à crémeuse et coulante
ODEUR	douce de sous-bois et de champignon
SAVEUR	Douce de beurre, fongique et légèrement salée
LAIT	De vache entier, pasteurisé, non stabilisé, ramassage collectif
AFFINAGE	De 2 semaines à 1 mois croûte ensemencée de *penicillium candidum*
CHOISIR	La pâte lisse et souple, l'odeur fraîche
CONSERVER	Jusqu'à 1 mois, dans un papier ciré, entre 2 et 4 °C
OÙ TROUVER	À la fromagerie, distribué dans la majorité des supermarchés au Québec

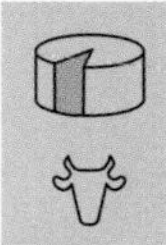

FORMAT	Meule de 135 g (8 cm sur 3 cm)
M.G.	26 %
HUM.	50 %

PETIT POITOU

PÂTE MOLLE À CROÛTE FLEURIE

La Suisse Normande
Saint-Roch-de-l'Achigan [Lanaudière]

CROÛTE	Blanche duveteuse et tendre
PÂTE	Blanche molle, de crayeuse à fondante
ODEUR	Lactique, arômes de champignon frais
SAVEUR	Douce et lactique, devenant plus acide avec l'affinage
LAIT	De chèvre entier, pasteurisé, un seul élevage
AFFINAGE	6 semaines croûte ensemencée de champignons microscopiques (*penicillium candidum*)
CHOISIR	Frais, sitôt sa sortie de fabrication, la croûte et la pâte souple, l'odeur fraîche
CONSERVER	2 à 4 semaines, dans un papier ciré, entre 2 et 4 °C
OÙ TROUVER	À la fromagerie et distribué par Plaisirs Gourmets dans la majorité des boutiques et fromageries spécialisées du Québec

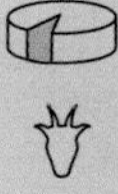

FORMAT	Meules de 200 g et de 1 kg, à la coupe
M.G.	28 %
HUM.	50 %

PETIT NORMAND

PÂTE MOLLE À CROÛTE FLEURIE

La Suisse Normande
Saint-Roch-de-l'Achigan [Lanaudière]

CROÛTE	Rustique, mince, tendre et duvetée
PÂTE	D'une belle couleur ivoire, molle, crémeuse et fondante
ODEUR	Arômes de champignon, délicate de lait frais
SAVEUR	Douce, notes de crème, longue en bouche
LAIT	De vache entier, pasteurisé, un seul élevage
AFFINAGE	De 6 à 7 semaines, la pâte devenant coulante à 6 semaines, croûte ensemencée de *penicillium candidum*
CHOISIR	Frais, sitôt sa sortie de fabrication
CONSERVER	2 semaines à 1 mois, dans son emballage ou un papier ciré, entre 2 et 4 °C
OÙ TROUVER	À la fromagerie et distribué par Plaisirs Gourmets dans la majorité des boutiques et fromageries spécialisées du Québec

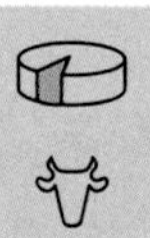

FORMAT	Meules de 200 g et 900 g
M.G.	35 %
HUM.	50 %

PETIT PRINCE

PÂTE FRAÎCHE, NATURE OU AROMATISÉE AUX HERBES, À L'AIL ET AU PERSIL OU À LA CIBOULETTE

Fromagerie du Vieux Saint-François
Laval [Montréal-Laval]

CROÛTE	Sans croûte
PÂTE	Fraîche, texture agréable en bouche, fondante et onctueuse, crémeuse, enrobée d'assaisonnements
ODEUR	Douce, fraîche avec des notes acidulées, notes d'herbes
SAVEUR	Douce et fraîche avec une très légère acidité, ajout de sel judicieux
LAIT	De chèvre entier, pasteurisé, deux élevages
AFFINAGE	Frais
CHOISIR	Frais, sitôt sa sortie de fabrication
CONSERVER	Jusqu'à 3 mois, dans l'huile, entre 2 et 4 °C
OÙ TROUVER	À la fromagerie, distribué par Sanibel dans les boutiques d'aliments naturels (Rachel-Béry entre autres), quelques fromageries spécialisées et les marchés Atwater, Jean-Talon et Maisonneuve à Montréal, Le Crac, Aliments Santé-Laurier, La Rosalie à Québec

FORMAT	Meule ou rouleau de 175 g
M.G.	17 %
HUM.	63 %

LE PETIT SOLEIL

PÂTE FRAÎCHE, NATURE OU ASSAISONNÉE AUX HERBES DE PROVENCE, AIL ET ANETH OU POIVRE CITRONNÉ

Fromagerie Le P'tit Train du Nord
Mont-Laurier [Laurentides]

CROÛTE	Sans croûte
PÂTE	Blanche, friable et crémeuse
ODEUR	Douce
SAVEUR	Douce qui se marie bien avec leurs assaisonnements
LAIT	De chèvre entier, pasteurisé, d'un seul élevage
AFFINAGE	Frais
CHOISIR	Frais, sitôt sa sortie de fabrication
CONSERVER	30 jours, entre 2 et 4 °C
OÙ TROUVER	À la fromagerie, dans les boutiques et fromageries spécialisées

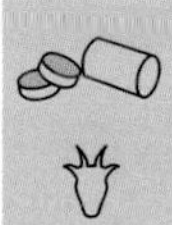

FORMAT	Meule de 100 g
M.G.	17 %
HUM.	55 %

PETIT SORCIER

PÂTE DEMI-FERME À CROÛTE LAVÉE

Fromages Chaput, affiné par Les Dépendances du Manoir
Brigham [Cantons-de-l'Est]

CROÛTE	Jaune paille, souple, parsemée de mousse blanche à bleuâtre
PÂTE	Ivoire, souple et crémeuse, striée au centre d'une raie de cendre végétale, quelques petites ouvertures
ODEUR	Marquée, de la ferme, note de beurre et de navet
SAVEUR	Douce à marquée, de crème et de noisette
LAIT	De vache, non pasteurisé, un seul élevage
AFFINAGE	Quelques semaines
CHOISIR	Pâte et croûte souples
CONSERVER	1 à 2 mois, dans son emballage d'origine ou un papier ciré, entre 2 et 4 °C
OÙ TROUVER	Dans les boutiques et fromageries spécialisées et dans les supermarchés

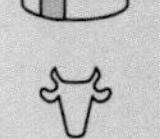

FORMAT	Meule de 500 g (11,5 cm sur 4,5 cm)
M.G.	25 %
HUM.	50 %

PETIT VINOY

PÂTE FRAÎCHE NATURE, AU POIVRE, À LA CIBOULETTE, AUX FINES HERBES, ET À L'AIL ET AUX FINES HERBES

La Biquetterie
Chénéville [Outaouais]

CROÛTE	Sans croûte
PÂTE	Blanche, fraîche, crémeuse et onctueuse
ODEUR	Douce et fraîche
SAVEUR	Douce et légèrement acidulée
LAIT	De chèvre, pasteurisé, un seul élevage
AFFINAGE	Frais
CHOISIR	Frais, sitôt sa sortie de fabrication
CONSERVER	Jusqu'à 4 mois dans son emballage sous vide, 1 semaine une fois le produit ouvert, entre 2 et 4 °C
OÙ TROUVER	À la fromagerie

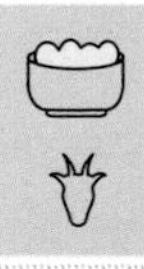

FORMAT	Emballage sous vide de 140 g
M.G.	15 %
HUM.	65 %

PETITES SŒURS

PÂTE FRAÎCHE, NATURE OU ASSAISONNÉE, DANS L'HUILE DE PÉPINS DE RAISINS

Le Troupeau Bénit
Brownsburg-Chatham
[Basses-Laurentides]

CROÛTE	Sans croûte
PÂTE	Blanche, texture crémeuse, façonnée en boulettes mises dans l'huile de pépins de raisins, nature et assaisonnée à la ciboulette, aux herbes de Provence, à la menthe et aux piments et oignons
ODEUR	Douce, dégageant les parfums de leurs assaisonnements
SAVEUR	Douce de lait, peu caprine
LAIT	De chèvre entier, pasteurisé, élevages sélectionnés ou de la ferme
AFFINAGE	Frais
CHOISIR	Dans son emballage, sitôt sa sortie de fabrication
CONSERVER	2 mois et plus dans l'huile, entre 2 et 4 °C
OÙ TROUVER	À la boutique du monastère, à la Fromagerie du Marché (Saint-Jérôme) et à la fromagerie l'Exception (avenue Bernard, à Montréal)

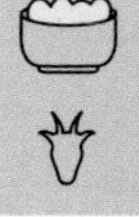

FORMAT Contenant de 120 g
M.G. 20 %
HUM. 60 %

PIZY

PÂTE MOLLE À CROÛTE FLEURIE RASE

La Suisse Normande
Saint-Roch-de-l'Achigan [Lanaudière]

CROÛTE	Blanche et toilée fleurie, avec un duvet court
PÂTE	Blanc crème, molle et crémeuse, de fondante à coulante
ODEUR	Arômes de lait et de champignon frais
SAVEUR	Douce et lactique, notes de beurre salé
LAIT	De vache entier, pasteurisé, d'un seul élevage
AFFINAGE	De 7 à 10 jours, croûte ensemencée *penicillium candidum*
CHOISIR	L'odeur fraîche, la croûte et la pâte souples
CONSERVER	De 2 semaines à 1 mois, à 4 °C, dans un papier ciré doublé d'un papier d'aluminium
OÙ TROUVER	À la fromagerie et distribué par Plaisirs Gourmets dans la majorité des boutiques et fromageries spécialisées du Québec
NOTE	Petit et plat, ce fromage est élaboré selon la tradition du canton de Vaud, en Suisse.

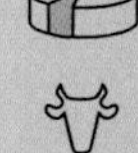

FORMAT Meule de 200 g
M.G. 27 %
HUM. 49 %

PIED-DE-VENT

PÂTE MOLLE À CROÛTE NATURELLE BROSSÉE (AFFINÉ EN SURFACE)

Fromagerie du Pied-de-Vent
Havre-aux-Maisons
[Îles-de-la-Madeleine]

CROÛTE	De beige orangé à jaune paille, plissée, recouverte d'un léger duvet blanc
PÂTE	Ivoire, souple, veloutée et crémeuse
ODEUR	Douce et lactique de crème, notes herbacées
SAVEUR	Douce à marquée, notes de noisette et de champignon
LAIT	De vache entier, cru fermier, un seul élevage
AFFINAGE	60 jours
CHOISIR	Pâte sèche mais souple au toucher
CONSERVER	3 à 4 semaine, dans un papier ciré, entre 2 et 4 °C
OÙ TROUVER	À la fromagerie, dans la majorité des épiceries aux Îles et dans les boutiques et fromageries spécialisées, ainsi que dans certains supermarchés au Québec
NOTE	« Pied de vent » est une expression utilisée par les Madelinots pour désigner les trous dans les nuages, lorsque les rayons du soleil s'y faufilent jusqu'au sol, après l'orage, le pied de vent est annonciateur de grands vents. Aux Îles plus qu'ailleurs, il faut souligner l'importance du terroir et de la qualité des pâturages de prés salés et leur influence sur la saveur du lait.

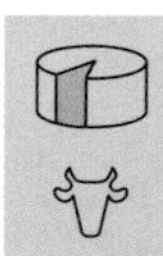

FORMAT	Meule de 1,3 kg
M.G.	26 %
HUM.	50 %

PONT COUVERT

PÂTE DEMI-FERME À CROÛTE LAVÉE

Fromages Chaput, affiné par Les Dépendances du Manoir
Brigham [Cantons-de-l'Est]

CROÛTE	Orangée, lavée et fine, portant un duvet blanchâtre tel le reblochon
PÂTE	De couleur crème, fondante en bouche, petites ouvertures
ODEUR	Douce à marquée et fruitée
SAVEUR	Douce de crème et de paille
LAIT	De vache entier, non pasteurisé
AFFINAGE	De 70 à 90 jours croûte lavée avec un ferment d'affinage
CHOISIR	Croûte et pâte souple, ni trop sèches ni trop collantes
CONSERVER	Jusqu'à 2 mois, dans un papier ciré doublé d'un papier d'aluminium, entre 2 et 4 °C
OÙ TROUVER	Dans la majorité des boutiques et fromageries spécialisées au Québec ainsi que dans certains supermarchés

FORMAT	Meule de 2 kg (24 cm sur 4 cm)
M.G.	23 %
HUM.	54 %

PORT-ROYAL

PÂTE DEMI-FERME

Kaiser
Noyan [Montérégie]

CROÛTE	Recouverte d'une pellicule plastique jaune
PÂTE	Jaune, crème souple, riche et onctueuse
ODEUR	Douce et lactique
SAVEUR	Douce et lactique, notes de crème légèrement acidulée
LAIT	De vache entier avec ajout de crème, pasteurisé, élevages de la région
AFFINAGE	De 2 à 3 semaines
CHOISIR	Croûte et pâte souples et non collantes
CONSERVER	Jusqu'à 2 mois, dans un papier ciré doublé d'un papier d'aluminium, entre 2 et 4 °C
OÙ TROUVER	À la fromagerie, dans les fromageries spécialisées, dans les supermarchés, distribué par Le Choix du Fromager
NOTE	Le Port-Royal s'inspire du port-salut. Mais l'ajout de crème rehausse sa saveur. On recouvre la pâte d'une pellicule plastique afin de la protéger des moisissures qui pourraient s'y développer. Le Port-Royal est semblable au saint-paulin.

FORMAT	Meule de 2 kg (22 cm de diamètre sur 7,5 d'épaisseur), à la coupe
M.G.	27 %
HUM.	50 %

PRÉ DES MILLE-ÎLES

PÂTE DEMI-FERME À CROÛTE LAVÉE

Fromagerie du Vieux Saint-François
Laval [Montréal-Laval]

PÂTE	Blanche, demi-ferme, de crayeuse à crémeuse et lisse s'affinant de la croûte vers le cœur
ODEUR	Marquée (caprine), arômes de lait et de noisette
SAVEUR	Douce, notes subtiles de noisette de crème et de beurre salé
LAIT	De chèvre entier, pasteurisé, deux élevages
AFFINAGE	3 semaines pour devenir crémeux
CHOISIR	Croûte et pâte souples, la pâte encore légèrement crayeuse
CONSERVER	Jusqu'à 2 mois, dans un papier ciré doublé d'un papier d'aluminium, entre 2 et 4 °C
OÙ TROUVER	À la fromagerie, distribué par Sanibel dans les boutiques d'aliments naturels (Rachel-Béry entre autres), quelques fromageries spécialisées et les marchés Atwater, Jean-Talon et Maisonneuve à Montréal, Le Crac, Aliments Santé-Laurier, La Rosalie à Québec

FORMAT	Meule de 160 g
M.G.	28 %
HUM.	41 %

PRÉS DE LA BAYONNE

BRIE, PÂTE MOLLE À CROÛTE FLEURIE

Fromagerie du Domaine Féodal
Rivière Bayonne Berthier [Lanaudière]

CROÛTE	Tendre et fleurie
PÂTE	Ivoire, fine et crémeuse
ODEUR	Douce, légèrement florale et arôme de champignon
SAVEUR	Douce et fongique
LAIT	De vache entier, cru, un seul élevage
AFFINAGE	60 à 150 jours
CHOISIR	La pâte lisse et souple, l'odeur fraîche
CONSERVER	Jusqu'à 2 mois, dans un papier ciré doublé d'un papier d'aluminium, entre 2 et 4 °C
OÙ TROUVER	À la fromagerie (du lundi au samedi de 9 h à 17 h) et distribué par Plaisirs Gourmets dans les boutiques et fromageries spécialisées du Québec

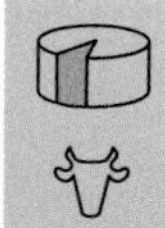

FORMAT	Meules de 400 g et 1,3 kg, à la coupe
M.G.	26 %
HUM.	50 %

PRESQU'ÎLE

PÂTE DEMI-FERME À CROÛTE LAVÉE ET FLEURIE (MIXTE)

Fromagerie Champêtre

Repentigny [Lanaudière]

CROÛTE	Orangée, ferme mais tendre sans être sèche, duvet fleuri
PÂTE	Demi-ferme, souple, malléable, onctueuse, fondante en bouche
ODEUR	Douce à marquée, herbacée et du terroir
SAVEUR	Typée, de douce et lactique à prononcée, notes de champignon sauvage
LAIT	De vache entier, pasteurisé, ramassage collectif
AFFINAGE	De 30 à 35 jours, croûte lavée à la saumure additionnée de champignons microscopiques pour favoriser le développement de la fleur
CHOISIR	Croûte et pâte souples et sèches, la pâte non collante
CONSERVER	Jusqu'à 2 mois, dans un papier ciré doublé d'un papier d'aluminium, entre 2 et 4 °C
OÙ TROUVER	Dans les épiceries et dépanneurs de la région de Repentigny ainsi que dans les boutiques et fromageries spécialisées et quelques supermarchés

FORMAT	Meule de 1,6 kg (21 cm sur 5,5 cm, à la coupe
M.G.	26 %
HUM.	47 %

PROVIDENCE OKA

PÂTE MOLLE À CROÛTE LAVÉE

Agropur – Usine d'Oka

Montréal [Montréal-Laval]

CROÛTE	Orange cuivré, humide et légèrement collante, parsemée de mousse blanche
PÂTE	Ivoire, molle, crémeuse et onctueuse, formant un ventre ou bourrelet (à point)
ODEUR	De douce et fruitée à marquée
SAVEUR	De douce et délicate de crème à marquée
LAIT	De vache entier, pasteurisé, ramassage collectif
AFFINAGE	2 semaines
CHOISIR	La croûte légèrement fleurie, la pâte crémeuse et souple
CONSERVER	Jusqu'à 65 jours, dans son emballage ou un papier ciré, entre 2 et 4 °C
OÙ TROUVER	Dans les supermarchés
NOTE	Le Providence a remporté le prix Meilleur design d'emballage au Grand Prix des fromages 2004.

FORMAT	Meule de 200 g (9 cm sur 3,5 cm), sous cloche de plastique transparent
M.G.	28 %
HUM.	50 %

PROVOLONE SAPUTINO
PROVOLONE GIGANTINO

PÂTE FERME, FILÉE

Saputo
Montréal [Montréal-Laval]

CROÛTE	Jaune paille
PÂTE	Ferme, plastique et lisse
ODEUR	Douce
SAVEUR	Douce et veloutée avec un léger goût de beurre, devient corsé et piquante avec l'affinage
LAIT	De vache entier, pasteurisé, ramassage collectif
AFFINAGE	2 à 3 mois
CHOISIR	Sous vide
CONSERVER	90 jours, dans une pellicule plastique, entre 2 et 4 °C
OÙ TROUVER	Dans la majorité des épiceries des grandes surfaces
NOTE	Le provolone est un fromage originaire de la Campanie (région de Naples) et se présente sous forme de saucisson ou de poire, lié avec des cordes. Il atteint parfois des dimensions considérables. Le caillé coupé et égoutté est travaillé dans l'eau chaude, puis étiré, d'où son appellation, avant d'être moulé.

FORMAT	300 g sous vide
M.G.	24 %
HUM.	45 %

P'TIT BONHEUR

GOUDA, PÂTE DEMI-FERME À FERME

Fromagerie Bergeron
Saint-Antoine-de-Tilly
[Chaudière-Appalaches]

CROÛTE	Recouverte de cire rouge
PÂTE	Couleur crème, ferme et souple, parsemé de petits yeux
ODEUR	Douce de beurre et de noisette
SAVEUR	Marquée et acidulée de beurre ou de noix, légèrement amertume
LAIT	De vache entier, pasteurisé, ramassage collectif
AFFINAGE	6 à 8 mois
CHOISIR	La pâte luisante, ferme mais souple, l'odeur douce
CONSERVER	180 jours, dans un papier ciré doublé d'un papier d'aluminium, entre 2 et 4 °C
OÙ TROUVER	À la fromagerie, dans plusieurs boutiques et fromageries spécialisées et dans les grandes surfaces (IGA, Maxi, Loblaws)
NOTE	Le P'tit Bonheur sélectionné les meilleurs produits de la fromagerie et affiné de 6 à 8 mois.

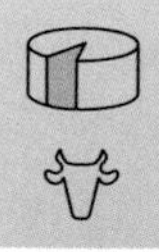

FORMAT	Meule de 4,2 kg, à la coupe
M.G.	28 %
HUM.	43 %

P’TIT DIABLE
PÂTE MOLLE À CROÛTE FLEURIE

Ruban Bleu
Saint-Isidore [Montérégie]

CROÛTE	Blanche, fleurie et duveteuse
PÂTE	De blanche à crème, crayeuse, onctueuse, coulante en vieillissant
ODEUR	Douce et lactique
SAVEUR	Douce, de champignons et de lait, belle longueur en bouche
LAIT	De chèvre entier, pasteurisé, élevage de la ferme
AFFINAGE	21 jours
CHOISIR	Sitôt sa sortie de fabrication
CONSERVER	2 à 4 semaines, dans un papier ciré, entre 2 et 4 °C
OÙ TROUVER	Occasionnellement à la fromagerie

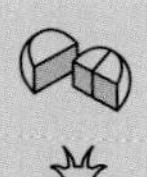

FORMAT	Meule conique tronçonnée de 100 g
M.G.	19 %
HUM.	45 %

P’TITE CHEVRETTE
PÂTE MOLLE À CROÛTE FLEURIE

Ruban Bleu
Saint-Isidore [Montérégie]

CROÛTE	Blanche, fleurie et duveteuse
PÂTE	D’un beau blanc crème, molle de crayeuse à crémeuse et fondante
ODEUR	Très douce, lactique, notes de champignon
SAVEUR	Douce, notes de champignon, belle longueur en bouche
LAIT	De chèvre entier, pasteurisé, élevage de la ferme
AFFINAGE	De 1 à 4 mois
CHOISIR	Frais, sitôt sa sortie de fabrication, la croute blanche et fleurie et la pâte souple
CONSERVER	1 mois, dans un papier ciré, entre 2 et 4 °C
OÙ TROUVER	À la fromagerie
NOTE	La P’tite Chevrette a remporté le 1e prix dans sa catégorie ainsi que le Caseus d’argent toutes catégories confondues au Festival des fromages de Warwick 2000.

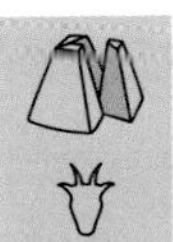

FORMAT	Pyramide de 300 g
M.G.	20 %
HUM.	60 %

QUARK
PÂTE FRAÎCHE

Damafro
Fromagerie Clément
Saint-Damase [Montérégie]

CROÛTE	Sans croûte
PÂTE	Blanche et lisse
ODEUR	De lait
SAVEUR	Douce, légèrement acide
LAIT	De vache pasteurisé, écrémé ou partiellement écrémé, ramassage collectif
AFFINAGE	Frais
CHOISIR	Frais, sitôt sa sortie de fabrication
CONSERVER	Vérifier la date de péremption sur l'emballage
OÙ TROUVER	À la fromagerie et dans la majorité des épiceries et supermarchés au Québec

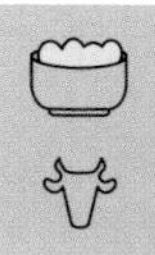

FORMAT Contenants de 250 g et 500 g
M.G. 0,1 %
HUM. 86 %

QUARK LIBERTÉ
PÂTE FRAÎCHE

Liberté
Brossard [Montérégie]

CROÛTE	Sans croûte
PÂTE	Blanche, consistante, crémeuse, d'aspect granuleuse et humide
ODEUR	Neutre
SAVEUR	Neutre, légèrement acide
LAIT	De vache, écrémé et pasteurisé, ramassage collectif
AFFINAGE	Frais
CHOISIR	Frais, sitôt sa sortie de fabrication
CONSERVER	Vérifier la date de péremption sur l'emballage
OÙ TROUVER	Dans la majorité des épiceries au Québec
NOTE	Le Quark Liberté est un fromage blanc sans gras à la texture ferme, crémeuse et onctueuse.

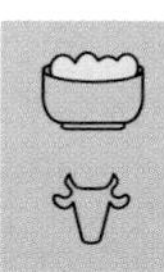

FORMAT Contenant de 500 g
M.G. 0,25 %
HUM. 86 %

QUÉBÉCOU

CROTTIN, PÂTE DEMI-FERME À CROÛTE FLEURIE

Fromages Chaput, affiné par Les Dépendances du Manoir
Brigham [Cantons-de-l'Est]

CROÛTE	Légèrement beige, naturelle, couverte de moisissures
PÂTE	Blanche, demi-ferme, friable, devenant crémeuse sous l'effet de la chaleur
ODEUR	Caprine et légèrement florale
SAVEUR	Douce et caprine
LAIT	De chèvre entier, pasteurisé, ramassage collectif
AFFINAGE	27 jours dans un hâloir, la croûte se couvrant d'un duvet fleuri
CHOISIR	Croûte et pâte sèches sans excès
CONSERVER	1 à 2 mois, dans un papier ciré doublé d'un papier d'aluminium, entre 2 et 4 °C
OÙ TROUVER	Dans la majorité des boutiques et fromageries spécialisées au Québec ainsi que dans certains supermarchés

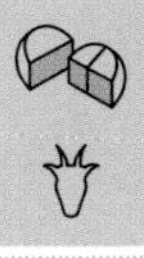

FORMAT	Meule de 100 g
M.G.	22 %
HUM.	54 %

RACLETTE CHAMPÊTRE

PÂTE DEMI-FERME À CROÛTE LAVÉE

Fromagerie Champêtre
Repentigny [Lanaudière]

CROÛTE	Orangé-brun, légèrement fleurie et sableuse
PÂTE	Demi-ferme, pressée, lisse, souple et crémeuse
ODEUR	Franchement marquée du terroir
SAVEUR	Marquée de beurre salé et du terroir, savoureuse
LAIT	De vache entier, pasteurisé, ramassage collectif de la région de Lanaudière
AFFINAGE	45 à 90 jours, le lait ensemencé de bactéries d'affinage
CHOISIR	Croûte et pâte souples, l'odeur agréable
CONSERVER	Jusqu'à 2 mois, dans un papier ciré doublé d'un papier d'aluminium, entre 2 et 4 °C
OÙ TROUVER	À la fromagerie, dans les boutiques et fromageries spécialisées et dans les supermarchés, distribué par J.L. Freeman
NOTE	Dans un proche avenir, on projette de laver la croûte avec de la bière.

FORMAT	Meule rectangulaire de 2 kg (27 cm sur 9,5 cm sur 6 cm), en demi-meule
M.G.	24 %
HUM.	40 %

La raclette

Ce fromage centenaire est une spécialité du Valais Suisse.

À l'origine au lait de vache cru, il cache sous sa croûte lavée de couleur marron à orangé, une pâte demi-ferme, souple et crémeuse. Sa propriété de fonte le rapproche des fromages à fondue, mais son goût est plus corsé.

Fritz Kaiser a mis en marché la première raclette fabriquée au pays selon la tradition et les méthodes apprises dans sa Suisse natale. D'autres fromagers ont suivi. On trouve aujourd'hui sur le marché québécois une variété de raclettes aux saveurs variant de douces à corsées, plusieurs sont vouées à l'exportation.

RACLETTE DAMAFRO
PÂTE DEMI-FERME À CROÛTE LAVÉE

Damafro
Fromagerie Clément
Saint-Damase [Montérégie]

CROÛTE	Toilée, brunâtre et épaisse
PÂTE	Blé mûr, souple, dense, élastique et luisante
ODEUR	Marquée, arômes parfumés rappelant le gruyère
SAVEUR	Franche, notes de noisette, légèrement salée
LAIT	De vache entier, pasteurisé, ramassage collectif
AFFINAGE	Environ 30 jours croûte lavée à la saumure
CHOISIR	Croûte sèche et souple, pâte non collante
CONSERVER	Jusqu'à 2 mois, dans un papier ciré doublé d'un papier d'aluminium, entre 2 et 4 °C
OÙ TROUVER	À la fromagerie et distribué dans la majorité des supermarchés au Québec

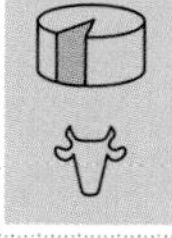

FORMAT	Meule de 3 kg, à la coupe
M.G.	24 %
HUM.	50 %

RACLETTE DES APPALACHES
PÂTE DEMI-FERME À CROÛTE LAVÉE

Éco-Délices
Plessisville [Bois-Francs]

CROÛTE	Dorée, lavée, mi-épaisse et sèche au toucher
PÂTE	De crème à blé mûr, lisse, souple et élastique
ODEUR	Arôme très présent devenant plus prononcé avec le temps
SAVEUR	Marquée et longue en bouche, d'abord délicate et fruitée, puis plus relevée avec le temps, fromage de caractère
LAIT	De vache, pasteurisé, un seul élevage
AFFINAGE	de 8 à 10 semaines croûte lavée
CHOISIR	Pâte lisse à l'odeur fruitée
CONSERVER	Jusqu'à 1 mois, dans un papier ciré, entre 2 et 4 °C
OÙ TROUVER	À la fromagerie (tous les jours de 8 h 30 à 12 h et de 13 h à 16 h 30), dans les boutiques et fromageries spécialisées ainsi que dans la majorité des supermarchés

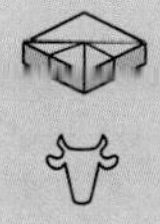

FORMAT	Meule de 3 kg, à la coupe
M.G.	27 %
HUM.	46 %

RACLETTE D'OKA

PÂTE FERME À CROÛTE LAVÉE

Agropur – Usine Oka

Montréal [Montréal-Laval]

CROÛTE	Jaune à rouge selon son degré de vieillissement, relativement ferme,
PÂTE	Ivoire, ferme mais tendre et crémeuse
ODEUR	Forte, notes de noisette
SAVEUR	Piquante se renforçant en cours de maturation
LAIT	De vache entier, pasteurisé, ramassage collectif
AFFINAGE	40 jours
CHOISIR	Croûte sèche et souple, pâte non collante
CONSERVER	Jusqu'à 2 mois, dans un papier ciré doublé d'un papier d'aluminium, entre 2 et 4 °C
OÙ TROUVER	Dans les épiceries et les supermarchés

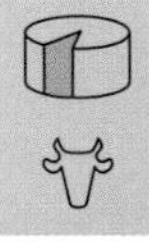

FORMAT	Meule de 3 kg, au poids
M.G.	28 %
HUM.	42 %

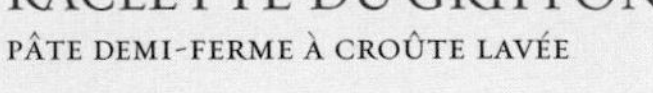

RACLETTE DU GRIFFON

PÂTE DEMI-FERME À CROÛTE LAVÉE

Kaiser

Noyan [Montérégie]

CROÛTE	Teintée de brun clair, mince et rugueuse
PÂTE	Jaune crème, souple et onctueuse
ODEUR	Marquée, franche, pénétrante et légèrement piquante
SAVEUR	Marquée, épicée, voire poivrée, avec des notes de beurre salé et de noisette
LAIT	De vache entier, pasteurisé, élevages de la région
AFFINAGE	2 et 4 mois croûte lavée à la saumure et à la bière Griffon
CHOISIR	Croûte sèche et souple, pâte non collante
CONSERVER	Jusqu'à 2 mois, dans un papier ciré doublé d'un papier d'aluminium, entre 2 et 4 °C
OÙ TROUVER	À la fromagerie, dans les boutiques et fromageries spécialisées ainsi que dans les supermarchés
NOTE	La Raclette du Griffon s'est classé « Champion » dans la catégorie « Fromage aromatisé (non particulaire) » au Grand Prix des fromages 2004.

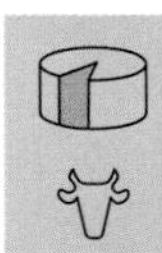

FORMAT	Meule de 3,2 kg, à la coupe
M.G.	24 %
HUM.	48 %

RACLETTE FRITZ
PÂTE DEMI-FERME À CROÛTE LAVÉE

Kaiser
Noyan [Montérégie]

CROÛTE	Paille foncée, lavée
PÂTE	Jaune crème, demi-ferme, souple et onctueuse
ODEUR	Marquée et lactique
SAVEUR	De marquée à prononcée, notes de noisette et de champignon
LAIT	De vache entier, pasteurisé, élevages de la région
AFFINAGE	2 mois (régulier) et 4 mois (moyen) croûte lavée à la saumure
CHOISIR	Croûte sèche et souple, pate non collante
CONSERVER	Jusqu'à 2 mois, dans un papier ciré doublé d'un papier d'aluminium, entre 2 et 4 °C
OÙ TROUVER	À la fromagerie, dans les boutiques et fromageries spécialisées ainsi que dans les supermarchés

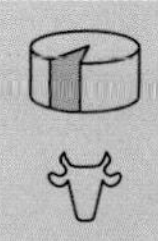

FORMAT	Meule de 3,5 kg (26 sur 6,5 cm d'épaisseur), à la coupe
M.G.	24 %
HUM.	48 %

RASSEMBLEU

PÂTE FERME, PERSILLÉE, « CRU FERMIER »

Les Fromagiers
de la Table Ronde
Sainte-Sophie [Basse-Laurentides]

CROÛTE	Toilée, grisâtre à brunâtre, duvet blanc épars, (de blanche à grisâtre ou bleuâtre, provenant du mélange du *penicillium camemberti* de la croûte et du *penicillium roqueforti* d'affinage)
PÂTE	De blanche à jaune beurre avec le temps, de ferme à friable, parsemée de veines bleues se répartissant avec le temps
ODEUR	De foin ou de grains, notes typique du bleu, légèrement piquante, bouquetée
SAVEUR	Franche devenant corsée, puissante avec l'affinage, riche saveur de crème et âcreté typique du bleu mêlée de sel s'achevant sur une note rustique, poivrée et herbacée Entre le bleu d'Auvergne et le bleu Bénédictin
LAIT	De vache entier, cru fermier, élevage de la ferme
AFFINAGE	120 jours
CHOISIR	La pâte ferme, les veines bleues apparentes sans excès, l'odeur douce ou fruitée
CONSERVER	Plusieurs mois entre 2 et 4 °C, dans un papier ciré doublé d'une feuille d'aluminium
OÙ TROUVER	À la fromagerie, dans les boutiques et fromageries spécialisées ainsi que dans les magasins d'alimentations desservis par Plaisirs Gourmets
NOTE	Certifié biologique par Québec Vrai. Le Rassembleu est le dernier né des bleus québécois, et ça promet ! Le lait de la traite du matin est transformé encore chaud, alors qu'il est à son meilleur niveau de qualité. Mention Spéciale au Concours des fromages fins du Québec 2004.

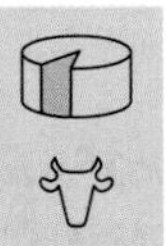

FORMAT	Meule haute de 1 kg, 14 cm de diamètre, 5,5 cm d'épaisseur
M.G.	28 %
HUM.	42 %

RACLETTE KINGSEY

PÂTE DEMI-FERME À CROÛTE LAVÉE

Groupes Fromages Côté
Warwick [Bois-Francs]

CROÛTE	Brun orangé, lavée, mince et souple
PÂTE	D'ivoire à jaune pâle, demi-ferme, souple
ODEUR	Marquée, bouquetée
SAVEUR	Marquée et fruitée avec une pointe lactique de beurre légèrement salé et de noisette
LAIT	De vache entier, pasteurisé, ramassage collectif
AFFINAGE	De 2 à 3 mois, croûte lavée avec une saumure
CHOISIR	Croûte sèche et souple, pâte non collante
CONSERVER	Jusqu'à 2 mois, dans un papier ciré doublé d'un papier d'aluminium, entre 2 et 4 °C
OÙ TROUVER	À la fromagerie, dans les boutiques et fromageries spécialisées ainsi que dans la majorité des épiceries et supermarchés au Québec

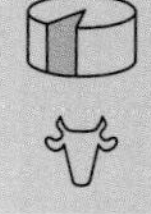

FORMAT	Meule de 2 kg, à la coupe
M.G.	26 %
HUM.	46 %

RICOTTA PURE CHÈVRE

PÂTE FRAÎCHE

Abbaye de Saint-Benoît-du-Lac
Saint-Benoît-du-Lac [Cantons-de-l'Est]

CROÛTE	Sans croûte
PÂTE	Blanche, moelleuse et humide
ODEUR	Très douce
SAVEUR	Douce et légèrement saline, lactique
LAIT	De chèvre entier, pasteurisé, élevage de la ferme
AFFINAGE	Frais
CHOISIR	Sous vide
CONSERVER	2 semaines, sous une pellicule plastique, entre 2 et 4 °C
OÙ TROUVER	À la boutique de l'Abbaye, dans plusieurs boutiques et fromageries spécialisées ainsi que dans les épiceries et supermarchés du Québec

FORMAT	À la coupe, en sachet sous vide
M.G.	25 %
HUM.	55 %

La ricotta

Le terme italien ricotta signifie recuisson.

Originaire du Piémont et de Lombardie, ce fromage à pâte fraîche est élaboré à partir des résidus du caillé utilisé dans la fabrication du provolone, du cheddar ou des fromages de type suisse. La ricotta s'obtient par l'acidification du lactosérum du lait autour de 85 °C ; durant le processus, les protéines forment des grumeaux contenant le lactose, les gras et les sels minéraux.

Il peut être élaboré à partir du lait de brebis, de chèvre ou de vache. On le trouve en crème ou en bloc pressé. Son goût est léger.

RICOTTA ABBAYE

PÂTE FRAÎCHE

Abbaye de Saint-Benoît-du-Lac
Saint-Benoît-du-Lac [Cantons-de-l'Est]

CROÛTE	Sans croûte
PÂTE	Blanche, humide, moelleuse et granuleuse
ODEUR	Très douce
SAVEUR	Douce et légèrement saline, lactique
LAIT	De vache entier, pasteurisé, élevage de la ferme
AFFINAGE	Frais
CHOISIR	Frais, sitôt sa sortie de fabrication
CONSERVER	2 semaines, sous une pellicule plastique, entre 2 et 4 °C
OÙ TROUVER	À l'Abbaye, dans plusieurs boutiques et fromageries spécialisées ainsi que dans les épiceries et supermarchés du Québec, distribuée par Le Choix du Fromager

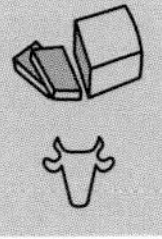

FORMAT	Meule pressée, en pointe d'environ 170 g, sous vide
M.G.	12 %
HUM.	65 %

RICOTTA LIBERTÉ ET RICOTTA L'ANCÊTRE

PÂTE FRAÎCHE

Fromagerie L'Ancêtre pour le groupe Liberté
Bécancour [Centre du Québec]

CROÛTE	Sans croûte
PÂTE	Blanche, humide et granuleuse
ODEUR	Douce de lait
SAVEUR	Douce et lactique
LAIT	De vache entier, ramassage collectif
AFFINAGE	Frais
CHOISIR	Frais, sitôt sa sortie de fabrication
CONSERVER	2 semaines, dans son contenant, entre 2 et 4 °C
OÙ TROUVER	Dans les supermarchés
NOTE	Certifié biologique par Québec Vrai.

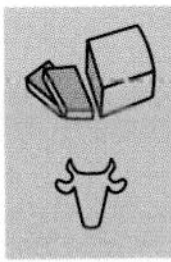

FORMAT	Contenant de 190 g
M.G.	7 %
HUM.	65 %

RICOTTA SAPUTO
PÂTE FRAÎCHE

Saputo
Montréal [Montréal-Laval]

CROÛTE	Sans croûte
PÂTE	Blanche et humide de texture crémeuse, légèrement pâteuse et granuleuse
ODEUR	Très douce
SAVEUR	Douce, délicate de lait frais avec une pointe d'amertume laissant une impression de fraîcheur
LAIT	De vache entier, pasteurisé, ramassage collectif
AFFINAGE	Frais
CHOISIR	Frais, sitôt sa sortie de fabrication
CONSERVER	Non ouvert : 28 jours depuis la date de production, dans les 4 jours après ouverture, entre 2 et 4 °C
OÙ TROUVER	Dans la majorité des épiceries et supermarchés au Québec

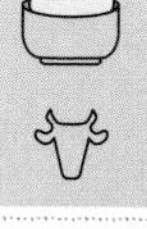

FORMAT	Contenant de 475 g
M.G.	13 %
HUM.	73 %

ROSÉ DU SAGUENAY
PÂTE DEMI-FERME À CROÛTE LAVÉE

La Petite Heidi
Sainte-Rose-du-Nord
[Saguenay – Lac-Saint-Jean]

CROÛTE	De jaune paille à orangé, d'un bel orange rosé après 40 jours d'affinage
PÂTE	Blanche et souple
ODEUR	Bouquetée, riche, lactique et caprine
SAVEUR	Douce, notes de noisette, acidité et astringence légères
LAIT	De chèvre entier, pasteurisé, un seul élevage
AFFINAGE	De 30 à 40 jours et plus, croûte lavée au vin blanc
CHOISIR	Croûte et légèrement humide, la pâte non collante
CONSERVER	Jusqu'à 2 mois, dans un papier ciré doublé d'un papier d'aluminium, entre 2 et 4 °C
OÙ TROUVER	À la fromagerie et dans certaines boutiques et fromageries spécialisées

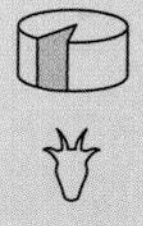

FORMAT	Meule de 2 kg, à la coupe
M.G.	De 26 % à 29 %
HUM.	50 %

RIOPELLE DE L'ÎSLE

PÂTE MOLLE À CROÛTE FLEURIE,
TRIPLE CRÈME

Société coopérative agricole
de l'Île-aux-Grues
Île-aux-Grues [Bas-Saint-Laurent]

CROÛTE	Blanche, fleurie et duveteuse
PÂTE	Ivoire, molle, onctueuse et lisse, devenant coulante
ODEUR	Délicate, légèrement fongique et lactique
SAVEUR	Douce et crémeuse, notes de crème et de champignon
LAIT	De vache entier avec ajout de crème et de lactosérum, thermisé, élevages de l'île
AFFINAGE	60 jours
CHOISIR	La croûte bien blanche, la pâte onctueuse et souple
CONSERVER	Jusqu'à 1 mois, dans un papier ciré, entre 2 et 4 °C
OÙ TROUVER	À la fromagerie et distribué par Plaisirs Gourmets dans la majorité des boutiques spécialisées au Québec
NOTE	En 2002, le Riopelle-de-l'Isle a remporté le Prix de la presse et le Prix de la presse nouveauté lors du Festival des fromages fins de Warwick en 2002. En 2003, le Prix de la presse et le Prix du public. Il a été classé Champion de la catégorie fromage à pâte molle au Grand Prix des fromages 2004.

FORMAT Meule de 1,4 kg
M.G. 35 %
HUM. 50 %

ROUGETTE DE BRIGHAM

PÂTE MOLLE À CROÛTE LAVÉE, AFFINÉE AU BRANDY DE POMME

Kaiser, affiné par
Les Dépendances du Manoir
Brigham [Cantons-de-l'Est]

CROÛTE	Orangée, humide
PÂTE	Belle teinte ambrée, fondante
ODEUR	Douce et fruitée
SAVEUR	De douce à marquée, typée, notes vaporeuses et fruitées de pomme et de noisette grillée
LAIT	De vache entier, pasteurisé
AFFINAGE	60 jours, puis macéré dans un brandy de pomme
CHOISIR	Frais dans son emballage, souple
CONSERVER	Jusqu'à 2 mois, dans un papier ciré doublé d'un papier d'aluminium, entre 2 et 4 °C
OÙ TROUVER	À la maison d'affinage, dans les boutiques et fromageries spécialisées, dans les supermarchés
NOTE	Les petites meules de fromage, déposées en étages dans d'anciennes jarres de grès hermétiquement fermées et contenant du brandy se gorgent de la saveur et des vapeurs de l'alcool.

FORMAT	Meule de 150 g
M.G.	25 %
HUM.	55 %

ROULÉ

PÂTE FRAÎCHE, NATURE OU ASSAISONNÉE À L'AIL, À LA CIBOULETTE, AUX FINES HERBES OU AU POIVRE

Fromagerie Dion
Montbeillard [Abitibi-Témiscamingue]

CROÛTE	Sans croûte
PÂTE	Blanche, fraîche, onctueuse, voire crémeuse
ODEUR	Lactique, légèrement acidulée
SAVEUR	Lactique, goût frais et légèrement acidulé
LAIT	De chèvre entier, pasteurisé, élevage de la ferme et d'un autre élevage à l'occasion
AFFINAGE	Frais
CHOISIR	Frais, sitôt sa sortie de fabrication
CONSERVER	Jusqu'à 4 semaines, sous une pellicule plastique, entre 2 et 4 °C
OÙ TROUVER	À la fromagerie
NOTE	La Fromagerie Dion propose aussi ses fromages de chèvre frais dans des contenants de 125 g sous l'appellation Le Délice. Le roulé nature sert à la fabrication d'un fromage plus corsé rappelant le parmesan (il en emprunte l'appellation). Égoutté, affiné et déshydraté, il est vendu en sachets égrené ou râpé.

FORMAT	Rouleau de 100 g et au kilo
M.G.	13 %
HUM.	70 %

SABOT DE BLANCHETTE

PÂTE MOLLE À CROÛTE NATURELLE FLEURIE

La Suisse Normande

Saint-Roch-de-l'Achigan [Lanaudière]

CROÛTE	Naturelle, plissée et inégale, « crapautée », légère et croquante, recouverte d'une fleur blanche et piquée de mousse bleue
PÂTE	Blanche, de coulante près de la croûte à crayeuse, mais très onctueuse et crémeuse
ODEUR	Délicate de lait frais et de cave humide
SAVEUR	Douce et veloutée, légère acidité, la croûte fraîche apporte une note fongique
LAIT	De chèvre entier, pasteurisé, un seul élevage
AFFINAGE	21 jours à 6 semaines
CHOISIR	Odeur bien fraîche, la pâte crayeuse et légèrement humide, la croûte piquée de bleu
CONSERVER	2 semaines dans son emballage ciré, entre 2 et 4 °C
OÙ TROUVER	À la fromagerie et distribué par Plaisirs Gourmets dans les principales boutiques et fromageries spécialisées du Québec
NOTE	Ce petit fromage tient son originalité de la mousse bleue qui parsème sa croûte. Elle confère à la pâte un léger goût fruité, piquant, long et agréable en bouche.

FORMAT	Pyramide tronçonnée de 150 g
M.G.	26 %
HUM.	50 %

SAINT-BASILE DE PORTNEUF

PÂTE DEMI-FERME, À CROÛTE LAVÉE

Fromages
Luc Mailloux - Piluma
Saint-Basile [Québec]

CROÛTE	Orangée, souple, moisissures orangé-blanc se développant durant la période d'affinage
PÂTE	Souple, de crayeuse à moelleuse et onctueuse
ODEUR	Marquée de champignon sauvage
SAVEUR	Prononcée, notes de noisette et de champignon, légèrement salée, avec le temps la saveur se développe en des notes complexes et savoureuses
LAIT	De vache entier, cru fermier, élevage de la ferme
AFFINAGE	60 jours
CHOISIR	La croûte sèche au toucher mais souple, la pâte souple et onctueuse, et l'odeur douce
CONSERVER	Entre 13 et 15 °C, afin de poursuivre l'affinage, à 4 °C il se conserve facilement jusqu'à 2 à 3 mois
OÙ TROUVER	À la fromagerie entre les heures de traite ainsi qu'à l'Échoppe des Fromages (Saint-Lambert), la fromagerie Hamel (Montréal), la Fromagerie du deuxième (Marché Atwater – Montréal), La Fromagère (Marché du Vieux-Port – Québec) et les magasins Nourcy (Québec)
NOTE	Ce fromage de lait « cru fermier » fut la première création du fromager Luc Mailloux. La pâte pressée devenant moelleuse à l'affinage, la croûte lavée se recouvrant de moisissures externes et le goût sucré et crémeux en font un joyaux du terroir québécois. Le Saint-Basile de Portneuf est constitué de bactéries thermophiles qui vivent à la chaleur et meurent à moins de 11 °C.

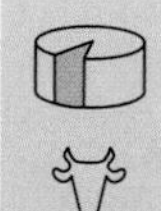

FORMAT	Meule de 1,3 kg (20,5 cm sur 4 cm), présenté dans une boîte de bois, à la coupe
M.G.	27%
HUM.	50%

SAINT-AUGUSTIN
SUISSE, PÂTE FERME

Abbaye de Saint-Benoît-du-Lac
Saint-Benoît-du-Lac [Cantons-de-l'Est]

CROÛTE	Sans croûte
PÂTE	Orangée, ferme, dense et élastique, yeux ronds répartis dans la masse
ODEUR	Douce d'emmental
SAVEUR	Fin goût d'amande et de beurre salé
LAIT	De vache, pasteurisé, élevage de l'abbaye et ramassage collectif
AFFINAGE	90 jours, à une température variant entre 10 et 11 °C
CHOISIR	Sous vide, la pâte ferme et souple
CONSERVER	Jusqu'à 2 mois, dans un papier ciré doublé d'un papier d'aluminium, entre 2 et 4 °C
OÙ TROUVER	À la fromagerie dans les supermarchés IGA et Métro ainsi que les boutiques et fromageries spécialisées au Québec, distribué par Le Choix du Fromager

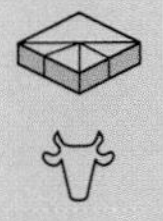

FORMAT	Meule carrée de 3 kg à 5 kg, (25 cm sur 12 cm)
M.G.	29 %
HUM.	40 %

SAINT-DAMASE
PÂTE MOLLE, AFFINÉE, À CROÛTE LAVÉE ET FLEURIE (MIXTE)

Damafro
Fromagerie Clément
Saint-Damase [Montérégie]

CROÛTE	Orangée, en partie recouverte d'une mousse blanche
PÂTE	Couleur blé, onctueuse et lisse, devenant coulante
ODEUR	Franche, fruitée et expansive
SAVEUR	Prononcée et fruitée, notes de champignon et de crème
LAIT	De vache entier, pasteurisé, ramassage collectif
AFFINAGE	6 ou 7 semaines
CHOISIR	La croûte légèrement fleurie, la pâte souple et crémeuse
CONSERVER	Jusqu'à 1 mois, dans un papier ciré, entre 2 et 4 °C
OÙ TROUVER	À la fromagerie et distribué dans la majorité des supermarchés au Québec
NOTE	Ce fromage à croûte lavée et fleurie est le tout premier à avoir été fabriqué au Québec d'après une recette élaborée dans un monastère du Calvados.

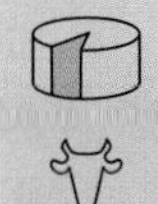

FORMAT	Meules de 175 g et 1,2 kg, à la coupe
M.G.	26 %
HUM.	50 %

SAINTE-ROSE LAVÉ AU VIN

TOMME, PÂTE DEMI-FERME À CROÛTE NATURELLE LAVÉE

La Petite Heidi
Sainte-Rose-du-Nord
[Saguenay – Lac-Saint-Jean]

CROÛTE	De jaune paille à orangée recouverte d'épices
PÂTE	Blanche et souple
ODEUR	Bouquetée, marquée par les épices, riche, fraîche et lactique
SAVEUR	Douce et bouquetée, voire épicée
LAIT	De chèvre entier, pasteurisé, un seul élevage
AFFINAGE	10 jours, croûte lavée au vin blanc
CHOISIR	La croûte ferme et légèrement humide, la pâte souple
CONSERVER	30 à 40 jours, dans un papier ciré doublé d'un papier d'aluminium, entre 2 et 4 °C
OÙ TROUVER	À la fromagerie

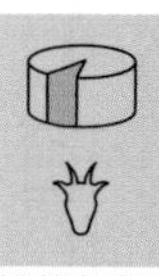

FORMAT	Meule de 2 kg, à la coupe
M.G.	De 26 % à 29 %
HUM.	50 %

SAINT-FÉLICIEN LAC-SAINT-JEAN

PÂTE DEMI-FERME, DOUX, MOYEN ET FORT

Fromagerie Ferme des Chutes
Saint-Félicien
[Saguenay–Lac-Saint-Jean]

CROÛTE	Sans croûte
PÂTE	Jaune pâle, lisse et crémeuse, fondante en bouche
ODEUR	Douce
SAVEUR	Douce, goût de beurre, légère touche d'acidité et une note d'amande en fin de bouche, rappelant le cheddar
LAIT	De vache entier, pasteurisé à basse température, élevage de la ferme
AFFINAGE	De 6 semaines à 8 mois
CHOISIR	Sous vide
CONSERVER	Jusqu'à 2 mois, dans un papier ciré doublé d'un papier d'aluminium, entre 2 et 4 °C
OÙ TROUVER	À la ferme et dans les épiceries de la région
NOTE	Certifié biologique par Québec Vrai. transformé à la façon du brick, avec le même caillé que le cheddar dont on retire le lactose. Moulé, salé puis mis en cave pour une période de 6 semaines à 8 mois.

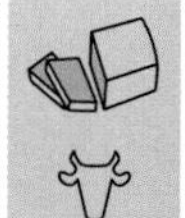

FORMAT	Blocs de 200 g et 400 g
M.G.	29 %
HUM.	42 %

SAINT-HONORÉ

PÂTE MOLLE (TRIPLE CRÈME)
À CROÛTE FLEURIE

Cayer
Saint-Raymond [Québec]

CROÛTE	Blanche, unie et duveteuse
PÂTE	Crémeuse et onctueuse
ODEUR	Douce de crème
SAVEUR	De beurre salé, riche et crémeuse, adoucie par le goût de champignon de la croûte
LAIT	De vache entier et crème, pasteurisés, ramassage collectif
AFFINAGE	Environ 2 semaines
CHOISIR	La croûte bien blanche et ferme au toucher
CONSERVER	De 70 à 80 jours selon le format, dans son emballage, entre 2 et 4 °C
OÙ TROUVER	À la fromagerie et dans les supermarchés

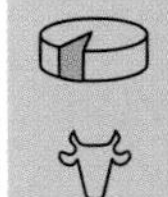

FORMAT	Meules de 200 g (8 cm sur 5 cm) et de 2 kg, à la coupe
M.G.	35 %
HUM.	50 %

SAINT-ISIDORE

PÂTE MOLLE À CROÛTE FLEURIE

Ruban Bleu
Saint-Isidore [Montérégie]

CROÛTE	Blanche, fleurie et duveteuse
PÂTE	De blanche à crème, molle, onctueuse, coulante en vieillissant
ODEUR	Douce et lactique
SAVEUR	Douce, de champignons et de lait, belle longueur en bouche
LAIT	De chèvre entier, pasteurisé, élevage de la ferme
AFFINAGE	De 1 à 4 mois
CHOISIR	Frais, sitôt sa sortie de fabrication
CONSERVER	2 à 4 semaines, dans un papier ciré, entre 2 et 4 °C
OÙ TROUVER	À la fromagerie

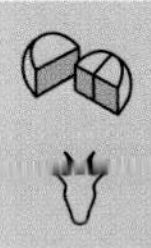

FORMAT	Meule de 180 g
M.G.	19 %
HUM.	56 %

SAINT-ISIDORE CENDRÉ

PÂTE MOLLE, ENROBÉ DE CHARBON VÉGÉTAL

Ruban Bleu

Saint-Isidore [Montérégie]

CROÛTE	Blanc ambré, fleurie, traces de cendre
PÂTE	Blanche, molle, de crayeuse à crémeuse
ODEUR	De douce à marquée
SAVEUR	Marquée et légèrement caprine se mariant et complétant à merveille celle de la cendre, goût fruité du Bleu après 2 mois d'affinage
LAIT	De chèvre entier, pasteurisé, élevage de la ferme
AFFINAGE	30 jours et plus
CHOISIR	Frais, sitôt sa sortie de fabrication
CONSERVER	2 à 4 semaines, dans un papier ciré, entre 2 et 4 °C
OÙ TROUVER	À la fromagerie

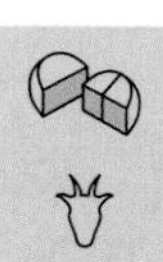

FORMAT	Meule conique tronquée de 125 g
M.G.	20 %
HUM.	60 %

Le Saint-Paulin

Classé parmi les fromages à pâte demi-ferme (non cuite), on le reconnaît à sa croûte recouverte d'une pellicule plastique orangée : une protection contre les moisissures qui peuvent se développer en surface.

Originellement élaboré par des moines, comme le Port-Salut, ce fromage subit une très légère maturation. Sa pâte souple recèle une saveur fraîche, douce et fruitée, légèrement sucrée et très caractérisée.

SAINT-PAULIN ANCO

PÂTE DEMI-FERME

Agropur – Usine d'Oka
Montréal [Montréal-Laval]

CROÛTE	Recouverte d'une pellicule alimentaire jaune
PÂTE	Jaune très pâle, demi-ferme, tendre, lisse et moelleuse
ODEUR	Légère et agréable
SAVEUR	Douce, discrète et veloutée, variant selon la maturation
LAIT	De vache entier, pasteurisé, ramassage collectif
AFFINAGE	Environ 2 semaines
CHOISIR	La croûte et la pâte souples, l'odeur fraîche
CONSERVER	Jusqu'à 2 mois, dans un papier ciré doublé d'un papier d'aluminium, entre 2 et 4 °C
OÙ TROUVER	Dans la majorité des supermarchés au Québec
NOTE	Le Saint-Paulin Anco a remporté le grand prix Sélection Caseus 2003 dans la catégorie des pâtes demi-fermes. Il a été classé Champion de la même catégorie au Grand Prix des fromages 2004.

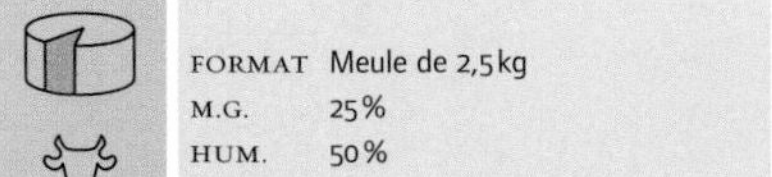

FORMAT Meule de 2,5 kg
M.G. 25 %
HUM. 50 %

SAINT-PAULIN KINGSEY

PÂTE DEMI-FERME À CROÛTE LAVÉE

Groupes Fromages Côté
Warwick [Bois-Francs]

CROÛTE	Recouverte d'une pellicule orangée
PÂTE	Demi-ferme, légèrement élastique, souple et lisse
ODEUR	Douce, fruitée, légèrement acide, rappelant le lait
SAVEUR	Douce ou délicate, goût de beurre frais et de noix, très agréable
LAIT	Entier de vache, pasteurisé, ramassage collectif
AFFINAGE	2 semaines
CHOISIR	La croûte et la pâte souples, l'odeur fraîche
CONSERVER	Jusqu'à 2 mois, dans un papier ciré doublé d'un papier d'aluminium, entre 2 et 4 °C
OÙ TROUVER	À la fromagerie, dans les boutiques et fromageries spécialisées ainsi que dans la majorité des épiceries et supermarchés au Québec

FORMAT Meule de 2 kg, à la coupe
M.G. 25 %
HUM. 50 %

SAINT-PAULIN DAMAFRO

PÂTE DEMI-FERME, AFFINÉ DANS LA MASSE

Damafro
Fromagerie Clément
Saint-Damase [Montérégie]

CROÛTE	Recouverte d'une pellicule jaune orangé
PÂTE	Demi-ferme, lisse, souple et crémeuse
ODEUR	Douce et délicate de crème ou de lait frais caillé, légèrement acidulée
SAVEUR	Douce de crème, herbacée, très légèrement fumée
LAIT	De vache entier, pasteurisé, ramassage collectif
AFFINAGE	De 2 semaines à 1 mois croûte recouverte d'une pellicule plastique
CHOISIR	La croûte et la pâte souples, l'odeur fraîche
CONSERVER	Jusqu'à 2 mois, dans un papier ciré doublé d'un papier d'aluminium, entre 2 et 4 °C
OÙ TROUVER	À la fromagerie et distribué dans la majorité des supermarchés au Québec

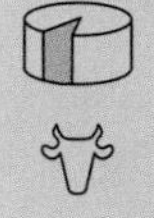

FORMAT	Meule d'environ 2,2 kg, à la coupe
M.G.	25 %
HUM.	43 %

SAINT-PAULIN FRITZ et SAINT-PAULIN LÉGER

PÂTE DEMI-FERME

Kaiser
Noyan [Montérégie]

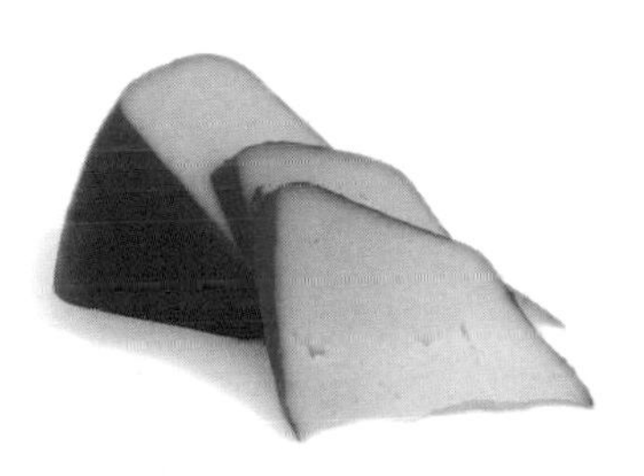

CROÛTE	Recouverte d'une pellicule en plastique souple orangé
PÂTE	Couleur crème, demi-ferme, onctueuse
ODEUR	Douce et lactique avec une note acide
SAVEUR	Douce, fraîche et lactique
LAIT	De vache entier, pasteurisé, élevages de la région
AFFINAGE	2 semaines
CHOISIR	La croûte et la pâte souples, l'odeur fraîche
CONSERVER	Jusqu'à 2 mois, dans un papier ciré doublé d'un papier d'aluminium, entre 2 et 4 °C
OÙ TROUVER	À la fromagerie, dans certaines boutiques et fromageries spécialisées, dans les supermarchés, distribué par Le Choix du Fromager

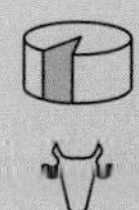

FORMAT	Meule de 2 kg (20 cm de diamètre sur 7,5 cm d'épaisseur), à la coupe
M.G.	25 % 12 % (léger)
HUM.	50 %

SARAH BRIZOU

PÂTE CRAYEUSE, MOLLE À DEMI-FERME À CROÛTE LAVÉE ET À MOISISSURES EXTERNES

Fromages
Luc Mailloux - Piluma
Saint-Basile [Québec]

CROÛTE	Orangée, striée, parsemée de moisissures en début d'affinage se feutrant de moisissures blanches, bleues, grises et vertes
PÂTE	Jaune paille, crayeuse et onctueuse, coulante en vieillissant
ODEUR	Douce, feutrée de sous-bois, croûte fleurant bon le sous-bois et le champignon
SAVEUR	De marquée à prononcée, fruitée, voire chatoyante avec des notes de beurre, de noisette fraîche mêlées de trêfle et de champignon sauvage de plus en plus intenses
LAIT	De vache entier, cru fermier, élevage de la ferme
AFFINAGE	60 à 90 jours, croûte lavée à la saumure
CHOISIR	La croûte humide mais non collante, la pâte onctueuse et les arômes frais
CONSERVER	15 jours entre 13 et 15 °C, afin de poursuivre l'affinage, à 4 °C il se conserve facilement de 1à 2 mois
OÙ TROUVER	À la fromagerie entre les heures de traite ainsi qu'à l'Échoppe des Fromages (Saint-Lambert), la fromagerie Hamel (Montréal), la Fromagerie du deuxième (Marché Atwater – Montréal), La Fromagère (Marché du Vieux-Port – Québec) et les magasins Nourcy (Québec)
NOTE	Fromage d'amour, Luc Mailloux l'a ainsi nommé pour rendre hommage à sa compagne et partenaire Sarah Tristan. Le brizou est un terme utilisé pour désigner la déchirure du caillé. Le Sarah Brizou est travaillé entièrement à la main, un à un, la croûte lavée, essuyée, tapotée tout au long de l'affinage.

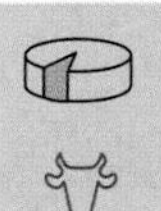

FORMAT	Meule d'environ 500 g, 12 cm de diamètre sur 5 cm d'épaisseur
M.G.	26 %
HUM.	51 %

SAINT-PIERRE DE SAUREL RÉGULIER ET LÉGER

ESROM, PÂTE DEMI-FERME À CROÛTE LAVÉE

Laiterie Chalifoux Les Fromages Riviera

Sorel-Tracy [Montérégie]

CROÛTE	De jaune paille à jaune orangé, humide et tendre
PÂTE	Couleur crème, demi-ferme, souple, onctueuse et veloutée
ODEUR	Prononcée et parfumée, fleurie et animale
SAVEUR	De douce à marquée, notes complexes de beurre, fruitée (le Saint-Pierre de Saurel léger à des saveurs moins prononcées)
LAIT	De vache partiellement écrémé et écrémé, pasteurisé, ramassage collectif
AFFINAGE	1 mois et plus
CHOISIR	Sous vide, la croûte et la pâte souples
CONSERVER	Jusqu'à 2 mois, dans un papier ciré doublé d'un papier d'aluminium, entre 2 et 4 °C
OÙ TROUVER	À la fromagerie, dans les boutiques et fromageries spécialisées et dans les bonnes épiceries et supermarchés au Québec
NOTE	Fromage sans Lactose.

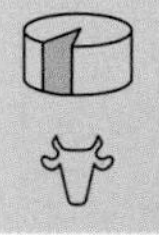

FORMAT	Meule de 2 kg, à la coupe
M.G.	24 % et 14 %
HUM.	50 % et 47 %

SHINGLISH

PÂTE FERME, SAUMURÉ, CONSERVÉ DANS L'HUILE

Fromagerie Marie Kadé

Boisbriand [Laurentides]

GARDER AU RÉFRIGÉRATEUR
KEEP REFRIGERATED
PRODUIT DU CANADA
PRODUCT OF CANADA
SHINGLISH
FROMAGE NON AFFINÉ À PÂTE FERME
FIRM UNRIPENED CHEESE
HUMIDITÉ MOISTURE 50%
M.G. M.F. 15%
MEILLEUR AVANT BEST BEFORE

CROÛTE	Sans croûte
PÂTE	Blanche, ferme et friable, assaisonnée et enrobée de piments forts, de cumin, de menthe ou d'origan séché
ODEUR	Douce
SAVEUR	Douce et salée, imprégnée des assaisonnements
LAIT	De vache entier, pasteurisé, ramassage collectif
AFFINAGE	Frais
CHOISIR	Sous vide ou dans la saumure
CONSERVER	3 mois et plus, en saumure ou sous une pellicule plastique, entre 2 et 4 °C
OÙ TROUVER	À la fromagerie et dans la plupart des magasins arabes (Épicerie du Ruisseau, bd Laurentien, Marché Daoust, bd des Sources, Intermarché, Côte-Vertu, Alimentation Maya, Gatineau)
NOTE	Le Shinglish, que l'on surnomme aussi Sourké, est un fromage traditionnel turc.

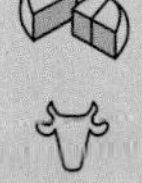

FORMAT	Boule de 500 g, assaisonnée et conservée dans l'huile
M.G.	15 %
HUM.	50 %

SIR LAURIER D'ARTHABASKA

REBLOCHON, PÂTE MOLLE À CROÛTE LAVÉE

Groupes Fromages Côté
Warwick [Bois-Francs]

CROÛTE	Rouge orangé clair, striée, se couvre d'un duvet blanc clairsemé
PÂTE	Beige clair, d'onctueuse à coulante si chambrée et fondante
ODEUR	Marquée, piquante en vieillissant
SAVEUR	Bouquetée, relevée, de typée à forte
LAIT	De vache entier, pasteurisé, ramassage collectif
AFFINAGE	21 jours
CHOISIR	La croûte légèrement fleurie, la pâte crémeuse
CONSERVER	1 mois, dans un papier ciré, entre 2 et 4 °C
OÙ TROUVER	À la fromagerie, dans les boutiques et fromageries spécialisées ainsi que dans la majorité des épiceries et supermarchés au Québec

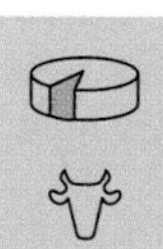

FORMAT	Meules de 160 g et de 400 g
M.G.	27 %
HUM.	55 %

SIEUR CORBEAU DES LAURENTIDES

PÂTE DEMI-FERME

La Fromagerie de l'Érablière
Mont-Laurier [Laurentides]

CROÛTE	Marron clair à blanchâtre, fine et sèche; et recouverte d'un duvet blanc clairsemé
PÂTE	Teinte crème, souple et onctueuse
ODEUR	Légèrement marquée, notes de champignons
SAVEUR	Douce, notes de crème, de noisette et de champignon frais
LAIT	De vache entier, thermisé (sera transformé cru prochainement), élevage de la ferme
AFFINAGE	45 jours croûte lavée à la saumure puis ensemencée de *penicillium candidum*
CHOISIR	La croûte légèrement fleurie, la pâte souple et onctueuse
CONSERVER	Jusqu'à 2 mois, dans un papier ciré doublé d'un papier d'aluminium, entre 2 et 4 °C
OÙ TROUVER	Les fromages de l'Érablière sont distribués par Plaisirs Gourmets dans la majorité des boutiques spécialisées du Québec

FORMAT	Meule de 1,5 kg
M.G.	27 %
HUM.	44 %

SORCIER DE MISSISQUOI

PÂTE DEMI-FERME À CROÛTE LAVÉE

Kaiser affiné par
Les Dépendances du Manoir
Brigham [Cantons-de-l'Est]

CROÛTE	Orangée, lavée et humide, parsemée de mousse blanche
PÂTE	De jaune crème à ivoire, demi-ferme et souple, striée au centre d'une couche de cendre, à la façon du morbier
ODEUR	Douce, notes de noisette
SAVEUR	Douce, léger goût de noisette
LAIT	De vache entier, pasteurisé
AFFINAGE	Quelques semaines, croûte lavée avec une saumure à base de chlorure de calcium
CHOISIR	La croûte légèrement fleurie, pâte souple et crémeuse
CONSERVER	2 mois, dans un papier ciré, entre 2 et 4 °C
OÙ TROUVER	Dans la majorité des boutiques et fromageries spécialisées au Québec ainsi que dans certains dans les supermarchés

FORMAT	Meule de 3 kg (23 cm sur 6 cm), à la coupe
M.G.	25 %
HUM.	50 %

LE SOUPÇON DE BLEU

BLEU DE BREBIS, PÂTE DEMI-FERME

La Moutonnière
Sainte-Hélène-de-Chester [Bois-Francs]

CROÛTE	Grisâtre, naturelle
PÂTE	Légèrement persillée, moisissures peu nombreuses et éparses, onctueuse
ODEUR	Marquée
SAVEUR	Douce et relevée, caractère vif et épicé, grande subtilité
LAIT	De brebis entier, thermisé ou pasteurisé selon la saison, un seul élevage
AFFINAGE	45 jours en cave, emballé, conservé en chambre froide au moins 2 semaines
CHOISIR	La pâte demi-ferme et onctueuse
CONSERVER	Jusqu'à 4 mois, réfrigéré entre 2 et 4 °C
OÙ TROUVER	À l'épicerie Chez Gaston au village de Trottier dans les Bois-Francs et dans quelques boutiques et fromageries spécialisées au Québec
NOTE	Le Soupçon de bleu est un bon substitut aux bleus plus corsés.

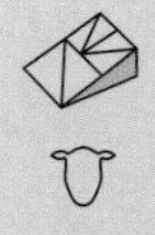

FORMAT	Meule de 500 g, à la coupe
M.G.	29 %
HUM.	48 %

STE MAURE DU MANOIR

PÂTE MOLLE FLEURIE ENROBÉE DE CHARBON VÉGÉTAL

Fromages Chaput, affiné par Les Dépendances du Manoir
Brigham [Cantons-de-l'Est]

CROÛTE	Enrobée de cendre noire, traces de mousse blanche irrégulière
PÂTE	Blanche ; crayeuse et crémeuse, s'affinant et devenant coulante de la croûte vers le centre
ODEUR	De douce à marquée de l'arôme typique du chèvre avec le temps
SAVEUR	Marquée et franchement caprine se mariant et se complétant avec celle de la cendre
LAIT	De chèvre entier, non pasteurisé, de l'élevage de la ferme
AFFINAGE	30 jours et plus
CHOISIR	La pâte crayeuse et fraîche, la croûte légèrement fleurie
CONSERVER	Jusqu'à 1 mois, dans un papier ciré, entre 2 et 4 °C
OÙ TROUVER	Dans la majorité des supermarchés

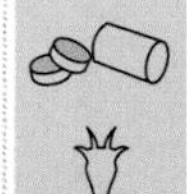

FORMAT	Meule cylindrique de 220 g (15 cm sur 4 cm)
M.G.	19 %
HUM.	63 %

Le suisse

Il demeure l'un des fromages le plus fabriqué au Québec après le cheddar. Les termes emmental et gruyère étant des appellations réservées et contrôlées, les petits cousins d'outremer se présentent ici sous le nom de « suisse » et, à leur sujet, on parle de type emmental ou de type gruyère.

Leur pâte est ferme, luisante, presque élastique d'ivoire à jaune pâle. Bien que ces fromages soient généralement à croûte lavée, on les retrouve le plus souvent sans croûte sur le marché. Ils sont parfois recouverts de cire translucide comme le graviera fabriqué par les religieuses orthodoxes, propriétaires de la fromagerie Le Troupeau Bénit, à Browsburg-Chatam. On reconnaît ces fromages à leurs yeux ronds nombreux et assez gros répartis dans l'ensemble de la pâte. Ces trous proviennent d'une légère fermentation causée par l'ajout de bactéries ou de ferments d'affinages (bactéries propioniques) et de sa maturation en cave chaude (de 15 à 24 °C) durant une période prédéfinie. Cette étape lui confère son goût de noisette et d'amande légèrement acide plus ou moins prononcé selon le temps d'affinage.

Parmi les suisses, on trouve, outre l'emmental et le gruyère, le beaufort et le comté (France), le jalsberg (Norvège), le maasdam (Hollande), la fontina (Italie) et le graviera (Grèce).

Par sa fabrication, le gruyère est semblable à l'emmental. Sa pâte est parsemée de petits yeux de la grosseur d'un pois, mais ces cavités sont parfois absentes. Sa pâte est compacte, lisse et élastique. Il est affiné sous une croûte robuste en meule d'une quarantaine de kilos. Il aurait été élaboré la première fois près de la petite ville de Gruyère en Suisse Romande.

Le fromage suisse a une qualité de fonte unique qui se prête le mieux aux gratins, fondues, sauces (Mornay) et soufflés.

SUISSE ALBERT PERRON
SUISSE, PÂTE FERME

Fromagerie Perron
Saint-Prime
[Saguenay – Lac-Saint-Jean]

CROÛTE	Sans croûte
PÂTE	Jaune beurre, ferme, lisse et souple, yeux irréguliers dans la masse
ODEUR	Douce de noisette, caractéristique du suisse
SAVEUR	Douce, typique du suisse
LAIT	De vache entier, pasteurisé, ramassage collectif
AFFINAGE	Minimum de 8 semaines
CHOISIR	Sous vide, la pâte ferme mais souple
CONSERVER	Jusqu'à 2 mois, dans un papier ciré doublé d'un papier d'aluminium, entre 2 et 4 °C
OÙ TROUVER	À la fromagerie, dans les boutiques et fromageries spécialisées ainsi que dans la majorité des supermarchés au Québec

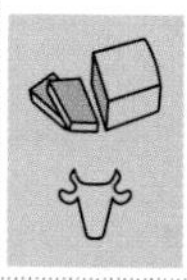

FORMAT	Bloc de 12 kg, à la coupe
M.G.	27 %
HUM.	40 %

SUISSE CAYER et SUISSE SAINT-JEAN
PÂTE FERME

Cayer
Saint-Raymond [Québec]

CROÛTE	Sans croûte
PÂTE	Ferme, luisante et assez souple, ouvertures rondes bien réparties dans la masse
ODEUR	Douce et fraîche
SAVEUR	Douce et légère, notes de noisette
LAIT	Entier de vache, pasteurisé, ramassage collectif
AFFINAGE	Frais
CHOISIR	Sous vide, la pâte ferme mais souple
CONSERVER	Jusqu'à 2 mois, dans un papier ciré doublé d'un papier d'aluminium, entre 2 et 4 °C
OÙ TROUVER	À la fromagerie et dans les supermarchés
NOTE	Le Suisse Cayer et le Suisse Saint-Jean ne contiennent pas de lactose. Le Suisse Cayer a été couronné champion de sa catégorie au Grand Prix des fromages 2002. Les Fromages Saputo offrent également le Suisse Saputo fondu.

FORMAT	Meules de 160 g, 1,3 kg et 3 kg
M.G.	27 %
HUM.	40 %

SUISSE DES BASQUES

PÂTE FERME À CROÛTE LAVÉE OU NATURE

Fromagerie des Basques

Trois-Pistoles [Bas-Saint-Laurent]

CROÛTE	Jaune paille ou rouge orangé, selon le lavage (saumure ou bière), lisse et de belle épaisseur
PÂTE	De blanche à crème avec l'affinage, souple et crémeuse, petits yeux répartis dans la masse
ODEUR	Prononcée, beurre salé et terroir, arôme fruité (suisse lavé)
SAVEUR	Noix séchée assez relevée, nettement plus fruitée (suisse lavé), agréable en bouche
LAIT	De vache entier, pasteurisé, ramassage collectif
AFFINAGE	1 mois, la croûte lavée à la saumure ou la bière Trois-Pistoles
CHOISIR	La croûte et la pâte souples
CONSERVER	Jusqu'à 2 mois, dans un papier ciré doublé d'un papier d'aluminium, entre 2 et 4 °C
OÙ TROUVER	Dans les épiceries de la région ainsi que dans quelques fromageries spécialisées

FORMAT	Meule ou bloc, à la coupe, sous vide
M.G.	25 %
HUM.	42 %

SUISSE FROMAGERIE DU COIN

PÂTE FERME

Fromagerie Du Coin

Sherbrooke [Cantons-de-l'Est]

CROÛTE	Sans croûte
PÂTE	Ivoire, ferme et lisse, parsemée d'yeux moyens
ODEUR	Noisette prononcée
SAVEUR	Bon goût suisse véritable, long en bouche
LAIT	De vache entier, pasteurisé, élevages de la région
AFFINAGE	3 à 6 mois
CHOISIR	Sous vide, la pâte ferme mais souple
CONSERVER	Jusqu'à 2 mois, dans un papier ciré doublé d'un papier d'aluminium, entre 2 et 4 °C
OÙ TROUVER	À la fromagerie, au Provigo Windsor ainsi que dans plusieurs dépanneurs de la région
NOTE	Caillé chauffé à 68 °C (155 °F), pressé puis trempé dans la saumure pendant 24 h, égoutté séché, maturation à 13 °C (55 °F) durant 3 mois, puis à 4 °C (39,2 °F). La levure ou ferment propionique détruit le sucre et forme des bulles.

FORMAT	À la coupe, sous-vide
M.G.	29 %
HUM.	40 %

SUISSE LEMAIRE

SUISSE, PÂTE FERME

Fromagerie Lemaire
Saint-Cyrille [Centre du Québec]

CROÛTE	Sans croûte
PÂTE	D'ivoire à jaune pâle, ferme, souple et luisante, yeux assez gros et ronds répartis dans la masse
ODEUR	Légère de lait, nuances de noisette, légèrement acide
SAVEUR	Goût rappelant celui de l'emmental, en moins prononcé, délicate saveur d'amande à peine sucrée
LAIT	De vache entier, pasteurisé, ramassage collectif
AFFINAGE	30 jours
CHOISIR	Sous vide, la pâte ferme mais souple
CONSERVER	Jusqu'à 2 mois, dans un papier ciré doublé d'un papier d'aluminium, entre 2 et 4 °C
OÙ TROUVER	Au dépanneur attenant à la fromagerie tous les jours de 7 h à 22 h, et dans quelques boutiques et fromageries spécialisées
NOTE	Le Suisse Lemaire a mérité plusieurs prix lors de concours dans l'Ouest canadien.

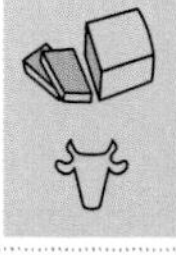

FORMAT Meule à la coupe
M.G. 26 %
HUM. 40 %

SUISSE SAINT-FIDÈLE

PÂTE FERME, AFFINÉ DANS LA MASSE

Fromagerie Saint-Fidèle
La Malbaie [Charlevoix]

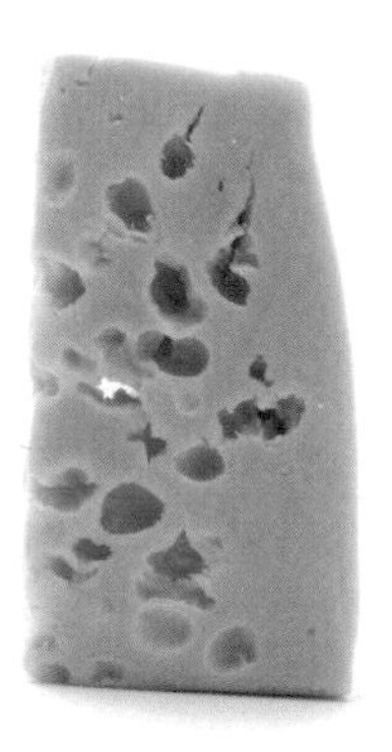

CROÛTE	Sans croûte
PÂTE	D'ivoire à jaune pâle, ferme, luisante et souple, ouvertures rondes réparties dans la pâte
ODEUR	Douce, notes de lait et d'amande amère, plus marquée avec le temps, rappelle l'emmental
SAVEUR	Douce, notes délicates d'amande amère, à peine sucrée, s'accentuant avec le temps
LAIT	De vache, écrémé, pasteurisé, ramassage collectif
AFFINAGE	De 6 à 8 semaines, et jusqu'à 1 ou 2 ans, fromage de garde se bonifiant en vieillissant
CHOISIR	Sous vide, la pâte ferme mais souple
CONSERVER	Jusqu'à 2 mois, dans un papier ciré doublé d'un papier d'aluminium, entre 2 et 4 °C
OÙ TROUVER	À la fromagerie et dans certaines boutiques et fromageries spécialisées

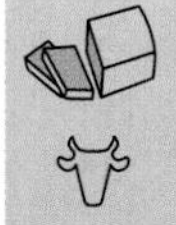

FORMAT Bloc de 250 g, sous vide
M.G. 27 %
HUM. 40 %

SUISSE SAINT-GUILLAUME

SUISSE, PÂTE FERME

Agrilait

Saint-Guillaume [Bois-Francs]

CROÛTE	Sans croûte
PÂTE	D'ivoire à jaune pâle, ferme, souple et luisante, yeux assez gros et bien ronds répartis dans la masse
ODEUR	Légère de lait, nuances de noisette plus subtiles que celles de l'emmental, douce et légèrement acide
SAVEUR	Goût rappelant celui de l'emmental, en moins prononcé, délicate saveur d'amande à peine sucrée
LAIT	De vache entier, pasteurisé, de ramassage collectif
AFFINAGE	30 jours
CHOISIR	Sous vide, la pâte ferme mais souple
CONSERVER	Jusqu'à 2 mois, dans un papier ciré doublé d'un papier d'aluminium, entre 2 et 4 °C
OÙ TROUVER	Au dépanneur attenant à la fromagerie tous les jours de 7 h à 22 h et dans quelques boutiques et fromageries spécialisées

FORMAT Meule à la coupe
M.G. 26 %
HUM. 40 %

SUISSE SAINT-LAURENT

PÂTE FERME, FERMENTÉE

Fromagerie Saint-Laurent

Saint-Bruno [Saguenay-Lac-Saint-Jean]

CROÛTE	Sans croûte
PÂTE	Ivoire, ferme, lisse et brillante, yeux ronds irréguliers répartis dans la masse
ODEUR	Douce, notes d'amande
SAVEUR	Fraîche et lactique, légèrement acidulée
LAIT	De vache entier, pasteurisé, ramassage collectif
AFFINAGE	1 mois et plus
CHOISIR	Sous vide, la pâte ferme mais souple
CONSERVER	Jusqu'à 2 mois, dans un papier ciré doublé d'un papier d'aluminium, entre 2 et 4 °C
OÙ TROUVER	À la fromagerie et dans les régions du Saguenay–Lac-Saint-Jean, Chibougamau, Chapais et de la Côte-Nord

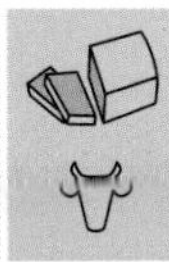

FORMAT Emballage sous vide de 250 g environ
M.G. 30 %
HUM. 45 %

SYMANDRE

HAVARTI, PÂTE FERME, ASSAISONNÉ

Le Troupeau Bénit
Brownsburg-Chatham
[Basses-Laurentides]

CROÛTE	Recouverte de cire jaune
PÂTE	Ivoire, luisante, ferme et granuleuse, parsemée de petits trous
ODEUR	Douce, notes typique de fromage de chèvre
SAVEUR	Douce, légèrement salée et une légère acidité du lait de chèvre avec un arrière goût de beurre et d'amande
LAIT	De chèvre entier, pasteurisé, élevage de la ferme
AFFINAGE	De 2 à 3 mois, la pâte assaisonnée aux piments et oignons ou aux herbes du jardin
CHOISIR	Sous vide, la pâte ferme et souple
CONSERVER	Jusqu'à 2 mois, dans un papier ciré doublé d'un papier d'aluminium, entre 2 et 4 °C
OÙ TROUVER	À la fromagerie

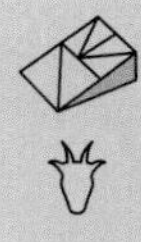

FORMAT	Meule haute et bombée de 2 kg, en tranches sous vide
M.G.	33 %
HUM.	33 %

SYRIAN

DEMI-FERME, SAUMURÉ

Fromagerie Marie Kadé
Boisbriand [Laurentides]

CROÛTE	Sans croûte
PÂTE	Blanche ; humide et dense à la fois friable et élastique à la façon du cheddar frais
ODEUR	Douce ou neutre
SAVEUR	Douce et salée
LAIT	De vache entier, pasteurisé, de récolte collective
CHOISIR	Sous vide, la pâte ferme et souple
CONSERVER	1 à 2 mois, sous pellicule plastique, entre 2 et 4 °C
OÙ TROUVER	À la fromagerie et dans les épiceries arabes du Québec

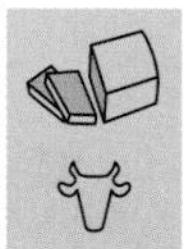

FORMAT	Bloc de 450 g, sous vide ou dans la saumure
M.G.	25 %
HUM.	50 %

TARAPATAPOM

FROMAGE À LA CRÈME, PÂTE FRAÎCHE FOURRÉE DE POMMES CARAMÉLISÉES

Kaiser affiné par Les Dépendances du Manoir
Brigham [Cantons-de-l'Est]

CROÛTE	Aucune croûte
PÂTE	Fraîche et crémeuse, agrémentée de pommes caramélisées
ODEUR	Douce, parfum fruité de pomme
SAVEUR	Douce et sucrée, notes de pomme et de caramel
LAIT	Avec crème, 75 % de vache et 25 % de chèvre, pasteurisé, ramassage collectif
AFFINAGE	Frais, agrémenté de pommes caramélisées
CHOISIR	Frais, sitôt sa sortie de fabrication
CONSERVER	De 1 à 2 semaines dans son emballage
OÙ TROUVER	À la fromagerie, dans les boutiques et fromageries spécialisées et dans certains supermarchés

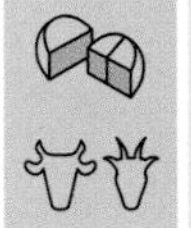

FORMAT	Meule de 150 g
M.G.	30 %
HUM.	52 %

TI-LOU

CROTTIN, PÂTE DEMI-FERME À CROÛTE NATURELLE FLEURIE

Fromagerie du Vieux Saint-François
Laval [Montréal-Laval]

CROÛTE	Contour partiellement duveté à bien blanc selon l'affinage
PÂTE	Couleur crème, demi-ferme, friable, s'asséchant en vieillissant
ODEUR	Douce, fraîche et lactique
SAVEUR	De douce à marquée, salée, se développant en bouche
LAIT	De chèvre entier, pasteurisé, deux élevages
AFFINAGE	15 jours en hâloir, un duvet fleuri blanc se formant progressivement
CHOISIR	Frais et légèrement duveteux
CONSERVER	1 à 2 mois, dans un papier ciré, entre 2 et 4 °C
OÙ TROUVER	À la fromagerie, distribué par Sanibel dans les boutiques d'aliments naturels (Rachel-Béry entre autres), quelques fromageries spécialisées et les marchés Atwater, Jean-Talon et Maisonneuve à Montréal, Le Crac, Aliments Santé-Laurier, La Rosalie à Québec

FORMAT	Petite meule de 60 g à 100 g
M.G.	29 %
HUM.	30 %

La tomme ou tome

Le terme s'applique à divers fromages de forme cylindrique, mais évoque plus particulièrement la Savoie.

Sa tome ou tomme est la plus représentative de celles élaborées au Québec. Ce sont des meules hautes à croûte lavée et à pâte demi-ferme obtenue par pression. En règle générale, le caillé ne subit aucune cuisson : fromage à pâte demi-ferme pressée non cuite. Les types tomes ou tommes sont légion, plusieurs fromageries, surtout caprines, les fabriquent et leur originalité est l'affaire du fromager. Ils sont faits au lait cru, thermisé ou pasteurisé de vache, de chèvre ou de brebis.

TOME AU LAIT CRU

TOMME, PÂTE DEMI-FERME À CROÛTE LAVÉE

La Suisse Normande

Saint-Roch-de-l'Achigan [Lanaudière]

CROÛTE	Orangée, épaisse et tendre, recouverte d'un léger duvet blanc
PÂTE	Blanc crème, crémeuse et fondante
ODEUR	Arômes de lait frais et de champignon
SAVEUR	De douce et discrète à prononcée, enveloppant le palais de saveurs complexes et harmonieuses
LAIT	De vache entier, cru, élevage de la ferme
AFFINAGE	De 4 à 5 mois
CHOISIR	La croûte et la pâte souples, l'odeur douce
CONSERVER	Jusqu'à 2 mois, dans un papier ciré doublé d'un papier d'aluminium, entre 2 et 4 °C
OÙ TROUVER	À la fromagerie, la Tome au lait cru de la Suisse Normande est distribuée par Plaisirs Gourmets dans la majorité des boutiques et fromageries spécialisées du Québec

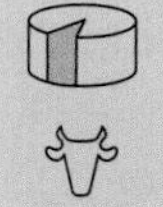

FORMAT Meule de 2 kg
M.G. 27 %
HUM. 48 %

TOMME DE CHÈVRE

TOMME, PÂTE DEMI-FERME À CROÛTE LAVÉE

Damafro
Fromagerie Clément

Saint-Damase [Montérégie]

CROÛTE	Orangée, mi-épaisse et solide
PÂTE	De crème à jaune clair, souple et dense
ODEUR	Marquée, légèrement caprine et lactique
SAVEUR	De douce à marquée, salée, goût de beurre, caprine et lactique
LAIT	De chèvre entier, pasteurisé, de ramassage collectif
AFFINAGE	1 mois croûte lavée avec de la saumure
CHOISIR	Sous vide, croûte et pâte souples
CONSERVER	Jusqu'à 2 mois, dans un papier ciré doublé d'un papier d'aluminium, entre 2 et 4 °C
OÙ TROUVER	À la fromagerie et distribué dans la majorité des supermarchés au Québec

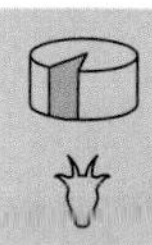

FORMAT Meule de 2,2 kg (20 cm sur 6 cm)
M.G. 25 %
HUM. 50 %

TOMME DE LA BERGÈRE

TOMME, PÂTE DEMI-FERME À CROÛTE LAVÉE

La Bergère et le Chevrier
Lanoraie [Lanaudière]

CROÛTE	Orangée, fine et ferme mais flexible, devenant plus épaisse avec l'affinage
PÂTE	Jaune doré, souple, riche et onctueuse
ODEUR	Douce, végétale
SAVEUR	Douce et fine, notes légères de noisette
LAIT	Entier, de brebis, pasteurisé, élevage de la ferme
AFFINAGE	De 60 jours à 6 mois
CHOISIR	Croûte et pâte souple, l'odeur douce
CONSERVER	Jusqu'à 2 mois, dans un papier ciré doublé d'un papier d'aluminium, entre 2 et 4 °C
OÙ TROUVER	À la fromagerie, dans les boutiques et fromageries spécialisées

FORMAT Meule de 3 kg
M.G. 31 %
HUM. 38 %

TOMME DE MONSIEUR SÉGUIN

TOMME, PÂTE DEMI-FERME À CROÛTE LAVÉE

Kaiser
Noyan [Montérégie]

CROÛTE	Orangé-brun, lavée, souple, peut être légèrement humide
PÂTE	D'une belle teinte blanc crème, demi-ferme, souple et onctueuse
ODEUR	Franche et assez marquée, notes caprines douces
SAVEUR	De douce et fraîche à marquée, saveur typique de la tomme
LAIT	50 % de vache, 50 % de chèvre, entier, pasteurisé, élevages de la région
AFFINAGE	6 semaines croûte lavée à la saumure
CHOISIR	Croûte et pâte souple, l'odeur douce
CONSERVER	Jusqu'à 2 mois, dans un papier ciré doublé d'un papier d'aluminium, entre 2 et 4 °C
OÙ TROUVER	À la fromagerie, dans les boutiques et fromageries spécialisées et dans certains supermarchés, distribué par Le Choix du Fromager

FORMAT Meule de 2 kg (18 cm de diamètre sur 6,5 cm d'épaisseur), à la coupe
M.G. 25 %
HUM. 30 %

TOMME DE PLAISIRS

PÂTE DEMI-FERME À CROÛTE LAVÉE

Coopérative S.F.P.
Fleur des Champs
Sainte-Marguerite [Chaudière-Appalaches]

CROÛTE	Orangé clair, humide et unie
PÂTE	Couleur crème, crémeuse
ODEUR	Croûte à odeur de levure, la pâte au parfum floral s'intensifiant avec l'affinage
SAVEUR	Douce, goût de beurre marqué
LAIT	De vache entier, cru, un seul élevage
AFFINAGE	De 2 à 3 mois
CHOISIR	La pâte luisante, ferme mais souple, l'odeur douce
CONSERVER	Jusqu'à 2 mois, dans un papier ciré doublé d'un papier d'aluminium, entre 2 et 4 °C
OÙ TROUVER	Région de production, épiceries, boulangerie ou restaurants dont l'Auberge des Fleurs à Scott Jonction
NOTE	La Tomme de Plaisirs est élaborée dans les mêmes locaux que la Tomme des Joyeux Fromagers. Le troupeau est nourri au foin sec et paît, de l'été à l'automne, dans les pâturages de Sainte-Marguerite.

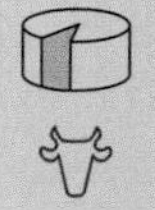

FORMAT Meule de 1,7 kg, à la coupe
M.G. 29 %
HUM. 43 %

TOMME DES JOYEUX FROMAGERS

TOMME, PÂTE FERME À CROÛTE LAVÉE

Chèvrerie Fruit d'une Passion
Sainte-Marguerite
[Chaudière-Appalaches]

CROÛTE	D'ocre à jaune paille,
PÂTE	Blanche, ferme mais souple
ODEUR	Douce de cave humide
SAVEUR	Douce et légèrement caprine, notes de beurre frais lorsque bien chambré
LAIT	De chèvre entier, cru, élevage de la ferme
AFFINAGE	De 60 jours à 3 mois
CHOISIR	Croûte et pâte souples, l'odeur douce
CONSERVER	Jusqu'à 3 mois, dans un papier ciré doublé d'un papier d'aluminium, entre 2 et 4 °C
OÙ TROUVER	Il n'y a pas de comptoir à la fromagerie, mais on le trouve dans quelques épiceries, boulangeries ou boutiques spécialisées de la région. On le trouve également à Montréal, à la fromagerie Hamel, à Saint-Lambert, à l'Échoppe des Fromages et, à Québec, à l'Épicerie Européenne et chez le Fromager du Marché ou marché du Vieux-Port

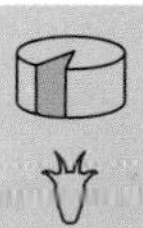

FORMAT Meule de 1,2 kg à 2 kg
M.G. 27 %
HUM. 43 %

TOMME DU CHEVRIER

TOMME, PÂTE DEMI-FERME À CROÛTE LAVÉE

La Bergère et le Chevrier
Lanoraie [Lanaudière]

CROÛTE	Orangée, fine et ferme mais flexible
PÂTE	Blanche, souple, riche, crémeuse et fondante et très onctueuse
ODEUR	Douce de crème et de miel sauvage âgé : odeur caprine plus présente, arômes de terroir et de paille sèche
SAVEUR	De douce à marquée, fine et légèrement piquante, plus marquée selon l'affinage
LAIT	De chèvre entier, pasteurisé, élevage de la ferme
AFFINAGE	De 60 jours à 6 mois
CHOISIR	La croûte flexible, la pâte souple
CONSERVER	Jusqu'à 2 mois, dans un papier ciré doublé d'un papier d'aluminium, entre 2 et 4 °C
OÙ TROUVER	À la fromagerie, les boutiques et fromageries spécialisées au Québec

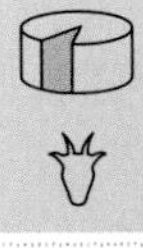

FORMAT	Meule de 2,5 kg
M.G.	29 %
HUM.	42 %

TOMME DU HAUT-RICHELIEU

TOMME, PÂTE DEMI-FERME À CROÛTE LAVÉE

Kaiser
Noyan [Montérégie]

CROÛTE	Brunâtre, lavée, légèrement humide
PÂTE	Blanche, demi-ferme, souple
ODEUR	De douce et fraîche à marquée
SAVEUR	De douce à marquée, notes de lait frais
LAIT	De chèvre entier, pasteurisé, d'élevages de la région
AFFINAGE	De 5 à 6 semaines croûte lavée à la saumure
CHOISIR	La croûte légèrement humide, la pâte souple et non collante
CONSERVER	Jusqu'à 2 mois, dans un papier ciré doublé d'un papier d'aluminium, entre 2 et 4 °C
OÙ TROUVER	À la fromagerie, dans les boutiques et fromageries spécialisées et dans certains supermarchés, distribué par Le Choix du Fromager

FORMAT	Meule de 2 kg (20 cm de diamètre sur 6,5 cm d'épaisseur, à la coupe
M.G.	24 %
HUM.	48 %

TOMME DU MARÉCHAL
PÂTE DEMI-FERME À CROÛTE NATURELLE

Chèvrerie du Buckland
Buckland [Chaudière-Appalaches]

CROÛTE	Orangé brun, toilée, souple avec des traces de mousse bleue
PÂTE	De blanc ivoire à jaunâtre, souple voire onctueuse, jaunissant avec l'affinage
ODEUR	Douce de beurre, de noisette ou de châtaigne, mélange de terre et de champignons
SAVEUR	De beurre, de noisette et de châtaigne
LAIT	De chèvre entier, cru, élevage de la ferme
AFFINAGE	3 mois, la croûte se formant progressivement par les ferments du lait et des moisissures naturelles se propageant dans la chambre de maturation pouvant durer jusqu'à 9 mois
CHOISIR	La croûte et la pâte bien souples
CONSERVER	Jusqu'à 2 mois, dans un papier ciré doublé d'un papier d'aluminium, entre 2 et 4 °C
OÙ TROUVER	À la ferme, entre les heures de traite, et dans les boutiques et fromageries spécialisées au Québec

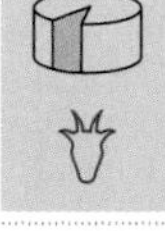

FORMAT	Meule de 1,2 kg
M.G.	27 %
HUM.	48 %

TOUR SAINT-FRANÇOIS
TOMME, PÂTE DEMI-FERME À CROÛTE LAVÉE

Fromagerie du Vieux Saint-François
Laval [Montréal-Laval]

CROÛTE	Orangé clair à foncé, toilée et rugueuse
PÂTE	Blanc crème, demi-ferme, souple et onctueuse en bouche, parsemée de petites ouvertures
ODEUR	De douce à marquée de beurre, légèrement caprine et herbacée
SAVEUR	Relevée sans être accentuée, légèrement âcre et piquante, notes caprines
LAIT	De chèvre entier, cru, d'un élevage
AFFINAGE	De 60 jours à 3 mois
CHOISIR	La croûte et la pâte bien souples
CONSERVER	Jusqu'à 2 mois, dans un papier ciré doublé d'un papier d'aluminium, entre 2 et 4 °C, jusqu'à 3 mois en meule
OÙ TROUVER	À la fromagerie, distribué par Sanibel dans les boutiques d'aliments naturels (Rachel-Béry entre autres), quelques fromageries spécialisées et les marchés Atwater, Jean-Talon et Maisonneuve à Montréal, Le Crac, Aliments Santé-Laurier, La Rosalie à Québec

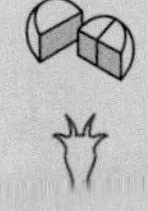

FORMAT	Meule de 160 g
M.G.	28 %
HUM.	43 %

TOURILLI
PÂTE FRAÎCHE

Ferme Tourilli
Saint-Raymond-de-Portneuf [Québec]

CROÛTE	Sans croûte
PÂTE	Blanche, molle et soyeuse
ODEUR	Douce de lait frais
SAVEUR	Goût de chèvre fin avec des pointes d'acidité
LAIT	De chèvre entier, pasteurisé, élevage de la ferme
AFFINAGE	Frais
CHOISIR	Frais, sitôt sa sortie de fabrication
CONSERVER	2 semaines, dans un papier ciré, entre 2 et 4 °C
OÙ TROUVER	À la fromagerie et dans les boutiques et fromageries spécialisées approvisionnées par Plaisirs Gourmets
NOTE	Le Tourilli est un fromage frais semblable au fromage blanc autrefois fabriqué par nos ancêtres français lors de leur installation sur les terres seigneuriales en bordure du Saint-Laurent.

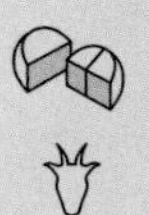

FORMAT	Meule de 100 g dans un contenant plastique
M.G.	15 %
HUM.	65 %

TRAPPEUR BRIE DOUBLE CRÈME
PÂTE MOLLE À CROÛTE FLEURIE

Damafro
Fromagerie Clément
Saint-Damase [Montérégie]

CROÛTE	Blanche et duveteuse
PÂTE	Couleur crème, épaisse, tendre et crémeuse
ODEUR	Douce et lactique
SAVEUR	Douce, crémeuse et lactique, arômes de champignon frais
LAIT	De vache, pasteurisé et stabilisé, de ramassage collectif
AFFINAGE	Environ 2 semaines croûte ensemencée de *penicillium candidum*
CHOISIR	La croûte blanche et fleurie, la pâte légèrement crayeuse
CONSERVER	Jusqu'à 1 mois, dans son emballage ou un papier ciré, entre 2 et 4 °C
OÙ TROUVER	À la fromagerie et distribué dans la majorité des supermarchés au Québec

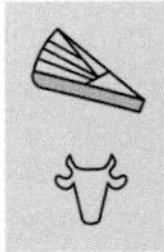

FORMAT	Meules de 175 g et 3 kg (34 cm sur 2,5 cm)
M.G.	28 %
HUM.	54 %

TRAPPEUR CAMEMBERT DOUBLE CRÈME

PÂTE MOLLE À CROÛTE FLEURIE

Damafro
Fromagerie Clément
Saint-Damase [Montérégie]

CROÛTE	Blanche et duveteuse
PÂTE	De couleur crème ; épaisse, tendre et crémeuse
ODEUR	Douce, légèrement parfumée et lactique
SAVEUR	Douce et crémeuse, arômes de beurre et de champignon frais, légèrement salée
LAIT	De vache, pasteurisé et stabilisé, de cueillette collective
AFFINAGE	Environ 2 semaines ; croûte ensemencée de *penicillium candidum*
CHOISIR	La croûte blanche et fleurie, la pâte légèrement crayeuse
CONSERVER	Jusqu'à 1 mois, dans son emballage ou un papier ciré, entre 2 et 4 °C
OÙ TROUVER	À la fromagerie et distribué dans la majorité des supermarchés du Québec

FORMAT	Meules de 175 g et 3 kg (34 cm sur 2,5 cm)
M.G.	30 %
HUM.	50 %

TRAPPEUR TRIPLE CRÈME

PÂTE MOLLE À CROÛTE FLEURIE

Damafro
Fromagerie Clément
Saint-Damase [Montérégie]

CROÛTE	Blanche, duveteuse, épaisse et tendre
PÂTE	Crémeuse et lisse
ODEUR	Douce et fongique
SAVEUR	Douce et lactique, avec notes de champignon
LAIT	Entier de vache avec ajout de crème, pasteurisé et stabilisé, ramassage collectif
AFFINAGE	Environ 2 semaines croûte ensemencée de *penicillium candidum*
CHOISIR	La croûte blanche et fleurie, la pâte légèrement crayeuse
CONSERVER	Jusqu'à 1 mois, dans son emballage ou un papier ciré, entre 2 et 4 °C
OÙ TROUVER	À la fromagerie et distribué dans la majorité des supermarchés au Québec
NOTE	Le fromage obtenu à partir de lait stabilisé est plus ferme et moins coulant. Pour obtenir un fromage double ou triple crème, il suffit d'ajouter de la crème au lait entier.

FORMAT	Meules de 135 g et 1 kg
M.G.	33 %
HUM.	50 %

TRECCE

PÂTE MOLLE ET FRAÎCHE (FILÉE)

Saputo
Montréal [Montréal-Laval]

CROÛTE	Sans croûte
PÂTE	Blanche, fraîche, humide et moelleuse, baignant dans son petit lait
ODEUR	Fraîche de lait
SAVEUR	Délicates notes de lait
LAIT	De vache entier, pasteurisé, ramassage collectif
AFFINAGE	Aucun
CHOISIR	Frais, sitôt sortie d'usine
CONSERVER	1 à 2 semaines dans son emballage, entre 2 et 4 °C
OÙ TROUVER	Dans les supermarchés
NOTE	Le trecce (tresse en italien) est un fromage de type bocconcini, tressé à la main en longs filets.

FORMAT	Emballages sous vide de 50 g, 125 g, 250 g et 500 g
M.G.	28 %
HUM.	60 %

TRESSÉ

MÉDITERRANÉEN, PÂTE FILÉE, FERME ET SAUMURÉ

Fromagerie Marie Kadé et Fromagerie Polyethnique

CROÛTE	Sans croûte
PÂTE	Ferme, lisse et luisante, en tresse constituée de longs fils assaisonnés à la nigelle
ODEUR	Fraîche
SAVEUR	Fraîche et saline, notes de nigelle
LAIT	De vache, pasteurisé, ramassage collectif
AFFINAGE	Frais
CHOISIR	Sous vide
CONSERVER	1 à 2 mois, sous une pellicule plastique, entre 2 et 4 °C
OÙ TROUVER	À la fromagerie et dans la plupart des magasins arabes
NOTE	La pâte est préalablement assaisonnée aux graines de nigelle (nigella sativa) qui se consomment fraîches ou grillées à sec et qui ont un léger goût de muscade et de poivre. La nigelle s'utilise en Inde dans les caris, mais aussi en Égypte, en Grèce, en Turquie et dans l'Est méditerranéen.

FORMAT	Emballage sous vide de 500 g
M.G.	15 %
HUM.	50 %

TRIPLE CRÈME DU VILLAGE DE WARWICK

PÂTE MOLLE À CROÛTE FLEURIE

Groupes Fromages Côté
Warwick [Bois-Francs]

CROÛTE	Blanche avec des teintes rougeâtres, duveteuse et tendre
PÂTE	De crayeuse à fine ou onctueuse, moelleuse à point
ODEUR	Délicate, légèrement fongique et lactique
SAVEUR	Douce, fruitée, goût de noisette, arôme de beurre salé et de champignon et de crème
LAIT	De vache, pasteurisé, ramassage collectif
AFFINAGE	De 20 à 30 jours, excellent après 40 jours
CHOISIR	La croûte doit être bien blanche, la pâte moelleuse au toucher et l'odeur fraîche
CONSERVER	2 mois, dans un papier ciré, entre 2 et 4 °C
OÙ TROUVER	À la fromagerie, dans les boutiques et fromageries spécialisées, dans la majorité des épiceries et supermarchés au Québec.
NOTE	En 2002, le Brie double crème s'est classé Champion dans sa catégorie au Grand Prix des Fromages.

FORMAT	Meule haute de 200 g (7,5 cm sur 5 cm)
M.G.	38 %
HUM.	48 %

TUMA

RICOTTA, PÂTE FRAÎCHE

Saputo
Montréal [Montréal-Laval]

CROÛTE	Sans croûte
PÂTE	Blanche, très humide, souple et veloutée
ODEUR	Neutre
SAVEUR	Douce et délicate de lait
LAIT	De vache, pasteurisé, ramassage collectif
AFFINAGE	Frais
CHOISIR	Frais, sitôt sa sortie de fabrication
CONSERVER	4 jours après ouverture de l'emballage
NOTE	Le Tuma a ses origines en Sardaigne et en Sicile. Le fromage est produit à partir de lait de brebis, semblable au ricotta, mais s'en distingue par sa texture plus ferme.

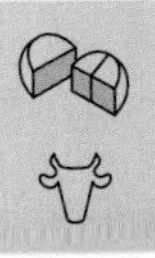

FORMAT	Râpé, en meule ou en tranches
M.G.	15 %
HUM.	65 %

VACHERIN DE CHÂTEAUGUAY

PÂTE MOLLE À CROÛTE LAVÉE

Fromages Chaput affiné par Les Dépendances du Manoir
Brigham [Cantons-de-l'Est]

CROÛTE	Orangée, légèrement vallonnée et entourée d'une sangle d'épicéa
PÂTE	De couleur crème, molle, fine, tendre, onctueuse et légèrement humide
ODEUR	Notes de fermentation
SAVEUR	Douce et crémeuse, la sangle d'épicéa lui conférant un léger goût boisé
LAIT	De vache entier, cru, un seul élevage
AFFINAGE	De 45 à 60 jours, croûte lavée à la saumure et entourée d'une sangle d'épicéa
CHOISIR	La croûte et la pâte souples
CONSERVER	De 1 à 2 semaines, dans son emballage, entre 2 et 4 °C
OÙ TROUVER	En automne et en hiver, à la fromagerie, dans les boutiques et fromageries spécialisées et dans certains supermarchés
NOTE	Le Vacherin Chaput se fabrique en automne et en hiver. L'épicéa est un arbre voisin du sapin qui croît dans les monts du Jura.

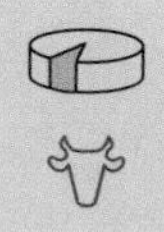

FORMAT	Meule de 200 g dans une boîte
M.G.	26 %
HUM.	55 %

VACHERIN DES BOIS-FRANCS

PÂTE DEMI-FERME À CROÛTE LAVÉE, À FONDUE

Groupes Fromages Côté
Warwick [Bois-Francs]

CROÛTE	Marron, unie, assez épaisse
PÂTE	Jaune-paille, tendre, onctueuse et fondante
ODEUR	Douce et fruitée devenant forte, voire marquée avec l'affinage
SAVEUR	Fruitée de pomme fraîche au début, légèrement acidulée, se corsant avec le temps, légère amertume
LAIT	De vache entier, pasteurisé, ramassage collectif
AFFINAGE	1 mois
CHOISIR	Sous vide, la pâte souple et crémeuse
CONSERVER	De 1 à 2 mois, dans un papier ciré doublé d'un papier d'aluminium, à 4 °C
OÙ TROUVER	À la fromagerie, dans les boutiques et fromageries spécialisées ainsi que dans la majorité des épiceries et supermarchés au Québec

FORMAT	Meule de 2 kg, à la coupe
M.G.	28 %
HUM.	48 %

VALBERT

PÂTE FERME À CROÛTE LAVÉE

Fromagerie Lehmann

Hébertville [Saguenay–Lac-Saint-Jean]

CROÛTE	Orange rouge, toilée et légèrement rugueuse, épaisse mais souple, s'asséchant en vieillissant
PÂTE	Jaune beurre, demi-ferme, souple, se parant parfois de petits yeux
ODEUR	Développée, marquée du terroir, lactique, notes d'herbes fraîches même à six mois
SAVEUR	Fraîche, notes de beurre et de noisette s'intensifiant et dominant avec le temps, agréable en bouche
LAIT	De vache entier, cru, élevage de la ferme
AFFINAGE	De 90 à 120 jours, croûte lavée et brossée à la saumure
CHOISIR	La croûte et la pâte assez fermes mais souples
CONSERVER	Jusqu'à 2 mois, dans un papier ciré doublé d'un papier d'aluminium, entre 2 et 4 °C
OÙ TROUVER	À la fromagerie, distribué par Plaisirs Gourmets dans la majorité des boutiques spécialisées du Québec
NOTE	Le Valbert est le nom d'un hameau du Jura suisse où trois générations de Lehmann ont vécu. Installés au Québec depuis 1983, les Lehmann fabriquent ce fromage d'après une recette mise au point par leur arrière-grand-mère. En 2003, Le Valbert a été classé grand champion toutes catégories au concours des fromages fins du Québec (Sélection Caseus d'or) classé Champion dans la catégorie Fromage fermier de fabrication artisanale au Grand Prix des fromages 2004.

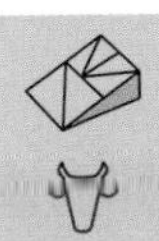

FORMAT	Meule de 6 kg (31 cm sur 8 cm), à la coupe
M.G.	32 %
HUM.	43 %

VACHERIN FRI-CHARCO

PÂTE DEMI-FERME À CROÛTE LAVÉE, POUR FONDUE

Kaiser

Noyan [Montérégie]

CROÛTE	Orangé brun, toilée et unie
PÂTE	Jaune crème, demi-ferme, souple et onctueuse
ODEUR	Marquée, lactique et fruitée
SAVEUR	Marquée, fruitée, notes de noisette et de beurre salé
LAIT	De vache entier, pasteurisé, élevages de la région
AFFINAGE	2 mois, croûte lavée à la saumure
CHOISIR	La pâte souple et crémeuse
CONSERVER	1 à 2 mois, dans un papier ciré doublé d'un papier d'aluminium, entre 2 et 4 °C
OÙ TROUVER	À la fromagerie, dans les boutiques et fromageries spécialisées et dans certains supermarchés, distribué par Le Choix du Fromager

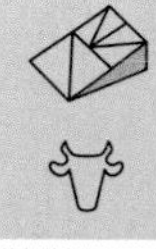

FORMAT	Meules de 3,5 kg et de 6 kg, à la coupe
M.G.	24 %
HUM.	44 %

VELOUTIN

PÂTE FRAÎCHE À LA CRÈME ASSAISONNÉE À L'AIL ET AUX FINES HERBES OU AU POIVRON ROUGE

Fromagerie Tournevent

Chesterville [Bois-Francs]

CROÛTE	Sans croûte
PÂTE	Blanche ou aux couleurs des assaisonnements, crémeuse et très onctueuse
ODEUR	Douce et fraîche de crème, relevée par les assaisonnements
SAVEUR	De crème, douceur onctueuse de la crème subtilement relevée par les assaisonnements
LAIT	De chèvre, pasteurisé à basse température, ramassage collectif
AFFINAGE	Frais
CHOISIR	Frais, sitôt sa sortie de fabrication
CONSERVER	Jusqu'à 14 semaines entre 0 et 4 °C
OÙ TROUVER	À la fromagerie, dans les boutiques et fromageries spécialisées ainsi que dans plusieurs épiceries et supermarchés au Québec

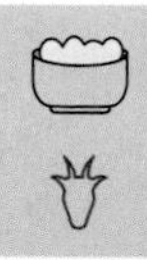

FORMAT	Contenant plastique de 100 g
M.G.	30 %
HUM.	55 %

VENT DES ÎLES
ÉDAM, PÂTE FERME

Laiterie Chalifoux
Les Fromages Riviera
Sorel-Tracy [Montérégie]

CROÛTE	Sans croûte
PÂTE	Ferme mais souple, voire onctueuse, luisante, très petits trous répartis dans la masse
ODEUR	De lait et de noisette
SAVEUR	Douce de crème légèrement salée
LAIT	De vache entier, pasteurisé, ramassage collectif
AFFINAGE	3 semaines
CHOISIR	Sous vide, la pâte souple
CONSERVER	Jusqu'à 2 mois, dans un papier ciré doublé d'un papier d'aluminium, entre 2 et 4 °C
OÙ TROUVER	À la fromagerie, dans les boutiques et fromageries spécialisées ainsi que les magasins d'alimentations desservis par Plaisirs Gourmets

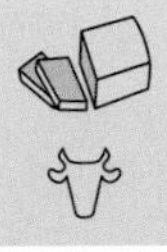

FORMAT À la coupe
M.G. 22 %
HUM. 46 %

VICTOR et BERTHOLD CLASSIQUE et DE RÉSERVE
PÂTE DEMI-FERME À CROÛTE LAVÉE

Fromagerie du Champ à la meule
Notre-Dame-de-Lourdes [Lanaudière]

CROÛTE	Rose cuivré, lavée à la saumure
PÂTE	Blanc crème, souple, crémeuse et fondante
ODEUR	De fine, fraîche et lactique avec des notes de beurre à bouquetée et herbacée (foin sec)
SAVEUR	Marquée et lactique, légère acidité fruitée, longue en bouche, une pointe rustique
LAIT	De vache entier, cru, un seul élevage
AFFINAGE	Classique : de 75 à 90 jours ; de réserve : de 100 à 150 jours
CHOISIR	La croûte et la pâte souples
CONSERVER	Jusqu'à 2 mois, dans un papier ciré doublé d'un papier d'aluminium, entre 2 et 4 °C
OÙ TROUVER	À la fromagerie, dans certaines boutiques et fromageries spécialisées
NOTE	Son appellation est un hommage aux générations de Guilbault qui se sont succédées sur cette terre dont Victor, le grand-père de Martin, et Berthold, son oncle.

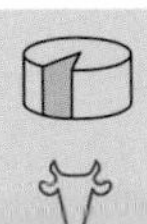

FORMAT Meule de 2,8 kg, à la coupe
M.G. 28 %
HUM. 48 %

LE WABASSEE

PÂTE DEMI-FERME À CROÛTE LAVÉE
À LA BRUNE AU MIEL

Fromagerie Le P'tit Train du Nord

Mont-Laurier [Laurentides]

CROÛTE	Orangée, souple et légèrement humide
PÂTE	Paille, lisse, serrée et souple, onctueuse et fondante
ODEUR	Marquée et fruitée, relevée d'une pointe d'amertume rappelant le gruyère
SAVEUR	De douce à prononcée, notes de noisette ou d'amande, plus prononcée avec l'affinage, rappellant le gruyère
LAIT	De vache entier, entier, thermisé, un élevage à Ferme Neuve
AFFINAGE	60 jours croûte, lavée à la bière La Brune au Miel
CHOISIR	La croûte légèrement humide et la pâte souple
CONSERVER	Jusqu'à 2 mois, dans un papier ciré doublé d'un papier d'aluminium, entre 2 et 4 °C
OÙ TROUVER	À la fromagerie, dans certaines boutiques et fromageries spécialisées
NOTE	Son nom, en langue montagnaise, signifie «lièvre», nom que porte la rivière qui coule à proximité.

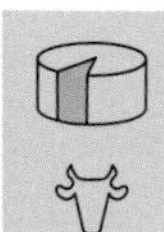

FORMAT	Meule de 1,8 kg (20 cm sur 5 cm), par pointe sous vide, à la coupe
M.G.	25 %
HUM.	40 %

WINDIGO

EMMENTAL, PÂTE FERME À CROÛTE LAVÉE

Fromagerie Le P'tit Train du Nord

Mont-Laurier [Laurentides]

CROÛTE	Blé foncé, épaisse et tendre
PÂTE	Paille claire, lisse et souple, petits trous épars et irréguliers
ODEUR	Marquée, fruitée, notes subtiles d'hydromel
SAVEUR	De douce à prononcée rappelant l'emmental, léger goût fruité de l'hydromel
LAIT	De vache entier, thermisé, un élevage à Mont-Laurier
AFFINAGE	90 jours, croûte lavée à l'hydromel L'Envolée pendant 60 jours
CHOISIR	La croûte tendre et sèche, et la pâte souple
CONSERVER	De 2 à 4 mois jusqu'à 1 an, dans un papier ciré doublé d'un papier d'aluminium, entre 2 et 4 °C
OÙ TROUVER	À la fromagerie, les fromageries spécialisées et certains supermarchés
NOTE	Son nom vient d'une légende amérindienne évoquant la montagne du Diable et le Windigo serait un monstre cannibale qui habite les chutes du Windigo.

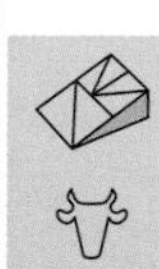

FORMAT	Meules de 2,5 kg (22 cm sur 7,5 cm) et 8 kg, en pointe sous vide
M.G.	29 %
HUM.	40 %

ZURIGO

PÂTE DEMI-FERME À CROÛTE LAVÉE
(TYPE NOYAN MAIS EN MOINS GRAS)

Kaiser
Noyan [Montérégie]

CROÛTE	De blanc rosé à orange cuivré, couverte d'un duvet blanc épars
PÂTE	De crème à ivoire, souple et moelleuse, avec quelques petits yeux
ODEUR	De douce à marquée, lactique et légèrement acide
SAVEUR	De douce à prononcée, notes de beurre salé
LAIT	Partiellement écrémé, de vache, pasteurisé, élevages de la région
AFFINAGE	de 6 à 8 semaines
CHOISIR	La croûte et la pâte souples, l'odeur fraîche
CONSERVER	Jusqu'à 2 mois, dans un papier ciré doublé d'un papier d'aluminium, entre 2 et 4 °C
OÙ TROUVER	À la fromagerie, dans les boutiques et fromageries spécialisées et dans certains supermarchés, distribué par Le Choix du Fromager
NOTE	Fromage de type Noyan, mais moins riche en gras.

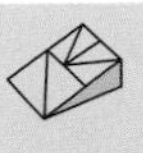

FORMAT	Meule de 2 kg (20 cm sur 6,5 cm), à la coupe
M.G.	15 %
HUM.	47 %

RÉPERTOIRE DES PRODUCTEURS

Types de fromageries

FROMAGERIE FERMIÈRE

La fromagerie fermière est située à la ferme. Le lait traité provient de son élevage. La manipulation du lait se fait manuellement de façon artisanale. L'affinage peut se faire à l'extérieur de la ferme.

Les fromages issus de la fromagerie portent l'appellation « fermier » s'ils sont pasteurisés ou thermisés et « cru fermier » s'ils sont fabriqués avec le lait cru de la ferme.

FROMAGERIE ARTISANALE

Le lait d'un ou de plusieurs élevages est transporté à la fromagerie située à l'extérieur de la ferme. Le traitement du lait se fait principalement à la main.

FROMAGERIE SEMI-INDUSTRIELLE

Fromagerie qui transforme une grande quantité de lait. Il peut provenir d'un ou de plusieurs élevages et il est travaillé de façon industrielle, mais comporte un travail manuel important.

FROMAGERIE INDUSTRIELLE

Ce type de fromagerie utilise des méthodes de fabrication hautement mécanisées afin d'obtenir une qualité uniformisée et standardisée pouvant plaire au plus grand nombre de consommateurs. Le lait provient de plusieurs élevages souvent de régions éloignées.

MAISON D'AFFINAGE

Commerce spécialisé dans l'affinage des fromages.

ABBAYE DE SAINT-BENOÎT-DU-LAC

Saint-Benoît-du-Lac (Québec) J0B 2M0
Tél.: (819) 843-4336 ou 1-877-343-4336
Dom Yvon Giguère

Région: Cantons-de-l'Est
Type de fromagerie: artisanale, monastique

Au cœur des Cantons-de-l'Est, sur les rives du bucolique lac Memphrémagog, l'abbaye de Saint-Benoît-du-Lac, fondée en 1912, compte une cinquantaine de moines qui vivent selon la règle monastique rédigée par saint Benoît, d'où leur nom de bénédictins. Saint Benoît professe que pour être « vraiment moine », il faut vivre du travail de ses mains. La corvée quotidienne du moine est donc un moyen de subvenir aux besoins du monastère. Les moines de Saint-Benoît-du-Lac assurent leur subsistance surtout grâce à une fromagerie, un verger, une cidrerie, une ferme et un magasin où sont vendus leurs produits.

La fromagerie, que l'on ne peut visiter, existe depuis 1943. Au début, les moines y fabriquaient exclusivement le fromage bleu l'Ermite. Par la suite, ils ont ajouté d'autres fromages élaborés à partir de lait de chèvre et de vache, des fromages de type gruyère ou suisse, des bleus ainsi que du ricotta (à base de lactosérum).

La boutique de l'Abbaye est ouverte du lundi au samedi de 9 h à 11 h et de 12 h à 17 h, fermée le dimanche. Les fromages sont distribués par Le Choix du Fromager dans les supermarchés IGA et Métro ainsi que dans la plupart des boutiques et fromageries spécialisées dans tout le Québec.

Archange (gruyère), *p. 52*
Bleu Bénédictin (bleu), *p. 64*
Ermite (bleu), *p. 137*
Fontina, *p. 152*
Frère Jacques, *p. 154*
Geai bleu, *p. 160*
Moine (gruyère), *p. 191*
Mont Saint-Benoît (suisse), *p. 194*
Ricotta, *p. 229*
Ricotta pure chèvre, *p. 227*
Saint-Augustin (suisse), *p. 235*

AGRILAIT

73, route de l'Église
Saint-Guillaume (Québec) J0C 1L0
Tél.: (819) 396-2022
Ghislain Boileau

Région: Bois-Francs
Type de fromagerie: artisanale

Issue du vaste mouvement coopératif, la Société coopérative agricole de Beurrerie de Saint-Guillaume est en activité depuis 1940. Agrilait produit du cheddar frais, en bloc ou en grains, vieilli de 6 mois à 1 an ainsi que du brick et un suisse; un fromage de type gouda est en préparation. La fromagerie récupère le petit-lait et le convertit en poudre, le « whey », un complément alimentaire riche en protéines. Agrilait emploie plus de 50 employés et fabrique plus de 2 000 000 kg de fromages par année.

On trouve les fromages Agrilait au comptoir de la quincaillerie locale qui est aussi un dépanneur, tous les jours de 7 h à 22 h. À Montréal et dans la région métropolitaine, on peut se procurer leur cheddar frais en bloc ou en grains sous l'appellation « Serge Henri » dans les supermarchés Loblaws, Maxi, IGA ou Métro. Le Suisse Saint-Guillaume se vend surtout dans les boutiques d'alimentation fine et les fromageries spécialisées.

Brick
Cheddar Agrilait, frais (bloc ou grains)
6 mois, 1 an
Gouda (en préparation)
Suisse Saint-Guillaume, *p. 251*

AGROPUR

6500, boul. Henri-Bourassa Est
Montréal (Québec) H1G 5W9
Tél.: 1 800 361-3868
Anne Fournier

Région: Montréal-Laval
Type de fromagerie: industrielle

Agropur, l'une des plus vastes industries fromagères au Québec, est née de l'achat et de la fusion de plusieurs entreprises laitières. Elle compte plusieurs usines au Québec et au Canada, et on retrouve les produits sous les marques Agropur, Anco, Danesborg, Grubec ou Prestigio. Les usines ont chacune leur spécialité. Les principaux produits sont les bries et camemberts L'Extra, Chevalier ou Vaudreuil, des fétas, des havartis, des fromages à tartiner (Délicrème) et les oka, dont le délicieux Providence d'Oka. Ces fromages sont nature ou assaisonnés. Agropur fabrique aussi le cheddar Britannia. Les produits d'Agropur sont proposés dans la plupart des supermarchés du Québec.

Adresse des usines d'Agropur au Québec :

Usine de Bon-Conseil
81, rue Saint-Félix
Bon-Conseil (Québec) H0C 1A0
Tél.: (819) 336-2727

Cheddar Britannia, *p. 78*

Usine de Corneville
995, rue Johnson
Saint-Hyacinthe (Québec) J2S 7V6
Tél.: (450) 467-6752
Mario Labonté

Brie Chevalier, Brie Chevalier doublecrème, Brie Chevalier triple crème nature ou assaisonnés, *p. 73*
Brie L'Extra, *p. 76*
Brie Vaudreuil, *p. 79*
Camembert L'Extra, *p. 86*
Vaudreuil Camembert, *p. 187*

Usine de Granby
Tél.: (450) 375-1991

Brick, *p. 69*
Cheddar, *p. 99*
Colby, *p. 118*
Mozzarella américaine, *p. 198*

Usine d'Oka
1400, chemin Oka
Oka (Québec) J0N 1E0
Tél.: (450) 479-6396
Murielle Lefebvre

Délicrème, *p. 129*
Emmental Anco
Féta Danesborg
Fontina Prestigio, *p. 152*
Havarti Danesborg, *p. 170*
Munster Danesborg
Oka, *p. 202*
Providence d'Oka, *p. 217*
Raclette, *p. 224*
Saint-Paulin, *p. 240*

ALPAGE (FROMAGERIE DE L')

254, boul. Industriel
Châteauguay (Québec) J6J 4Z2
Tél.: (450) 691-2929
Jean-Pierre Des Rosiers

Région : Montérégie
Type de fromagerie : artisanale

Pierre-Yves Chaput est un passionné de la fabrication des fromages. Maître incontesté en matière de lait cru, il a été non seulement le premier à en faire l'affinage, mais aussi le premier à le défendre lorsque certains fonctionnaires tentèrent d'interdire le fromage au lait cru au Québec et au Canada. Son combat fut une réussite. Pour Pierre-Yves Chaput, la fabrication du fromage est un art qui nécessite des contrôles de qualité très stricts et, pour le maître-fromager, aucun fromage digne de ce nom ne devrait être mis en marché s'il n'est pas parfait. À Châteauguay, il fabrique le Blanc Bec, fromage de type camembert commercialisé sous l'appellation Le Châteauguay pour Le Choix du Fromager. On peut l'acheter à l'usine et dans la majorité des boutiques et fromageries spécialisées ainsi que dans les supermarchés Bonichoix, IGA et Métro.

Blanc Bec (camembert), *p. 60*
Châteauguay (camembert), *p. 97*

ANCÊTRE (FROMAGERIE L')

1615, boul. Port-Royal
Bécancour (Québec) G9H 1X7
Tél.: (819) 233-9157
Germain Desilets

Région : Centre du Québec
Type de fromagerie : artisanale

La fromagerie L'Ancêtre a vu le jour en 1993 grâce à un groupe de 10 producteurs laitiers ayant une vision différente de celle de l'agriculture conventionnelle. Désireux de revenir aux méthodes traditionnelles respectueuses de la nature et de l'environnement, ces producteurs pratiquent l'agriculture sans utiliser d'engrais chimiques, d'herbicides ou de pesticides afin d'offrir aux consommateurs un produit laitier certifié biologique (Québec Vrai). En plus du cheddar frais du jour, la fromagerie propose le cheddar l'Ancêtre vieux au lait cru biologique affiné durant deux ans ainsi qu'un fromage de type parmesan, également au lait cru biologique et partiellement écrémé. Le caillage se fait par l'ajout d'un ferment thermophile supportant une chaleur élevée (plus de 39,5 °C ou 103 °F) sur une courte période. Le résultat donne un fromage sec et ferme. Moulé, séché et salé, il est ensuite affiné durant six mois et vendu râpé. Parmi les autres produits, citons la mozzarella, la ricotta, l'emmenthal, la féta, le cheddar au porto et le beurre fermier salé ou non.

Le comptoir de la fromagerie ainsi que la boutique et le casse-croûte sont ouverts 7 jours sur 7 de 9 h à 17 h; jusqu'à 20 h de mai à septembre. On y trouve tous les produits de la fromagerie, une vaste gamme de fromages québécois et importés ainsi que des produits régionaux. Les produits L'Ancêtre sont distribués dans les boutiques d'aliments naturels et fromageries spécialisées ainsi que dans les supermarchés IGA, Métro et Provigo.

Cheddar L'Ancêtre, *p. 50*

Cheddar frais (bloc ou grains)
et cheddar allégé

Emmental, *p. 136*

Féta

Mozzarella, *p. 198*

Parmesan, *p. 204*

Ricotta, *p. 229*

AU GRÉ DES CHAMPS (FROMAGERIE)

400, rang Saint-Édouard
Saint-Athanase-d'Iberville (Québec) J2X 4J3
Tél.: (450) 346-8732)
Suzanne Dufresne et Daniel Gosselin

Région : Montérégie
Type de fromagerie : fermière

Les fromages de Suzanne Dufresne et de Daniel Gosselin ont une allure rustique et un petit air de terroir. Ils sont moulés à la main et affinés sur des planches de bois. Les vaches paissent dans des pâturages ensemencés de plantes fleuries et aromatiques certifiées biologiques. On dit que, selon la saison, le fromage développe des arômes fleuris ou herbacés, voire fruités. La qualité du lait dépend directement du fourrage. Le lait cru est une matière vivante, sa nature est changeante, et il doit être traité avec le plus grand soin. Ainsi, lors de la traite et afin d'éviter toute manipulation ou contamination externe, le lait est dirigé directement vers le bassin de transformation grâce à un système de tuyauterie. Il est transformé tous les matins et n'attend jamais plus de douze heures.

La ferme élabore deux fromages fins : le d'Iberville demi-ferme à croûte lavée et le Gré des Champs à pâte ferme. On y trouve à l'occasion le Monnoir, un fromage à pâte ferme à croûte naturelle.

La fromagerie ouvre ses portes aux visiteurs sur rendez-vous le samedi de 10 h à 17 h. Plaisirs gourmets distribue le d'Iberville et le Gré des Champs dans les boutiques et fromageries spécialisées ainsi que dans certains supermarchés du Québec.

Gré des Champs
(pâte ferme à croûte naturelle), *p. 167*
D'Iberville
(pâte demi-ferme à croûte naturelle), *p. 173*

BASQUES (FROMAGERIE DES)

69, route 132 Ouest
Trois-Pistoles (Québec) G0L 4K0
Tél.: (418) 851-2189
Yves et Germain Pettigrew

Région : Bas-Saint-Laurent
Type de fromagerie : mi-industrielle

En 1994, Yves et Germain Pettigrew ouvrent la fromagerie des Basques. Le lait de la ferme est alors entièrement employé à la fabrication de fromages frais du jour. Rapidement, la demande limite les Pettigrew à la seule fabrication de fromages. Outre le cheddar frais, en bloc ou en grains (offert aussi fumé) et des cheddars affinés (2 ans et plus), la fromagerie fabrique deux fromages de type suisse, un en bloc traditionnel, un autre en meule à croûte lavée à la bière Trois-Pistoles. Une innovation, les Pettigrew ont mis au point un fromage s'inspirant du Pays basque. Les Basques venaient pêcher au large de Trois-Pistoles et séjournaient sur la bien nommée Île-aux-Basques. Ici, ce fromage se fabrique au lait de vache plutôt qu'au lait de brebis. La pâte est demi-ferme, la croûte est lavée à la bière Trois-Pistoles et porte le joli nom de L'Héritage en raison, dit-on, de la tradition laissée par les Basques. L'écrivain et romancier Victor-Lévy Beaulieu, qui vit à Trois-Pistoles, a d'ailleurs écrit un ouvrage ayant pour titre « L'Héritage », qui fut l'objet d'une série télévisée. germain et Yves Pettigrew travaillent à la mise au point d'une pâte molle.

La fromagerie ouvre tous les jours de juin à septembre, de 4 h à 22 h ; hors-saison,du samedi au mercredi de 8 h à 18 h ; jusqu'à 21 h les jeudi et vendredi. En été la fromagerie est dotée d'un comptoir laitier.

Cheddar des Basques, frais
(bloc ou grains, nature ou fumé)
Héritage (suisse), *p. 171*
Suisse des Basques, *p. 249*

BERGÈRE ET LE CHEVRIER (LA)

119, grande Côte Est
Lanoraie (Québec) J0K 1E0
Tél.: (450) 887-1979
Lyne Brunelle

Région : Lanaudière
Type de fromagerie : fermière

Lyne Brunelle et Alain Richard ont aménagé leur ferme sur le chemin du Roy, face au fleuve majestueux. Le lait des deux troupeaux sert à l'élaboration d'un fromage frais (nature ou assaisonné), d'un cheddar vendu en grains ainsi que du Louis-Riel (cru ou pasteurisé), de la Tomme de la Bergère et de la Tomme du Chevrier. Les fromagers se font un point d'honneur de transformer le lait au plus tôt afin de conserver la constance de la qualité. Les troupeaux sont élevés sans hormone de croissance et les antibiotiques ne sont utilisés qu'en dernier recours. Lyne et Alain préconisent une médecine préventive de manière à diminuer le plus possible l'utilisation de médicaments et privilégient l'homéopathie.

La boutique propose aussi de la viande d'agneau et de chevreau ainsi que des glaces au lait de brebis. Ouverte du 24 mai (Fête nationale des Patriotes) à l'Action de grâce (en octobre) du mercredi au dimanche, de 10 h à 17 h. Pour les visites hors-saison s'adresser à Lyne ou Alain.

On trouve ces fromages au Marché des Saveurs du Québec, au marché Atwater, à la Maison du Rôti du Plateau Mont-Royal, chez Yanick Fromagerie d'Exception (av. Bernard, Outremont), à la Fromagerie du Marché (Saint-Jérôme), à la Boulangerie Saint-Viateur (Joliette), à Rumeur Affamé (Sutton) et à La Fromagère (Marché du Vieux-Port, Québec).

Cheddar (frais, bloc ou grains)
Frais de brebis
Chèvre frais
Louis-Riel (tomme), *p. 182*
Tomme du Chevrier, *p. 258*
Tomme de la Bergère, *p. 256*

BERGERON (FROMAGERIE)

3837, route Marie-Victorin
Saint-Antoine-de-Tilly (Québec) G0S 2C0
Tél.: (418) 886-2234
Sylvain Bergeron

Région: Chaudière-Appalaches
Type de fromagerie: mi-industrielle

Cette fromagerie est le fruit de la passion et de l'expérience acquise au fil des ans par trois générations de Bergeron. L'aventure débute en 1940, dans une petite fromagerie du rang 8 Labarre, à Saint-Bruno au Lac-Saint-Jean. Edmond Bergeron, le grand-père, se lance dans la fabrication du cheddar avec ses enfants. Parmi eux, Raymond qui achète en 1954 une fromagerie à Saint-Antoine-de-Tilly où il commercialise le fromage Meuldor. L'entreprise sera vendue en 1978 à la coopérative Agrinove.

Raymond et son épouse Colombe Ouellet transmettent leur savoir à leurs enfants qui choisissent de construire une nouvelle usine et de développer un nouveau créneau. Ils y fabriquent du gouda, car la demande était forte pour ce fromage importé. L'entreprise actuelle produit depuis le 16 août 1989 et s'achemine vers ses 25 000 000 litres de lait transformé annuellement par une équipe de 80 personnes.

La Fromagerie Bergeron fabrique les Brins de gouda, qui rappellent le traditionnel fromage cheddar en grain et se conserve fort bien, réfrigéré, de 7 à 9 jours, le Populaire, obtenu par pressage des Brins de gouda dans un moule et commercialisé frais, le gouda Extra Doux, un bloc de Populaire affiné 1 mois et le Six Pourcent, un fromage allégé. S'ajoutent le gouda Classique, le Coureur des bois, le Lotbinière, le P'tit Bonheur et le Seigneur de Tilly enrobés de cire comme le veut la tradition hollandaise. Le Patte Blanche est un type gouda au lait de chèvre et le Fin Renard diffère par sa croûte lavée. La fromagerie Bergeron mettra bientôt en marché le Calumet, un gouda fumé ainsi que des produits petits formats.

La fromagerie ouvre ses portes tous les jours de 9 h à 18 h. Des panneaux d'information et des photos renseignent le visiteur sur la fabrication du gouda ainsi que sur l'historique de la fromagerie et de la famille Bergeron. On y propose une vaste variété de fromages régionaux et importés. Enfin un restaurant-crêperie, ouvert de fin mai à octobre, présente différents menus préparés avec les fromages de la maison: croustillant au Fin Renard, asperges gratinées au Coureur des bois et une grande variété de crêpes salées ou sucrées.

On trouve les produits de la fromagerie Bergeron dans plusieurs boutiques et fromageries spécialisées ainsi que dans plusieurs grandes surfaces (IGA, Maxi, Loblaws), distribués par J.L. Freeman.

Brin de gouda (gouda en grains)
Coureur des Bois (gouda assaisonné), *p. 121*
Fin Renard (gouda croûte lavée), *p. 148*
Gouda Classique, *p. 161*
Gouda extra doux
Le Populaire (gouda frais)
Lotbinière (jalsberg), *p. 179*
Patte Blanche (gouda de chèvre), *p. 207*
P'tit Bonheur (gouda), *p. 218*
Seigneur de Tilly (gouda allégé), *p. 161*
Six Pourcent (gouda frais allégé)

BIQUETTERIE (LA)

470, Route 315
Chénéville (Québec) J0V 1E0
Tél.: (819) 428-3061
Colette Duhaime

Région: Outaouais
Type de fromagerie: artisanale

Colette Duhaime fut journaliste à *La Patrie*, au *Journal de Montréal* et au quotidien *Le Droit*. La belle région de l'Outaouais est devenue sa terre d'adoption. À Chénéville, Colette Duhaime a fait l'acquisition d'une ancienne école de rang construite en 1875. Elle y ouvre une fromagerie le 14 mai 1986. « J'ai troqué la culture pour l'agriculture », se plaît-elle à dire. Pour rendre hommage à sa patrie d'adoption, elle donne à ses fromages le nom de municipalités de la région de la Petite-Nation : le Chénéville (un cheddar frais), le cheddar en grains La Petite Nation, le Montpellier (fromage frais vendu en faisselle) et Le Petit Vinoy (un fromage à pâte fraîche, nature ou assaisonnée).

Le comptoir de la fromagerie ouvre tous les jours de 9 h à 18 h.

Cheddar La Petite Nation (grains)
Chénéville (cheddar)
Montpellier (frais de vache), *p. 194*
Petit Vinoy (chèvre frais), *p. 212*

BOIVIN (FROMAGERIE)

2152, chemin Saint-Joseph
La Baie (Québec) G7B 3P3
Tél.: (418) 544-2622
Pierre Boivin

Région : Saguenay-Lac-Saint-Jean
Type de fromagerie : artisanale

La fromagerie Boivin, située dans un paysage bucolique du Saguenay, a été fondée en 1939 par Marie Bluteau et ses enfants Bernadette, Noël, Patrick, Antonio et Herman Boivin. La famille Boivin y perpétue la tradition du cheddar frais du jour, offert en grains et en blocs. S'y fabriquent aussi des cheddars médium, fort, extra-fort ou sans sel ainsi qu'un fromage non affiné (Le Petit Saguenay).

Le comptoir de vente ouvre tous les jours de 8 h 30 à 18 h en période hivernale ; jusqu'à 21 h 30 en période estivale.

Cheddar Boivin (bloc ou grains)
Suisse au porto

BOURGADE (FROMAGERIE DE LA)

16, boul. Caouette Nord
Thetford-les-Mines (Québec) G6G 2B8
Tél.: (418) 335-3313
Steve Vallée

Région : Chaudière-Appalaches
Type de fromagerie : artisanale

En activité depuis huit ans, cette fromagerie artisanale vient de s'adjoindre une salle à manger d'une centaine de places où l'on propose, outre les plats au menu, des dégustations de vins et de fromages. On peut acheter sur place du cheddar (le Bourgadet) en blocs ou en grains ainsi qu'un fromage à pâte étirée appelé le Twist.

Le comptoir de vente est ouvert du dimanche au mercredi de 8 h à 20 h ; jusqu'à 21 h les jeudi, vendredi et samedi.

Cheddar Bourgadet (bloc ou grains)
Twist (tortillon)

CAITYA DU CAPRICE CAPRIN

1023, route 210
Sawyerville (Québec) J0B 3A0
Tél.: (819) 889-2958
Marie-Pascale Beauregard

Région : Cantons-de-l'Est
Type de fromagerie : fermière

Caitya est un terme bouddhique qui signifie endroit sacré, sanctuaire ou lieu de prière. Marie-Pascale Beauregard et Francis Landry y élèvent une centaine de chèvres nubiennes en suivant autant que possible les règles de l'agriculture biologique. Les chèvres sont nourries au foin sec biologique, sans ensilage, et profitent des pâturages pastoraux des Cantons, tout l'été. On n'utilise pas d'hormones de croissance et les antibiotiques ne sont employés qu'en dernier recours. Le lait des chèvres de race nubienne, plus riche en gras et en protéines, donne un fromage onctueux. Marie-Pascale a mis deux ans pour mettre au point et peaufiner la recette de son chèvre frais que l'on peut se procurer sur place. Il est proposé nature ou assaisonné à la fleur d'ail du Petit Mas, à l'aneth frais ou à la truite fumée de la Ferme piscicole des Bobines.

La ferme se spécialise aussi dans la vente de viande de chevreau ou de chèvre. On y fabrique également quelques charcuteries (saucisses de type italien assaisonnées à la bière de la micro-brasserie Lion d'Or).

La fromagerie ouvrira bientôt au public, en attendant, Marie-Pascale et Francis reçoivent sur rendez-vous. Périodes d'ouverture projetées : du jeudi au dimanche de 12 h à 18 h. On peut se procurer le Cabrita ainsi que des viandes et de la charcuterie au Provigo de la Promenade King à Sherbrooke.

Cabrita (chèvre frais), *p. 81*

CARON (FERME)

1091, rue Saint-Jean Est
Saint-Louis-de-France (Québec) G8T 1A5
Tél.: (819) 379-1772
Gaétan Caron

Région : Mauricie
Type de fromagerie : fermière

Christiane Julien et Gaétan Caron préparent un fromage frais de chèvre et, à l'occasion, un féta que l'on peut se procurer à la ferme. Le Blanchon est un produit certifié biologique et on le retrouve dans plusieurs boutiques d'aliments naturels.

La fromagerie ouvre de 9 h à 18 h.

Blanchon (chèvre frais), *p. 61*
Féta

CAYER

71, avenue Saint-Jacques
Saint-Raymond (Québec) G3L 3X9
Tél.: (418) 337-4287
Denis Cayer

Région : Québec
Type de fromagerie : industrielle

La fromagerie Cayer, dans la région pastorale de Portneuf, fabrique des fromages de types camembert et brie de lait entier, double ou triple crème, qui valent bien des fromages importés. Elle fabrique également des fromages à pâte fraîche, à pâte demi-ferme ou ferme, des pâtes persillées (bleu), ainsi que des fromages de chèvre.

On trouve les fromages Cayer dans la plupart des supermarchés ainsi qu'à la boutique de l'usine à Saint-Raymond, ouverte du lundi au mercredi de 8 h 30 à 17 h 30 ; les jeudi et vendredi de 8 h 30 à 21 h ; le samedi de 8 h 30 à 16 h et le dimanche de 10 h à 16 h.

Baron et Baron roulé (frais de vache), *p. 56*
Belle-Crème (double crème), *p. 56*
Bleubry (bleu), *p. 65*
Bocconcini et Mini Bocconcini, *p. 65*
Brie Bonnaparte, *p. 72*
Brie Cayer, *p. 72*
Brie Cayer Double-Crème, *p. 72*
Camembert Calendos, *p. 84*
Camembert Cayer, *p. 84*
Campagnard, *p. 89*
Caprano (cheddar de chèvre), *p. 105*
Capriny (chèvre frais nature ou assaisonné), *p. 93*
Chèvre d'art, *p. 110*
Chèvre des neiges (chèvre frais), *p. 112*
Cocktail, *p. 65*
Doré-mi (saumuré), *p. 134*
Féta Cayer
Havarti Cayer, *p. 169*
Paillot de chèvre (pâte molle à croûte fleurie), *p. 203*
Saint-Honoré (pâte molle à croûte fleurie, triple crème), *p. 237*
Suisse Cayer, *p. 248*
Suisse Saint-Jean, *p. 248*

CHALIFOUX (LAITERIE) LES FROMAGES RIVIERA

493, boul. Fiset
Sorel-Tracy (Québec) J3P 6J9
Tél.: (450) 743-4439 ou (800) 363-0092
Manon Tousignant et André Fournier

Région : Montérégie
Type de fromagerie : mi-industrielle

La laiterie Chalifoux est une entreprise familiale qui possède une quarantaine d'années d'expertise dans la fabrication de fromages. Créée en 1959, elle se limitait à la production de cheddar, puis elle a étendu sa production aux fromages fins. À l'exception des cheddars, tous les fromages Riviera sont exempts de lactose. En effet, le lait est soumis à une ultrafiltration, un procédé qui élimine le sucre du lait. On obtient ainsi des fromages fins pouvant être consommés par les personnes souffrant d'intolérance au lactose. Au début des années 1990, l'entreprise a été la première en Amérique du Nord à utiliser cette technologie européenne ; depuis, on a appris à la maîtriser et à la perfectionner.

L'entreprise fabrique le Cheddar doux, médium, fort et l'extra-fort Riviera. Parmi ses spécialités, mentionnons l'Alpinois (type emmenthal), le Chaliberg (type suisse), l'Élan (pâte demi-ferme allégée), le Finbourgeois (type havarti), le Saint-Pierre de Saurel (pâte demi-ferme à croûte lavée) et le Vent des Îles (type edam).

Le comptoir de la fromagerie est ouvert du lundi au vendredi de 8 h à 17 h. Les fromages se trouvent dans les boutiques et fromageries spécialisées ainsi que dans toutes les bonnes épiceries et supermarchés partout au Québec.

Alpinois (emmental), *p. 50*
Chaliberg, Chaliberg léger, Chaliberg Sélection (suisse), *p. 96*
Élan (suisse écrémé), *p. 136*
Finbourgeois (havarti), *p. 147*
Riviera (cheddar)
Saint-Pierre de Saurel (édam), *p. 243*
Vent des îles, *p. 267*

CHAMP À LA MEULE (FROMAGERIE DU)

3601, rue Principale
Notre-Dame-de-Lourdes (Québec) J0K 1K0
Tél.: (450) 753-9217
Martin Guilbault

Région : Lanaudière
Type de fromagerie : artisanale

À Notre-Dame-de-Lourdes, les champs s'étendent dans la plaine et sont délimités par les cours d'eau ou le trécarré des rangs. C'est le royaume des fermes laitières, patrimoine transmis depuis des générations. À la ferme qui a vu grandir son père et son grand-père, Martin Guilbault a construit sa fromagerie.

Elle est vite devenue l'un des fleurons de l'industrie fromagère au Québec. Martin a été l'un des premiers à offrir aux Québécois d'authentiques fromages artisanaux. Parmi eux : le Fêtard macéré à la bière (classique et de réserve), le Victor et Berthold (classique et de réserve) et le Laracam, des fromages qui exhalent tous les arômes du terroir. Ils sont fabriqués à partir du lait d'un troupeau de vaches d'une ferme voisine. Les pâturages de Notre-Dame-de-Lourdes confèrent au lait un caractère unique.

La fromagerie ouvre du mardi au jeudi de 9 h à 15 h 30 ; vendredi et samedi jusqu'à 17 h. Ces produits sont aussi vendus dans plusieurs boutiques et fromageries spécialisées du Québec : Fromagerie Hamel (Montréal), Marché des Saveurs du Québec (marché Jean-Talon, Montréal) et Maison de l'UPA (Longueuil), Fromagerie Atwater (Montréal), La Fromagère (Marché du Vieux-Port (Québec).

Fêtard et Fêtard Réserve (pâte demi-ferme à ferme à croûte lavée), *p. 146*

Laracam (pâte molle à croûte lavée), *p. 177*

Victor et Berthold, Victor et Berthold de réserve (pâte demi-ferme à croûte lavée), *p. 267*

CHAMPÊTRE (FROMAGERIE)

415, rue des Industries
Repentigny (Québec) J6A 8J4
Tél.: (450) 654-1308
Luc Livernoche

Région : Lanaudière
Type de fromagerie : artisanale — mi-industrielle

La Fromagerie Champêtre est reconnue pour son cheddar proposé en grains ou en bloc. Depuis avril 1996, les connaisseurs y accourent pour se procurer leur ration de fromage en grains bien frais. Depuis août 2001, on y fabrique le Presqu'île, le grand Chouffe ainsi que la Raclette Champêtre.

Il n'y a pas de comptoir à la fromagerie, mais on trouve ces produits dans les épiceries et chez les dépanneurs de la région, dans les boutiques et fromageries spécialisées et quelques supermarchés.

Cheddar Champêtre (frais, bloc ou grains)

Grand Chouffe (pâte demi-ferme à croûte lavée), *p. 164*
Presqu'Île (pâte demi-ferme à croûte lavée), *p. 217*
Raclette Champêtre, *p. 221*

CHAPUT (FROMAGES)

254, boul. Industriel
Châteauguay (Québec) J6J 4Z2
Tél.: (450) 692-3555
Isabelle Chaput

Région: Montérégie
Type de fromagerie: artisanale

Pierre-Yves Chaput a fondé cette fromagerie qui est maintenant gérée par son père Jean-Marc. Il perpétue avec toute la fougue qu'on lui connaît la mission d'offrir des fromages de qualité au lait cru de chèvre ou de vache. Les fromages Chaput sont actuellement affinés par Jean-Philippe Gosselin à la maison d'affinage Les Dépendances du Manoir et sont en vente dans la majorité des boutiques et fromageries spécialisées du Québec ainsi que dans certains supermarchés.

Bouq'émissaire (pâte molle cendrée), *p. 67*
Chamblé (pâte molle à croûte lavée), *p. 95*
Cumulus (pâte molle fleurie), *p. 126*
Florence (pâte molle fleurie), *p. 150*
Gourmandine (pâte ferme à croûte lavée), *p. 163*
Petit Sorcier (morbier), *p. 212*
Pont Couvert, *p. 215*
Québécou (crottin), *p. 221*
Ste Maure du Manoir, *p. 246*
Vacherin de Châteauguay (pâte molle à croûte lavée), *p. 264*

CHARLEVOIX (LAITERIE)

1167, boul. Monseigneur-de-Laval
Baie-Saint-Paul (Québec) G3Z 3W7
Tél.: (418) 435-2184
Dominique Labbé

Région: Charlevoix
Type de fromagerie: mi-industrielle

Économusée de la fabrication artisanale du cheddar au lait cru ou pasteurisé, en meule ou en grains, frais ou vieilli, la Laiterie Charlevoix a été fondée par la famille Labbé en 1948. Outre les cheddars, on y élabore le Fleurmier, un fromage à pâte molle et à croûte fleurie.

À la belle saison, le comptoir est ouvert tous les jours de 9 h à 19 h; hors-saison, du lundi au vendredi, de 9 h à 17 h 30, samedi et dimanche, jusqu'à 17 h. Le Fleurmier et le cheddar vieux de la Laiterie Charlevoix sont distribués dans les boutiques et fromageries spécialisées partout au Québec.

Cheddar
Fleurmier (pâte molle à croûte lavée), *p. 149*

CHAUDIÈRE (FROMAGES LA)

3226, rue Laval-Nord
Lac-Mégantic (Québec) G6B 1A4
Tél.: (819) 583-4664
Vianney Choquette

Région: Cantons-de-l'Est
Type de fromagerie: artisanale

La fromagerie fabrique du cheddar traditionnel doux, moyen et fort (vieilli) ainsi que du fromage en saumure et en grains. Fromages La Chaudière a été l'une des premières fromageries québécoises à offrir un cheddar biologique thermisé doux ou vieilli. La maison est accréditée bio par lOCIA. Le lait provient également de fermes accrédités bio.

Le comptoir de vente est ouvert du lundi au samedi de 8 h à 18 h; jeudi et vendredi, jusqu'à 21 h 30; dimanche de 9 h à 18 h.

Cheddar Bio d'Antan, *p. 104*
Cheddar La Chaudière (bloc ou grains)
Suisse Bio d'Antan

CHÈVRERIE DU BUCKLAND

4416, rue Principale
Buckland (Québec) G0K 1G0
Tél.: (418) 789-2760
Barbara Brunet et Marc Bruno

Région : Chaudière-Appalaches
Type de fromagerie : fermière

Buckland est situé dans les Appalaches au sud de Montmagny, sur les versants du Massif du Sud. Marc Bruno, Barbara Brunet et leurs enfants y élèvent un troupeau d'une trentaine de chèvres laitières. Des chèvres nourries au foin séché de la ferme, cultivé naturellement sans engrais chimique ni pesticide. La qualité du lait est essentielle puisqu'il sert à la réalisation d'un véritable fromage « fermier ». La Tomme du Maréchal est produite sans ajout ou pulvérisation de ferments aromatiques, de levures ou de moisissures commerciales. La croûte se forme par les ferments et levures naturelles présentes dans le lait et ensemencés dans la chambre de maturation. Les fromagers projettent d'utiliser un « pied de cuve », lactosérum des fabrications précédentes, pour l'obtention du caillé afin d'en arriver à un fromage ayant un caractère authentique du terroir. Cette technique demande beaucoup de doigté. Enfin, la production va au rythme de la nature et s'arrête deux mois au moins durant la saison hivernale.

Pour atteindre Buckland, emprunter la sortie 337 de l'autoroute 20 puis suivre la route 279 en direction sud jusqu'au bout, elle s'arrête à Buckland. La ferme se trouve à 700 mètres de l'église.

On trouve la Tomme du Maréchal à la fromagerie entre les heures de traites (9 h et 17 h) ainsi que dans des fromageries et boutiques spécialisées. À Montréal : Le Marché des Saveurs du Québec au marché Jean-Talon et à la Fromagerie du Deuxième au marché Atwater ; à Saint-Lambert : à L'Échoppe des Fromages ; à Québec : à l'épicerie J. A. Moisan et à la Fromagerie du Vieux-Port ; à Lévis : chez Les Petits Oignons ; à Saint-Vallier : à La Mauve. Les samedis d'avril à septembre Marc Bruno a son comptoir au marché Jean-Talon.

Tomme du Maréchal
(tomme de chèvre), *p. 259*

CHÈVRERIE FRUIT D'UNE PASSION

164, route 216
Sainte-Marguerite (Québec) G0S 2X0
Tél. : (418) 935-3210
✤ Isabelle Couturier

Région : Chaudière-Appalaches
Type de fromagerie : fermière

Isabelle Couturier et Alain La Rochelle ont une égale passion pour l'élevage de la chèvre. Le lait est transformé à la coopérative de production fromagère (S.P.F) Solidarité Fleur des Champs, une association de 10 producteurs laitiers de la région de Bellechasse. La Chèvrerie propose la Tomme des Joyeux Fromagers, un fromage de chèvre à pâte ferme et à croûte lavée au lait cru.

La fromagerie n'a pas de comptoir de vente. Aussi, La Tomme des Joyeux Fromagers est distribuée dans les épiceries, boulangeries ou boutiques spécialisées de la région de production ainsi que dans les bons restaurants tels que l'Auberge des Fleurs à Scott Jonction. On la trouve, à Montréal et à Saint-Lambert, à la fromagerie Hamel et à L'Échoppe des fromages ; à Québec, à l'Épicerie européenne et chez la Fromagère du Marché au Marché du Vieux-Port.

Tomme des Joyeux Fromagers
(tomme de chèvre), *p. 257*

CHIMO (FERME)

1705, boul. de Douglas (Route 132)
Douglastown, Gaspé (Québec) G4X 2W9
Tél. : (418) 368-4102
✤ Hélène Morin

Région : Gaspésie
Type de fromagerie : fermière

En langue algonquine, chimo signifie amitié ou nous sommes amis. À la Ferme Chimo, Hélène Morin et Bernard Major fabriquent un chèvre frais (le Chèvre de Gaspé), un fromage à pâte molle et à croûte fleurie (le Corsaire), un féta de chèvre ainsi qu'un fromage à pâte ferme de type cheddar (le Val d'Espoir), que l'on trouve dans les bonnes épiceries et fromageries du Québec. Ces fromages s'imprègnent du terroir gaspésien et exhalent des arômes salins et la fraîcheur des pâturages. On y fabrique également un yogourt : le Velours de Chèvre.

La ferme Chimo se situe sur la route 132 entre Gaspé et Percé. Les visiteurs peuvent s'y arrêter et découvrir l'entreprise en profitant des visites guidées : tous les jours, de la mi-juin à la fin août. En d'autres temps, il est possible de visiter la fromagerie sur rendez-vous. Les visites se terminent par une dégustation des produits de la ferme. Le comptoir de vente ouvre tous les jours de 8 h 30 à 19 h, 18 h le dimanche.

Chèvre de Gaspé, *p. 111*
Corsaire (pâte molle à croûte fleurie), *p. 119*
Salin de Gaspé (féta)
Val d'Espoir (cheddar de chèvre), *p. 105*

CÔTE-DE-BEAUPRÉ (FROMAGERIE)

9430, boul. Sainte-Anne
Sainte-Anne-de-Beaupré (Québec) G0G 3C0
Tél.: (418) 827-1771
Steeve Fontaine

Région : Québec
Type de fromagerie : mi-industrielle

Depuis sa fondation, la fromagerie a reçu plusieurs prix dont celui d'« Entreprise de l'année 2002 ». La fromagerie fabrique chaque jour 4 000 kg de fromages : cheddar frais en grains, en tortillons et en blocs ainsi qu'un cheddar vieilli 2 ans.

On offre également des fromages en saumure, dont le Tortillo, étiré en fils très fins à la façon du tressé méditerranéen ou de la pasta filata italienne. Autres spécialités : le cheddar et le brick fumés à l'érable, vendus sous les appellations Fumirolle, Fumignon et Fumeron (mi-fumé). Enfin, Steeve Fontaine compte mettre en marché deux nouveaux fromages, l'un aux fines herbes et l'autre aux trois poivres, leur pâte demi-ferme sera similaire à celle du brick, mais en plus fondante.

La boutique de la fromagerie ouvre, en été, tous les jours de 8 h 30 à 21 h ; hors saison, du samedi au mercredi de 8 h 30 à 19 h et le jeudi et vendredi de 8 h 30 à 21 h. En plus des fromages, la boutique propose des pains et des produits de l'érable, un service de préparation de plateaux de fromages ou des paniers cadeaux.

Beaupré au lait cru (cheddar)
Brick aux herbes ou aux trois poivres
Beaupré (cheddar 6 mois à 2 ans)
Cheddar frais
Fumeron (brick fumé)
Fumignon (brick mi-fumé)
Fumerolle (cheddar fumé)
Tortillo (tortillon)

DAMAFRO – FROMAGERIE CLÉMENT

54, rue Principale
Saint-Damase (Québec) J0H 1J0
Tél.: (450) 797-3301
Michel Bonnet

Région : Montérégie
Type de fromagerie : mi-industrielle

Claude Bonnet, le père de Michel, pratique l'art de faire de bons fromages depuis longtemps. Originaire de la Brie, en France, où il possédait une fromagerie, il perpétue en terre québécoise la noble tradition de la fabrication du fromage avec l'aide de fromagers d'expérience.

On peut affirmer avec fierté que les fromages fins fabriqués au Québec sont d'une aussi grande qualité que ceux produits en Europe, en grande partie en raison de la qualité du lait québécois.

La compagnie Damafro fabrique une grande variété de bries et de camemberts légers, normaux, double ou triple crème, des fromages à pâte demi-ferme, des fromages de chèvre, des fromages blancs frais, de la ricotta et des yogourts. Damafro produit aussi des bries pour les chaînes d'alimentation ainsi que des bries assaisonnés.

Le comptoir de la fromagerie est ouvert du lundi au vendredi de 8 h à 17 h 30 et le samedi de 8 h 30 à 12 h 30. On trouve les fromages Damafro dans la majorité des supermarchés du Québec.

Aura (pâte demi-ferme à croûte lavée), *p. 53*
Bries assaisonnés
Brie Connaisseur, *p. 73*
Brie Damafro, *p. 74*
Brie en Brioche, *p. 75*
Brie La Manoir, *p. 75*
Brie Mme Clément, *p. 76*
Brie Petit Connaisseur, *p. 73*
Brie Tour de France, *p. 77*
Cabrie (chèvre – pâte molle à croûte fleurie), *p. 80*
Cabrie la Bûche (chèvre – pâte molle à croûte fleurie), *p. 78*
Cabrie la Bûchette (chèvre – pâte molle à croûte fleurie), *p. 186*
Camembert Connaisseur, *p. 85*
Camembert Damafro, *p. 85*
Camembert Mme Clément, *p. 87*
Chèvre des Alpes (chèvre frais), *p. 111*
Chèvre des Alpes (mi-chèvre), *p. 112*
Damablanc et Damablanc allégé (frais de vache), *p. 127*
Gouda Damafro, *p. 162*
Gouda de Chèvre, *p. 162*

Grand Délice (pâte demi-ferme à croûte fleurie), *p. 165*
Grand Duc, *p. 165*
Mascarpone, *p. 183*
Mini Brie, *p. 74*
Petit Champlain (brie), *p. 209*
Pointe de Brie, *p. 74*
Quark, *p. 220*
Raclette Damafro, *p. 223*
Saint-Damase (pâte molle à croûte lavée), *p. 235*
Saint-Paulin, *p. 241*
Tomme de Chèvre, *p. 255*
Trappeur Brie Double Crème, *p. 261*
Trappeur Camembert double Crème, *p. 261*
Trappeur Triple Crème, *p. 261*

DÉPENDANCES DU MANOIR (LES)

1199, rue Pierre-Laporte
Brigham (Québec) J2K 4R2
Tél.: (450) 266-0395 / 1 888 266-4491
✤ Jean-Philippe Gosselin

Région : Cantons-de-l'Est
Type de fromagerie : maison d'affinage

Jean-Philippe Gosselin a œuvré à la Fromagerie Caron de Belœil jusqu'à son acquisition par Saputo, en 1996. En 1999, il lance un projet agrotouristique sur le thème de la pomme et du fromage, à Brigham dans les Cantons-de-l'Est. Le relais gourmand propose des fromages frais. En février 2000, Dépendances du Manoir met en marché un premier fromage affiné au brandy de pomme. Depuis, en association avec quelques fromageries (Abbaye de Saint-Benoît-du-Lac, le Pastoureau, les Fromages Chaput et Fritz Kaiser), la maison d'affinage propose une gamme originale de fromages à pâte molle, demi-ferme ou ferme avec des croûtes lavées, fleuries ou mixtes. Il n'y a pas de comptoir de vente à la maison d'affinage, mais on trouve tous ces fromages partout au Québec, dans plusieurs supermarchés.

Blanche de Brigham (Kaiser – pâte demi-ferme à croûte fleurie), *p. 59*
Bouq'émissaire (Chaput – pâte molle cendré), *p. 67*
Brie au saumon fumé et Régal au saumon fumé
Cabrie Fleurie, *p. 80*
Cabriole (Kaiser – pâte molle à croûte lavée), *p. 81*
Caillou de Brigham (Kaiser – crottin), *p. 82*
Chamblé (Chaput – pâte molle à croûte lavée), *p. 95*
Chevrines (Chaput – chèvre frais), *p. 114*
Cumulus (Chaput – pâte molle à croûte fleurie), *p. 126*
Feuille d'Automne (Kaiser – pâte molle à croûte lavée), *p. 147*
Florence (Chaput – pâte molle à croûte fleurie), *p. 150*
Geai Bleu (Abbaye-de-Saint-Benoît-du-Lac – bleu), *p. 160*
Gourmandine (Chaput – sporadique, pâte ferme à croûte lavée), *p. 163*
Mini Tomme du Manoir (Kaiser – pâte demi-ferme à croûte lavée), *p. 188*
Peau Rouge (Kaiser – pâte demi-ferme à croûte lavée), *p. 207*
Petit Acadien (Fromagerie du Champs Doré – pâte demi-ferme à croûte lavée)
Petit Sorcier (Chaput – pâte demi-ferme à croûte lavée), *p. 212*
Pic Sainte-Hélène (Chaput – pâte molle cendrée)
Pont Couvert (Chaput – pâte demi-ferme à croûte lavée, *p. 215*
Québécou (Chaput – sporadique, crottin), *p. 221*
Rougette de Brigham (Kaiser – pâte molle à croûte lavée), *p. 232*
Silo (cheddar)
Sorcier de Missisquoi (Kaiser – pâte demi-ferme à croûte lavée), *p. 245*
Ste Maure du Manoir (Chaput – pâte molle à croûte fleurie et cendrée), *p. 246*
Tarapatapom (Kaiser – fromage à la crème assaisonné), *p. 253*
Tire-bouchon (Kaiser – pâte molle à croûte lavée)
Tourelle de Richelieu (Kaiser – molle)
Vacherin de Châteauguay (Chaput – saisonnier, molle à croûte lavée)

DIODATI (FERME)

1329, chemin Saint-Dominique
Les Cèdres (Québec) J7T 1P7
Tél.: (450) 452-4249
✤ Maria et Antonio Diodati

Région : Montérégie
Type de fromagerie : artisanale

Les Diodati sont originaires d'Italie. Bien intégré au Québec, le couple propose un féta, le Montefino, frais ou affiné, qui tire son appellation d'un village des Abruzzes en Italie. Son mode de fabrication est semblable à celui utilisé par les bergers qui se regroupent dans les alpages où ils fabriquent leur fromage. Après leur pasteurisation et leur caillage, les fromages sont moulés dans des herbes puis descendus au village pour être échangés contre d'autres denrées. Les invendus sont mis à sécher en plein air puis enrobés d'un mélange d'herbes (pepinella) et d'olives écrasées pour être ensuite conservés dans des pots en terre cuite. La fromagerie élabore, en quantité limitée, un fromage de chèvre à la crème.

La boutique de la fromagerie ouvre tous les jours de 9 h à 17 h 30 (il faut téléphoner au préalable). Outre les fromages, elle vend des charcuteries et viandes de chevreau.

Féta Diodati
Montefino (frais et affiné, nature ou assaisonné), *p. 195*
Montefino à la crème (frais ou affiné, nature ou assaisonné), *p. 195*

DION (FROMAGERIE)

128, route 101
Montbeillard (Québec) J0Z 2X0
Tél.: (819) 797-2617
✤ Gilberte Dion

Région : Abitibi-Témiscamingue
Type de fromagerie : fermière

La Fromagerie Dion est une petite entreprise artisanale située à Montbeillard, à quelques kilomètres de Rouyn-Noranda. En 1982, les Dion firent l'acquisition de leur première chèvre. Aujourd'hui l'élevage en compte plus d'une soixantaine. La fromagerie fabrique deux chèvres frais (nature ou assaisonné), Le Roulé et Le Délice, un type cheddar offert en bloc (Le Montbeil) ou en grains (Brin de chèvre) ainsi qu'un féta traditionnel (P'tit Féta). Le Roulé vieilli et séché se vend émietté sous l'appellation Parmesan Dion.

Visite de la fromagerie : tous les jours de 9 h à 17 h. On peut y acheter les fromages, du lait, du yogourt et un savon au lait de chèvre. Ces produits sont distribués dans plusieurs épiceries et boutiques de l'Abitibi et du Témiscamingue.

Brin de Chèvre (cheddar de chèvre en grains)
Délice (chèvre frais)
Montbeil (cheddar de chèvre), *p. 107*
Parmesan Dion
P'tit Féta, *p. 143*
Roulé (chèvre frais, nature ou assaisonné), *p. 232*

DOMAINE FÉODAL (FROMAGERIE DU)

1303, Rang-sud
Rivière Bayonne
Berthier (Québec) J0K 1A0
Tél.: (450) 836-7979
✤ Guy Dessureault

Région : Lanaudière
Type de fromagerie : artisanale

Pendant plusieurs années Guy Dessureault a exploité une ferme laitière à Saint-Narcisse, en Mauricie. Il connaît bien et respecte la matière qu'il transforme : le lait cru. Conscient de l'importance de l'expertise, il s'est associé avec André Lalonde, anciennement directeur de la fabrication à l'Usine Agropur d'Oka. Ensemble, ils ont mis au point un fromage de type brie, Les Prés de la Bayonne, nom de la rivière qui sillonne la plaine. Il complète le Cendré des Prés, un fromage à pâte molle strié en son centre d'une couche de cendre d'érable. Une première, puisque cette pratique est habituellement réservée aux pâtes demi-fermes. Ces fromages sont fabriqués au lait cru de vaches élevées selon les normes de l'agriculture biologique.

Le comptoir de vente de la fromagerie est ouvert du lundi au samedi de 9 h à 17 h. Les fromages du Domaine Féodal sont distribués par Plaisirs gourmets dans la majorité des boutiques et fromageries spécialisées dans tout le Québec.

Cendré des Prés (morbier, pâte molle à croûte fleurie), *p. 94*

Précieux (pâte molle à croûte lavée)

Prés de la Bayonne (brie), *p. 216*

ÉCO-DÉLICES

766, Rang 9 Est
Plessisville (Québec) G6L 2Y2
Tél.: (819) 362-7472
Richard Dubois

Région : Bois-Francs
Type de fromagerie : artisanale

Richard appartient à la sixième génération de Dubois habitant la ferme familiale. Depuis 1996, il fabrique sous licence le Mamirolle, fromage originaire de Franche-Comté. Fort de cette expérience, il a créé la Raclette des Appalaches, le Louis-Dubois et le Délice des Appalaches. La production laitière de la ferme ne suffisant plus aux besoins de la fromagerie, le lait nécessaire est sélectionné dans les meilleures exploitations de la région, des élevages, dont l'alimentation répond aux critères de qualité recherchée. La fromagerie emploie 8 personnes et produit plus de 1 500 kg de fromages par semaine.

La fromagerie ouvre tous les jours de 8 h 30 à 12 h et de 13 h à 16 h 30.

Une baie vitrée permet une vue d'ensemble sur les activités fromagères et des photos montrent les différentes étapes de la transformation.

Le Mamirolle et la Raclette des Appalaches sont distribués par Saputo tandis que le Délice des Appalaches et le Louis-Dubois sont distribués par Le Choix du Fromager ; on trouve ces fromages dans les boutiques et fromageries spécialisées ainsi que dans les supermarchés dans tout le Québec.

Délice des Appalaches (pâte demi-ferme à croûte lavée), *p. 128*

Louis-Dubois (pâte demi-ferme à croûte lavée), *p. 182*

Mamirolle (pâte demi-ferme à croûte lavée), *p. 183*

Raclette des Appalaches (pâte demi-ferme à croûte lavée), *p. 223*

FERME BORD-DES-ROSIERS

509, rue du Bord-de-l'Eau
Saint-Aimé (Québec) J0G 1K0
Tél.: (450) 788-2527
André Desrosiers

Région : Montérégie
Type de fromagerie : fermière

André Desrosiers produit un lait à l'ancienne : non homogénéisé, riche et crémeux (la crème remonte à la surface), de la crème fraîche et du beurre. Parmi ses produits, mentionnons Le Blanc, un fromage frais très consistant de type labneh, riche et crémeux; des cheddars frais en bloc ou en grains ou vieillis (le Massu), l'Akawi et le Braisé, semblable au Nabulsi mais nature. Ces derniers s'inspirent du répertoire fromager libanais.

André Desrosiers est un producteur écologique dont le troupeau est nourri à 60 % de sous-produits okara (tofu). Selon Monsieur Desrosiers, cette alimentation permet d'obtenir des fromages avec moins de 30 % de matières grasses.

On peut se procurer ces produits à la ferme, tous les jours, de 9 h à 17 h dans les magasins d'aliments naturels, les supermarchés IGA, et dans plusieurs boutiques et fromageries spécialisées dans tout le Québec.

Akawi (pâte demi-ferme, fraîche, saumurée), *p. 48*
Braisé (pâte demi-ferme, saumuré), *p. 68*
Cheddar d'Antan (cheddar frais, bloc ou grains), *p. 104*
Le Blanc (frais de type labneh), *p. 179*
Massu (cheddar vielli), *p. 103*
Nabulsi (pâte demi-ferme, saumuré), *p. 200*

FLEUR DES CHAMPS (COOPÉRATIVE S.F.P.)

164, route 216
Sainte-Marguerite (Québec) H0S 2X0
Tel.: (418) 935-3210
Patrick Marcoux

Région : Chaudière-Appalaches
Type de fromagerie : artisanale

La coopérative S.F.P. (Solidarité production fromagère) Fleur des Champs compte une dizaine de membres. Parmi eux, on trouve des producteurs laitiers de vache ou de chèvre, dont un agro-économiste et un agro-environnementaliste. La coopérative a développé un fromage au lait cru de vache, à pâte demi-ferme et à croûte lavée, la Tomme de Plaisirs, en collaboration avec Isabelle Couturier de la Chèvrerie Fruit d'une Passion.

Il n'y a pas de comptoir de vente à la fromagerie, La Tomme de Plaisirs est surtout distribuée dans la région de production, dans les marchés d'alimentation voisins et il se déguste à l'Auberge des Fleurs à Scott Jonction. Le fromage se vend aussi à la Fromagerie Hamel à Montréal, à L'Échoppe des fromages à Saint-Lambert ainsi qu'à l'Épicerie européenne et à la Fromagère du Marché au Marché du Vieux-Port à Québec.

Tomme de Plaisirs (pâte demi-ferme à croûte lavée), *p. 257*

FLORALPE (FERME)

1700, route 148
Papineauville (Québec) J0V 1R0
Tél.: (819) 427-5700
Éliette Lavoie

Région : Outaouais
Type de fromagerie : fermière

À la Ferme Floralpe, Éliette Lavoie et Bill Cochrane produisent d'excellents fromages. De l'expérience acquise naissent des produits d'une qualité constante. Les chèvres de l'élevage paissent dans les pâturages fleuris et vallonnés de l'Outaouais. À la fromagerie, on élabore un excellent fromage frais, le Micha, un fromage de type féta, deux fromages à pâte molle et à croûte fleurie, la Buchevrette et l'Heidi, un fromage à croûte lavée, le Peter, un fromage au lait de brebis, le Brebiouais, ainsi qu'un fromage de type cheddar, le Montagnard. À l'été 2004, la fromagerie mettra en marché un fromage au lait de vache de type camembert.

Le comptoir de vente ouvre tous les jours de 8 h à 17 h. On peut trouver les fromages Floralpe à Gatineau : la Trappe à Fromages et la Boîte à grains ; à Montréal : les fromageries Hamel et Atwater, Cinq Saisons (av. Bernard), Milano (rue Saint-Laurent) ; Métro Chèvrefils et Maître-Corbeau (rue Laurier), les boulangeries Première Moisson, les magasins Rachel-Bérri et la Maison du rôti (av. du Mont-Royal) ; à Saint-Lambert : l'Échoppe des Fromages ; à Blainville : Octofruits ; à Québec : La Fromagère du Marché (Marché du Vieux-Port) ; pour l'est du Québec les fromages sont distribués par Plaisirs gourmets.

Buchevrette (pâte molle à croûte fleurie), *p. 79*
Féta Floralpe (nature et assaisonné), *p. 141*
Heidi (pâte molle à croûte fleurie), *p. 172*
Micha (chèvre frais), *p. 187*
Le Montagnard (cheddar de chèvre), *p. 105*
Peter (pâte demi-ferme à croûte lavée), *p. 208*

FROMAGE AU VILLAGE (LE)

45, rue Notre-Dame Ouest
Lorrainville (Québec) J0Z 2R0
Tél.: (819) 625-2255
Hélène Lessard

Région: Abitibi-Témiscamingue
Type de fromagerie: fermière

Hélène Lessard et Christian Barrette ont ouvert la fromagerie artisanale le Fromage au Village le 26 septembre 1996. La production se fait uniquement à partir du lait du troupeau de 55 vaches de la ferme et nécessite en moyenne 4 000 litres de lait par semaine. En 1993, le Fromage au Village innovait en Abitibi-Témiscamingue en installant une étable-serre. Les jeunes entrepreneurs, à l'affût des dernières innovations, ont également décidé de récupérer le lactosérum, un résidu de la fabrication du fromage. Ils évitent ainsi le gaspillage d'une ressource précieuse, puisque le lactosérum aurait une valeur nutritive semblable à celle de l'orge. En plus du Cru du clocher, ils fabriquent un cheddar pasteurisé (doux, moyen et fort ou vieux), un cheddar frais en bloc (blanc, jaune ou marbré) et en grains.

La boutique de la ferme est ouverte du lundi au vendredi, de 9 h à 17 h; 7 jours sur 7 de juin à septembre: de 9 h à 17 h.

Cheddar frais (bloc ou grains)
Cru du Clocher (cheddar vieilli), *p. 126*

FROMAGERIE DU COIN

930, rue King Est
Sherbrooke (Québec) J1G 1E2
Tél.: (819) 346-0416
Denis Lacharité

Région: Cantons-de-l'Est
Type de fromagerie: artisanale

La Fromagerie du Coin produit depuis 1988. Denis Lacharité est un homme vrai, comme ses fromages qu'il veut d'une qualité constante et irréprochable. Ils sont fabriqués avec le lait pur provenant des troupeaux de la région. Les produits offerts représentent chacun une étape de la fabrication. Par ordre chronologique: cheddar, suisse, fromage de petit-lait, « slab » non salé, fromage en grains, cheddar en bloc puis, suisse et tortillon. Le tortillon est un caillé égoutté chauffé puis étiré dans l'eau. Certains cheddars affinés ont un an et demi, d'autres sont assaisonnés au piment ou au poivre.

Le comptoir de la fromagerie est ouvert du samedi au mercredi, de 7 h à 17 h 30 ; jeudi et vendredi, jusqu'à 19 h 30.

Visite possible de la fromagerie, en réservant à l'avance on peut assister à chaque étape de la transformation.

Cheddar frais, nature ou assaisonné
Mozzarella et Mozzarella écrémé
Suisse, *p. 249*
Tortillon
Vieux Cheddar

FROMAGES DE L'ÎLE D'ORLÉANS (LES)

4702, chemin Royal
Sainte-Famille
Île d'Orléans (Québec) G0A 2P0
Tél. (418) 829-3670
Jocelyn Labbé et Jacques Goulet

Le Fromage de l'Île est un produit que l'on veut faire revivre selon la tradition ancestrale de la famille Aubin. Ce fromage à pâte molle et à croûte lavée, autrefois au lait cru, se fait désormais au lait de vache thermisé. Sa mise en marché est prévue pour l'automne 2004.

FROMAGES RIVIERA

VOIR CHALIFOUX

FROMAGIERS DE LA TABLE RONDE (LES)

317, route 158
Sainte-Sophie (Québec) J5J 2V1
Tél.: (450) 530-2436
Ronald Alary

Région: Basse-Laurentides
Type de fromagerie: fermière

L'idée du Rassembleu, est née autour d'une table ronde. Les « preux fromagiers » sont la famille Alary : Ronald, son frère et ses trois fils. Sont associés à la ferme, le fils Gabriel, le fromager et la fille, Maria. Ils ont mis en commun leurs ressources, leurs connaissances et leur enthousiasme pour se lancer à la recherche de ce goût unique à la fois doux et puissant, un fromage « cru fermier » biologique. La toute nouvelle fromagerie, attenante à la ferme, a été conçue pour la seule production de fromages bleus avec des équipements de pointe qui permettent de respecter les normes de la certification biologique « Québec Vrai ». Les Alary proposent aussi une attitude, une façon d'être, où le plaisir, l'échange et la complicité sont rois. Voilà tout le pouvoir du Rassembleu.

Le comptoir de vente est ouvert tous les jours de 9 h à 17 h et de 11 h à 17 h. On trouve le Rassembleu dans les boutiques et fromageries spécialisées ainsi que dans les magasins d'alimentations desservis par Plaisirs Gourmets.

Rassembleu (bleu), *p. 226*

GILBERT (FROMAGERIE)

263, route Kennedy
Saint-Joseph-de-Beauce (Québec) G0S 2V0
Tél. : (418) 397-5622
✤ Jean-Guy Marcoux

Région : Chaudière–Appalaches
Type de fromagerie : artisanale

En 1921, les producteurs de la région se sont regroupés en coopérative. Ils ont aussitôt fondé cette fromagerie, le Syndicat Gilbert. En 1986, six associés acquièrent l'entreprise qu'ils renomment Fromagerie gilbert. Outre le traditionnel cheddar en grains ou en bloc, on y fabrique des cheddars faibles en gras (6 % à 12 % de matières grasses), des tortillons en saumure (Torti-Beauceron) ainsi que La Cuvée du Maître, un fromage à 27 % de matières grasses qui se situe entre le gouda et la mozzarella avec une texture crémeuse plus humide que celle du cheddar.

La boutique de la fromagerie ouvre du lundi au samedi de 6 h à 18 h et le dimanche de 9 h à 18 h.

Beauceron Léger 12 % (cheddar)
Cheddar Gilbert (frais, bloc ou grains)
La Cuvée du Maître (pâte demi-ferme, entre gouda et mozzarella)
Cheddar léger 6 %
Torti-Beauceron (tortillon)

GROUPE FROMAGE CÔTÉ

80, rue de l'Hôtel-de-Ville
Warwick (Québec) J0A 1M0
Tél. : (819) 358-3300
✤ Camille Genesse

Région : Bois-Francs
Type de fromagerie : mi-industrielle

Le Groupe Fromage Côté est un bel exemple de réussite. À l'origine, humble fabrique spécialisée dans le cheddar et le fromage en grains, cette fromagerie ne cesse de s'épanouir. Georges Côté a toujours su s'entourer d'un personnel qualifié, notamment de Stéphane Richoz, un fromager d'expérience. On doit à cet artisan le développement de plusieurs bons produits qui font le délice des gourmets.

Le Groupe Côté propose, outre son cheddar, un camembert et des bries, sous l'appellation Du Village de Warwick, le Sir Laurier d'Arthabaska dont la réputation dépasse nos frontières, des fromages de type suisse, jarlsberg ou morbier, et des fromages spécialement conçus pour la fondue.

Le comptoir de vente, à la fois casse-croûte et boutique, ouvre du lundi au mercredi de 8 h à 21 h ; jeudi de 7 h 30 à 21 h. Vente du petit-lait tous les jours à 16 h et du grain chaud à 17 h. Les produits de Fromage Côté sont distribués dans les boutiques et fromageries spécialisées ainsi que dans la majorité des épiceries et supermarchés du Québec.

Brie du Marché, *p. 74*
Brie Pleine Saveur du Village de Warwick, *p. 77*
Camembert du Marché, *p. 86*
Camembert du Village de Warwick
Cantonnier du Village de Warwick, *p. 88*
Cendré du Village de Warwick (morbier), *p. 95*
Cheddar Côté, bloc ou grain
Cogruet (emmental), *p. 119*
Double crème du Village de Warwick (brie), *p. 132*

Kingsberg (Jarlsberg), *p. 176*
Petit Brie du Village de Warwick, *p. 77*
Raclette Kingsey, *p. 227*
Saint-Paulin Kingsey, *p. 240*
Sir Laurier d'Arthabaska, *p. 244*
Sublime Double Crème du Village de Warwick
Suisse sans lactose, *p. 247*
Triple crème du Village de Warwick, *p. 261*
Vacherin des Bois-Francs, *p. 264*

ÎLE-AUX-GRUES (SOCIÉTÉ COOPÉRATIVE AGRICOLE DE L')

210 chemin du Roy
Île-aux-Grues (Québec) G0R 1P0
Tél.: (418) 248-5842
Gilbert Lavoie

Région : Bas-Saint-Laurent
Type de fromagerie : artisanale

La fromagerie de l'Île-aux-Grues est exploitée depuis 20 ans par les 10 producteurs laitiers de l'île, regroupés en coopérative agricole. Le lait transformé à l'usine vient exclusivement des fermes laitières de l'île. Ce lait provient d'animaux alimentés en partie avec le foin naturel des battures. La fabrication artisanale du cheddar est issue d'une recette ancienne mise au point par les premiers fromagers de l'île, dans les années 1900. Cette expertise dans la fabrication des fromages thermisés destinés au marché de l'Ouest canadien et de la Nouvelle-Angleterre permet maintenant à la coopérative de proposer ses fromages au détail.

Les cheddars frais ou affinés sont réputés et jouissent d'une popularité grandissante auprès des Québécois. La renommée de la fromagerie est maintenant assurée grâce au Riopelle-de-l'Isle (triple crème à pâte molle et à croûte fleurie) et au Mi-Carême (pâte molle à croûte mixte).

Le comptoir de la fromagerie est ouvert du lundi au vendredi, de 8 h à 17 h, le samedi, de 10 h à 16 h et, en saison, le dimanche, de 12 h à 16 h.

Cheddar frais (bloc ou grains), vieilli 6 mois ou 2 ans
Mi-carême, *p. 187*
Riopelle de l'Isle, *p. 231*

JACK LE CHEVRIER

1139, Rang Saint-Joseph
Saint-Flavien (Québec) J0B 3A0
Tél.: (418) 728-1807
Jacques Mailhot

Région : Lotbinière
Type de fromagerie : fermière

Jacques Mailhot peut se flatter d'être le premier éleveur de chèvre à transformer ce lait dans la belle région de Lotbinière. À la ferme, les 40 chèvres sont élevées selon les normes de l'agriculture biologique, et elle est en voie d'accréditation. Avec l'aide de Marc-André Saint-Yves, il compte commercialiser un fromage de type tomme au lait cru ainsi qu'un fromage à pâte molle et à croûte fleurie. La clientèle locale pourra se procurer un chèvre frais. En plus des fromages, la ferme propose de la viande de chevreau, en morceaux ou en charcuterie (saucisses), ainsi que du poulet.

Chèvre frais
Tomme au lait cru (projet)

JEANINE (FERME)

134, Rang 10
Saint-Rémi-de-Tingwick (Québec) J0A 1K0
Tél.: (819) 359-2568
Jean-Guy Filion

Région : Cantons-de-l'Est
Type de fromagerie : artisanale

Il y a quelques années, Marc-André Saint-Yves faisait une entrée remarquée dans le domaine de la fromagerie La Petite Cornue à Berthierville. Il est maintenant installé dans les Bois-Francs, et la Ferme Jeanine est en voie d'accréditation biologique par Québec

Vrai. Les brebis sont élevés selon les normes de l'agriculture biologique, nourries au foin sec et aux pâturages, en été. La fromagerie propose Le Monarque, un fromage à pâte ferme pressée ainsi que la Bergère des Appalaches à pâte demi-ferme de type tomme à croûte brûlée. Deux fromages inspirés du Pays basque.

Ces produits sont vendus à la ferme entre les heures de traite, de 9 h à 17 h. Ils sont distribués dans les magasins d'aliments naturels, boutiques et fromageries spécialisées ainsi que dans les magasins Le Végétarien.

Bergère des Appalaches (pâte demi-ferme à croûte brûlée), *p. 58*
Monarque (pâte demi-ferme à croûte naturelle), *p. 191*

KAISER

Rang 4e concession
Noyan (Québec) J0J 1B0
Tél.: (450) 294-2207
Fritz Kaiser

Région : Montérégie
Type de fromagerie : mi-industrielle

Le Suisse Fritz Kaiser arrive au Québec en 1981. Il s'installe en Montérégie, à Noyan, dans une ferme de la vallée du Richelieu ayant de beaux pâturages. Le maître fromager ne tarde pas à mettre sur le marché la première raclette fabriquée au pays selon la tradition et les méthodes apprises dans sa Suisse natale. Fritz Kaiser fabrique aujourd'hui une gamme de fameux fromages fins (croûtes lavées à pâtes fermes et demi-fermes) qui font honneur à l'industrie fromagère québécoise ainsi que le bonheur des amateurs.

La boutique de la fromagerie ouvre du lundi au samedi de 8 h à 17 h.

Blanche de Brigham, *p. 59*
Caillou de Brigham (crottin), *p. 82*
Chèvrechon
(chèvre, pâte molle à croûte lavée), *p. 115*
Clos Saint-Ambroise
(pâte demi-ferme à croûte lavée), *p. 117*
Cristalia
(pâte demi-ferme, assaisonné), *p. 124*
Douanier (morbier, pâte demi-ferme à croûte lavée), *p. 131*
Doux Péché
(pâte molle à croûte fleurie), *p. 133*

Empereur et Empereur Allégé (pâte molle à croûte lavée), *p. 137*
Feuille d'Automne, *p. 147*
Mini Tomme du Manoir, *p. 188*
Miranda (pâte ferme à croûte lavée), *p. 190*
Mouton Noir (pâte demi-ferme recouverte de pellicule plastique), *p. 196*
Noyan (pâte demi-ferme à croûte lavée), *p. 201*
Peau Rouge, *p. 207*
Port-royal (Saint-Paulin, pâte demi-ferme recouverte de pellicule plastique), *p. 235*
Raclette du Griffon, *p. 224*
Raclette Fritz, *p. 225*
Rougette de Brigham, *p. 232*
Saint-Paulin Fritz et Saint-Paulin Léger, *p. 241*
Sorcier de Missisquoi, *p. 245*
Tomme de Monsieur Séguin (tomme de chèvre et de vache), *p. 256*
Tomme du Haut-Richelieu (tomme de chèvre), *p. 258*
Vacherin Fri-Charco (pâte demi-ferme à croûte lavée), *p. 266*
Zurigo (pâte demi-ferme à croûte lavée), *p. 269*

FERME DES CHUTES (FROMAGERIE)

2350, rang Saint-Eusèbe
Saint-Félicien (Québec) G8K 2N9
Tél.: (418) 679-5609
Rodrigue Bouchard

Région : Saguenay–Lac-Saint-Jean
Type de fromagerie : artisanale, fermière

La ferme des Chutes se double d'une fromagerie artisanale et fermière qui fabrique à partir de son propre élevage un fromage cheddar frais en grains ou en blocs pouvant être vieilli (Le Saint-Félicien Lac-Saint-Jean). Toutes les normes d'accréditation biologique sont respectées quant à la culture des sols et à la production du fourrage et des céréales servant à alimenter le troupeau de vaches laitières. La fromagerie existe depuis 1993.

À la ferme, le comptoir de vente est ouvert de 9 h à 17 h.

Cheddar Bio Ferme des Chutes (frais, bloc ou grains)

Saint-Félicien Lac-Saint-Jean (pâte demi-ferme, entre le brick et le cheddar), *p. 236*

LA FROMAGERIE DE L'ÉRABLIÈRE

1580, route Eugène-Trinquier
Mont-Laurier (Québec) J9L 3G4
Tél.: (819) 623-3459
Gisèle Guindon et Gérald Brisebois

Région : Laurentides
Type de fromagerie : fermière

Gérald Brisebois, établi à la ferme paternelle depuis les années 1960, a toujours œuvré pour valoriser le métier d'agriculteur et en améliorer la condition. En 1992, il fonde la Laiterie des Trois Vallées, une usine d'embouteillage de lait regroupant 85 producteurs laitiers. Sa démarche met fin au monopole des grandes entreprises qui regroupent et transportent le lait des régions vers les grands centres pour ensuite le retourner, standardisé, dans ces mêmes régions. Dans les vallées de La Rouge, de La Lièvre et de La Gatineau se boit maintenant le bon lait du terroir. Un exemple à suivre ! Aujourd'hui, l'entreprise gérée par Pierre Brisebois, fils de Gérald, distribue également, sous l'appellation Mont-Lait, de la crème fraîche ainsi qu'une excellente crème glacée.

En 2000, sur les judicieux conseils d'André Fouillet, Gérald Brisebois lance la Fromagerie de l'Érablière. Dans une cabane à sucre, au cœur d'une érablière, il produit le Casimir, Le Sieur Corbeau des Laurentides, Le Cru des Érables et Le Diable aux Vaches. Ces produits ont connu un succès fulgurant et la fromagerie fabrique 400 kilos de chacun de ces fromages par semaine. Le troupeau de la ferme est élevé selon les principes de l'agriculture biologique, et la culture se fait sans engrais chimiques ni pesticides. On ne donne pas d'hormones aux bêtes, qui sont nourries exclusivement de foin sec et de céréales. La relève est assurée par Isabelle, la fille de Gisèle Guindon et de Gérald Brisebois.

Il n'y a pas de comptoir de vente à la fromagerie. Les fromages de l'Érablière sont distribués par Plaisirs gourmets et ses produits se retrouvent dans la majorité des boutiques et fromageries spécialisées du Québec.

Casimir (pâte molle à croûte fleurie), *p. 94*

Cru des Érables (pâte molle à croûte lavée), *p. 125*

Diable aux Vaches (pâte molle à croûte lavée), *p. 130*

Sieur Corbeau des Laurentides (pâte demi-ferme à croûte lavée et fleurie), *p. 245*

LA GERMAINE (FROMAGERIE)

72, chemin Cordon
Sainte-Edwidge-de-Clifton (Québec) J0B 2R0
Tél.: (819) 849-3238
Denise Duhaime

Région : Cantons-de-l'Est
Type de fromagerie : fermière

Denise Dumaine et Réjean Théroux exploitent leur ferme selon les normes de l'agriculture biologique. Les champs et les pâturages protégés permettent de développer un produit du terroir spécifique à la région. Ils produisent deux fromages à pâte molle, le Caprice des Saisons et le Caprice des Cantons, l'un à croûte fleurie et l'autre à croûte lavée.

Les fromages de La Germaine sont distribués dans les principales fromageries dans tout le Québec et plus particulièrement dans la région de production, les épiceries de Coaticook, Cookshire, Lennoxville, Magog et Sherbrooke ainsi qu'à Montréal au Marché des

Saveurs, aux fromageries Hamel et Atwater et au Marché de chez nous à Longueuil (au siège de l'Union des producteurs agricoles). Vente à la ferme, tous les jours de 9 h et 17 h.

Caprice des Cantons (pâte molle à croûte lavée), *p. 91*
Caprice des Saisons (pâte molle à croûte fleurie), *p. 92*

LA VACHE À MAILLOTTE (FROMAGERIE)

604, 2e Rue Est
La Sarre (Québec) J9Z 2S5
Tél.: (819) 333-1121
Réal Bérubé

Région : Abitibi
Type de fromagerie : artisanale

La Fromagerie La Vache à Maillotte fabrique un cheddar traditionnel au lait de vache, offert en bloc ou en grains, pour sa clientèle locale. L'Allegretto, au lait de brebis, connaît un franc succès et on vient de mettre en marché le Fredondaine au lait de vache, rappelant l'Oka ou le Migneron. D'autres fromages sont actuellement en cours d'expérimentation.

Le comptoir de la fromagerie ouvre du lundi au vendredi de 9 h 30 à 18 h ; samedi, jusqu'à 17 h. Les produits sont distribués par Le Choix du Fromager, on les trouve dans la plupart des boutiques et fromageries spécialisées ainsi que dans les supermarchés IGA, Métro et Bonichoix.

Allegretto (pâte ferme à croûte lavée), *p. 49*
Cheddar (frais, bloc ou grains)
Fredondaine (pâte demi-ferme à croûte lavée – en préparation), *p. 154*

LAITERIE DE COATICOOK

1000, rue Child
Coaticook (Québec) J1A 2F5
Tél.: (819) 849-2272
Jean Provencher et Julie Doyon

Région : Cantons-de-l'Est
Type de fromagerie : artisanale

La Laiterie existe depuis plus de 60 ans, c'est l'une des plus anciennes entreprises de l'Estrie. Il s'y fabrique des fromages cheddar en grains et en bloc, certains vieillis de 1 à 2 ans, des bâtonnets (cheddar) en saumure ainsi qu'un fromage de type mozzarella. La Laiterie de Coaticook est réputée pour sa crème glacée et propose partout au Québec un lait glacé sous l'appellation P'tit Velours. Récemment, la laiterie s'est associée à trois fermes caprines de la région pour produire un fromage de chèvre, le Capricook. On peut se le procurer en grains ou en bloc frais ou vieilli jusqu'à 9 mois.

Le comptoir de la laiterie ouvre du lundi au vendredi de 8 h à 18 h ; le samedi jusqu'à 12 h. On trouve tous ces produits dans les épiceries de la région.

Capricook (cheddar), *p. 105*
Cheddar (frais, bloc ou grains)
Mozzarella

LAVOYE (FROMAGERIE)

201, rue Saint-Pierre
Sainte-Luce-sur-Mer (Québec) G0K 1E0
Tél.: (418) 739-3168 / 739-4116 (fromagerie)
Michel Lavoie

Région : Bas-Saint-Laurent
Type de fromagerie : artisanale

Michel Lavoie est un amateur passionné. Deux de ses fromages frais sont en marché : le goémon, un chèvre frais, nature ou aromatisé, et L'Anse aux Coques, un fromage frais au lait de vache destiné aux desserts. La P'tite crotte du dimanche (fromage en grains) est vendue seulement les samedis et dimanches. Le lait provient d'un troupeau de vaches jersey de la ferme Roslo à Sainte-Luce. Les chèvres sont fabriqués avec le lait de chèvres alpines, de la ferme des Alpes à Mont-Lebel. Les troupeaux se nourrissent de foin sec et leur lait est traité dans les 24 heures.

La fromagerie ouvre tous les jours, du 1er juin au 15 septembre, de 12 h 30 à 21 h ; sinon du jeudi au dimanche, de 12 h 30 à 18 h. On y trouve des fromages d'autres fromageries québécoises et des produits d'importation. Une vitrine permet de suivre le travail du fromager.

Anse-aux-Coques (frais)
Camembert de chèvre (projet)
Cheddar Lavoye (frais, bloc ou grains)
Crotte Pressée du Dimanche (cheddar en grains)
Goémon (frais)
Tomme (projet – vache, chèvre ou mixte)

LE DÉTOUR (FROMAGERIE)

100, Route 185
Notre-Dame-du-Lac (Québec) G0L 1X0
Tél.: (418) 899-7000
Mario Quirion et Ginette Bégin

Région: Bas-Saint-Laurent
Type de fromagerie: artisanale

La fromagerie Le Détour tient son appellation du nom original de cette petite ville du Témiscouata, non loin des frontières avec le Maine et le Nouveau-Brunswick. Cette route mène aux Maritimes et de nombreux Ontariens font halte ici. La fromagerie se spécialise dans la fabrication d'un cheddar frais du jour, vendu en bloc ou en grains, ainsi que des fromages à pâte demi-ferme: brick, colby, monterey jack et mozzarella. Forts du succès acquis auprès de leur clientèle avec leur cheddar au lait cru, Ginette Bégin et Mario Quirion viennent de mettre en marché Le Clandestin, un fromage à pâte molle et à croûte lavée, au lait de vache et de brebis. Ils mettent au point un fromage affiné à pâte molle faible en gras ainsi qu'un autre au lait de chèvre.

On trouve ces fromages ainsi qu'une gamme de produits régionaux à l'aire de vente de la fromagerie. Tous les jours, de 6 h à 18 h; de la Fête nationale du Québec à la fête du Travail: du lundi au vendredi de 6 h à 19 h, samedi et dimanche, jusqu'à 18 h.

Cheddar Le Détour, *p. 104*
Clandestin (pâte molle à croûte lavée), *p. 116*

LEHMANN (FROMAGERIE)

291, rang Saint-Isidore
Hébertville (Québec) G8N 1L6
Tél.: (418) 344-1414
Marie et Jacob Lehmann

Région: Saguenay–Lac-Saint-Jean
Type de fromagerie: fermière

La ferme voit le jour en 1983, quand la famille Lehmann vient s'établir au Lac-Saint-Jean. Inspirés par la passion de papa Jacob et de maman Marie pour le travail de la terre, les enfants Sem, Isaban et Léa participent aux travaux dès leur plus jeune âge. Aujourd'hui, pour le soin aux animaux, la production du lait, la fabrication ou la mise en marché du fromage, chacun met l'épaule à la roue. Les vaches brunes du troupeau, dont le lait est particulièrement riche, paissent dans des pâturages protégés et riches en plantes fourragères. Elles se nourrissent du fourrage et des grains de la ferme sans OGM, ni pesticides, ni engrais chimiques. Le Valbert et le Kénogami, des fromages à pâtes molle et demi-ferme et à croûte lavée, sont distribués par Plaisirs gourmet. Le comptoir de vente ouvre du 1er juin au 31 octobre, du jeudi au dimanche de 13 h à 17 h; du 1er novembre au 31 mai, samedi et dimanche de 13 h à 17 h.

Kénogami (pâte molle à croûte lavée), *p. 175*
Valbert (pâte demi-ferme à croûte lavée), *p. 265*

LEMAIRE (FROMAGERIE)

2095, route 122
Saint-Cyrille (Québec) J1Z 1B9
Tél.: (819) 478-0601
Yvan Lemaire

Région: Centre du Québec
Type de fromagerie: mi-industrielle

La fromagerie Lemaire a pris son essor dès sa fondation en 1956 par Marcel Lemaire. L'entreprise familiale est aujourd'hui gérée par ses enfants et on y transforme annuellement 6 000 000 de litres de lait. Les fromages fabriqués sont le monterey jack au lait entier ou allégé (Voltigeur 19 %), le suisse ayant mérité plusieurs prix, et le cheddar en grains ou en bloc. Certains cheddars sont assaisonnés à l'ail et aux fines herbes.

Le comptoir de la fromagerie est ouvert du lundi au mercredi, de 7 h 30 à 8 h; du jeudi au dimanche jusqu'à 21 h. Les fromages sont aussi vendus dans des dépanneurs et épiceries de Drummondville, Granby, Sherbrooke et Trois-Rivière. Le dimanche matin, on peut y déguster un fromage de petit-lait chaud (de 11 h à 12 h), du fromage non salé chaud (de 12 h à 13 h) ainsi que du fromage en grains chaud (à partir de 13 h).

Cheddar Lemaire, *p. 102*
Monterey Jack
Suisse Lemaire, *p. 250*

LES FROMAGERIES JONATHAN

Sainte-Anne-de-la-Pérade (Québec)
Tél.: (418) 325-3536
Jonathan Portelance

Région : Mauricie
Type de fromagerie : artisanale et maison d'affinage

L'entreprise Les Fromageries Jonathan est l'association de la ferme laitière F.X. Pichet et d'une maison d'affinage. Les meules de fromage de teinte blanche sont d'abord préparées à la ferme de Champlain, le village voisin, avant d'être acheminées à la maison d'affinage de Sainte-Anne-de-la-Pérade où elle sont affinées avec le plus grand soin jusqu'à leur pleine maturité. Le Baluchon est distribué partout au Québec et on envisage de l'exporter vers le Canada et les États-Unis. Le troupeau de la ferme Pichet est élevé selon les normes de l'agriculture biologique.

Il n'y a pas de comptoir de vente à la maison d'affinage, mais on peut se procurer Le Baluchon à la boutique d'aliments naturels Les Romarins à Saint-Anne-de-la-Pérade et distribué par Plaisirs gourmets dans les boutiques et fromageries spécialisées du Québec.

Baluchon
(pâte demi-ferme à croûte lavée), *p. 54*

LES MÉCHINS (FROMAGERIE)

133, route Bellevue Ouest
Les Méchins (Québec) g0J 1T0
Tél.: (418) 729-3855
Donald grenier

Région : Gaspésie
Type de fromagerie : artisanale

En 1997, Chantale Sergerie et Donald Grenier construisent leur fromagerie. Le lait est ramassé das la région et transformé en cheddar frais vendu en grains ou en bloc. De nouveaux produits sont en cours de réalisation. Une histoire à suivre...

Cheddar Les Méchins
(frais, bloc ou grains)

LIBERTÉ

1425, rue Provencher
Brossard (Québec) J4W 1Z3
Tél.: (514) 875-3992

Région : Montérégie
Type de fromagerie : industrielle

Liberté est un manufacturier de produits laitiers qui a commencé à produire du fromage à la crème et du fromage cottage, en 1928, dans une fromagerie située à l'intersection des rues Saint-Urbain et Duluth, au centre-ville de Montréal.

Installée à Brossard depuis 1964, l'entreprise fabrique, outre le fromage à la crème, une gamme de produits comptant plusieurs types de yogourts, de kéfir, de fromages et de crème aigre (sure).

Parmi les fromages Liberté, on trouve des fromages frais tel le cottage en crème ou à l'ancienne, le Quark, la ricotta biologique, le fromage à la crème ainsi que des fromages à pâte ferme dont le cheddar et le farmer.

Les produits Liberté sont vendus au Québec et au Canada (Ontario, Colombie-Britannique et Alberta), chez des épiciers indépendants et dans certaines grandes chaînes d'alimentation.

Cheddar bio régulier et léger
Cottage à l'ancienne, *p. 121*
Fromage à la crème, *p. 155*
Quark, *p. 220*
Ricotta (L'Ancêtre), *p. 229*

LUC MAILLOUX (FROMAGES) PILUMA

150, rang Sainte-Angélique
Saint-Basile (Québec) G0C 3G0
Tél.: (418) 329-3080
Luc Mailloux et Sarah Tristan

Région : Québec
Type de fromagerie : fermière

Luc Mailloux est tout un personnage, une sommité en matière de « lait cru » au Québec. Pour lui, il n'y a pas de compromis : un fromage du terroir doit être le fruit d'un lait spécifique issu de vaches ayant brouté un fourrage spécifique venu d'un endroit spécifique. Le lait donne au fromage son caractère, sa couleur, son apparence, ses flaveurs, il faut réussir à faire ressortir toutes les expressions contenues dans le lait. Sarah Tristan et Luc Mailloux se définissent comme des « infirmiers » : aucun fromage ne sera mis en marché s'il n'est pas à point. Luc Mailloux a fondé le Regroupement des Petites Fromageries du Québec, section « lait cru » et il travaille à faire reconnaître le « lait cru fermier » véritable en faisant interdire cette appellation aux fromages fabriqués à base de lait chauffé à plus de 40 °C, c'est-à-dire thermisé. La ferme Piluma produit l'Ange-Cornu, le Chevalier Mailloux, le Sarah-Brizou et le Saint-Basile de Portneuf, des créations imprégnées de la qualité du pâturage portneuvois et qui méritent bien leur appellation de « terroir ». Les bons fromages de Luc Mailloux font la fierté du Québec gastronomique.

Il n'y a pas de comptoir à la ferme, mais les clients sont les bienvenus. Sarah Tristan et Luc Mailloux vous reçoivent tous les jours de 9 h à 17 h. On trouve leurs fromages à l'Échoppe des Fromages (Saint-Lambert), aux fromageries Hamel (Montréal), à la Fromagerie du Deuxième au marché Atwater (Montréal), à La Fromagère au marché du Vieux-Port (Québec) et dans les boutiques d'alimentation Nourcy (Québec).

Ange Cornu (pâte molle à croûte naturelle), *p. 51*
Le Chevalier Mailloux (pâte molle à croûte lavée-fleurie), *p. 178*
Saint-Basile de Portneuf (pâte demi-ferme à croûte lavée), *p. 234*
Sarah Brizou (pâte demi-ferme à croûte lavée), *p. 242*

MAISON D'AFFINAGE MAURICE DUFOUR (LA)

1339, boul. Monseigneur-de-Laval
Baie-Saint-Paul (Québec) G3Z 2X6
Tél. : (418) 435-5692
Maurice Dufour

Région : Charlevoix
Type de fromagerie : maison d'affinage

La Maison d'affinage Maurice Dufour est devenue très populaire par la distribution du Migneron de Charlevoix, dont la réputation dépasse largement les frontières du Québec. Fier ambassadeur d'une industrie fromagère en pleine expansion, le Migneron peut compter sur un allié de taille, le Ciel de Charlevoix, un bleu délicieux fait de lait cru fermier de vache.

Le comptoir de vente est ouvert de 9 h à 17 h 30 du 24 juin, Fête nationale du Québec, à la fête du Travail ; hors-saison de 11 h 30 à 17 h 30). Dès 11 h 30, le restaurant offre une dégustation de fromages maison ; le soir, du mardi au samedi à partir de 18 h, la table d'hôte met en valeur les produits du terroir charlevoisien.

Ciel de Charlevoix (bleu), *p. 116*
Migneron de Charlevoix (pâte demi-ferme à croûte lavée), *p. 189*

MARIE KADÉ (FROMAGERIE)

1921, rue Lionel-Bertrand
Boisbriand (Québec) H7H 1N8
Tél. : (450) 419-4477
Fredy Kadé

Région : Laurentides
Type de fromagerie : artisanale

Originaires d'Alep, en Syrie, les Kadé ont entrepris la production de fromages il y a plus de 20 ans. Marie a pris cette initiative, elle travaillait déjà à la maison des fromages de son pays pour satisfaire sa gourmandise et celle de ses amis. Enthousiaste, elle a suivi des cours sur la fabrication fromagère à Saint-Hyacinthe avant d'ouvrir, avec Fredy, la première usine de fabrication de fromage arabe au Québec. Aujourd'hui, ils approvisionnent la communauté arabe du Québec et exportent largement dans le reste du Canada et aux États-Unis.

Les fromages élaborés à la Fromagerie Marie-Kadé sont les mêmes que ceux consommés dans l'Est méditerranéen, depuis la Grèce jusqu'en Égypte où ils sont fabriqués au printemps et conservés dans la saumure à la façon du féta. Ils se présentent ici dans un emballage sous vide ou en saumure et se conservent pour la plupart sur une longue période. On les retrouve sous les appellations Akawi, Baladi, Domiati, Haloumi, Istambouli, Labneh, Queso Español, Moujadalé, Nabulsi, Shinglish, Syrian et Tressé. À l'usine de Marie et Fredy Kadé on fabrique aussi un fromage féta, un cheddar frais (Vachekaval), un yogourt (le Laban) et un yogourt à boire (l'Ayran).

Le comptoir de la fromagerie ouvre du lundi au vendredi, de 9 h à 17 h. À Montréal, on les trouve dans des épiceries et marchés spécialisés : Épicerie du Ruisseau, boul. Laurentien ; Marché Daoust, boul. des Sources ; Intermarché, Côte-Vertu et à Gatineau, Alimentation Maya.

Akawi, *p. 48*
Baladi, *p. 54*
Domiati, *p. 130*
Féta, *p. 141*
Halloom, *p. 169*
Istambouli, *p. 174*
Labneh, *p. 176*
Moujadalé (pâte filée), *p. 196*
Nabulsi, *p. 200*
Queso Español (féta), *p. 143*
Shinglish, *p. 243*
Syrian (saumuré), *p. 252*
Tressé (pâte filée), *p. 262*
Vachekaval (cheddar), *p. 103*

MES PETITS CAPRICES (FERME)

4395, rang des Étangs
Saint-Jean-Baptiste (Québec) J0L 2B0
Tél. : (450) 467-3991
Diane Choquette et Charles Boulerice

Région : Montérégie
Type de fromagerie : fermière

Diane Choquette et Charles Boulerice produisent avec le lait de leurs chèvres un fromage frais, nature ou assaisonné (Capri...Cieux), deux fromages à pâte molle et à croûte fleurie (La Bûchette et La Clé des Champs), un fromage à pâte demi-ferme et à croûte lavée au cidre (le Hilairemontais), un type cheddar (Le Chèvratout) ainsi que le Micherolle dont la texture se situe entre cheddar et mozzarella. Le Capri...Cieux (amandière) s'est classé meilleur fromage de chèvre à pâte aromatisée lors du concours Sélection Caseus 2001.

Le comptoir de la fromagerie est ouvert du mercredi au dimanche de 9 h à 18 h, fermé en janvier et février.

Bûchette et Pyramide (Mes Petits Caprices), *p. 186*
Capri...Cieux (chèvre frais), *p. 93*
Chèvratout (cheddar de chèvre), *p. 107*
Clé des Champs (pâte molle à croûte fleurie), *p. 117*
Féta, *p. 144*
Hilairemontais (pâte demi-ferme à croûte lavée), *p. 172*
Micherolle (cheddar-mozzarella), *p. 188*

MIRABEL 1985 INC. (FROMAGERIE)

150, boul. Lachapelle
Saint-Antoine (Québec) J7Z 5T4
Tél.: (450) 438-5822
France Descôteaux

Région: Laurentides
Type de fromagerie: artisanale

La fromagerie propose plusieurs fromages d'importation ainsi qu'un cheddar frais en grains et en bloc fait sur place.

Ouverture du lundi au mercredi de 9 h à 18 h, jeudi et vendredi, jusqu'à 21 h; samedi et dimanche, jusqu'à 17 h.

Cheddar Mirabel (frais, bloc ou grains)

MOUTONNIÈRE (LA)

3690, Rang 3
Sainte-Hélène-de-Chester (Québec) G0P 1H0
Tél.: (819) 382-2300
Lucille Giroux

Région: Bois-Francs
Type de fromagerie: fermière, artisanale

Il y a déjà quelques décennies que Lucille Giroux, fondatrice de la Bergerie La Moutonnière, fait des moutons sa passion. À l'origine, son troupeau était destiné à la production de laine, et plus tard de viande de boucherie. Depuis 10 ans, Lucille giroux possède un élevage de brebis dont la production laitière est consacrée à la transformation fromagère.

En l'an 2000, La Moutonnière a connu un développement important avec la venue du Néo-Zélandais Alastair MacKenzie, désormais associé à l'entreprise. Celui-ci a apporté de son pays natal une expérience d'une vingtaine d'années en qualité d'exploitant agricole en production ovine. La Moutonnière a agrandi son troupeau, rationalisé ses installations et possède désormais une cave d'affinage permettant la fabrication de fromages affinés.

La bergerie et la fromagerie La Moutonnière peuvent être considérées comme des précurseures dans la filière ovine laitière au Québec en matière de production et de fabrication de fromages fermiers de caractère, qui font dorénavant partie intégrante du terroir québécois.

Durant les beaux jours, les moutons paissent dans des pâturages ensemencés d'un mélange d'une douzaine de plantes sauvages. L'hiver, ils sont nourris du fourrage cultivé à la ferme et récolté au moment de la floraison (aucun ensilage, puisque celui-ci modifie le goût du lait). La Moutonnière propose neuf fromages avec le lait de la ferme ainsi que celui d'élevages sélectionnés: le Ricotta et le Neige de Brebis, des fromages frais, le Féta, le Cabanon macéré dans l'eau-de-vie puis enrobé d'une feuille d'érable, le Foin d'Odeur (pâte molle à croûte fleurie), le Bercail, le Fleurs des Monts, le Bleu de la Moutonnière et le Soupçon de bleu.

Il n'y a pas de comptoir à la fromagerie, mais on trouve ces fromages à l'épicerie Chez Gaston au village de Trottier, du lundi au vendredi de 7 h 30 à 21 h, samedi et dimanche, jusqu'à 17 h, à la fromagerie Atwater (Montréal), à L'Échoppe des Fromages (Saint-Lambert), à la Fromagerie du Vieux-Port (Québec) ainsi que dans certaines boutiques d'alimentation et fromageries au Québec; la fromagerie a son comptoir au Marché Jean-Talon les vendredi, samedi et dimanche.

Bercail (pâte molle à croûte naturelle), *p. 58*
Bleu de la Moutonnière, *p. 61*
Cabanon (brebis frais), *p. 80*
Féta La Moutonnière, *p. 144*
Fleurs des Monts (pâte ferme à croûte naturelle), *p. 149*

Foin d'odeur
(pâte molle à croûte fleurie), *p. 151*
Neige de Brebis (ricotta), *p. 201*
Ricotta La Moutonnière, *p. 229*
Le Soupçon de bleu, *p. 246*

P'TIT PLAISIR (FROMAGERIE)

503, rue de la Carrière
Weedon (Québec) G0B 3J0
Tél.: (819) 877-3210
Gaétan Grenier

Région: Cantons-de-l'Est
Type de fromagerie: artisanale

Cette fromagerie propose des cheddars frais, en grains et en bloc, et affinés jusqu'à deux ans, ainsi que des cheddars aux herbes, vieillis ou non.

Le casse-croûte, le bar laitier et la boutique ouvrent du dimanche au mercredi, de 7 h à 20 h; du jeudi au samedi, jusqu'à 21 h.

Cheddar (frais, bloc ou grains et affiné)
Cheddar assaisonné

P'TIT TRAIN DU NORD (FROMAGERIE LE)

624, boul. A.-Paquette
Mont-Laurier (Québec) J9L 1L4
Tél.: (819) 623-2250
Francine Beauséjour ou Christian Pilon

Région: Laurentides
Type de fromagerie: artisanale

À la fromagerie s'élaborent, avec le lait des brebis, chèvres et vaches de la région, des fromages à croûte lavée à pâte demi ferme ou ferme: le Curé-Labelle, le Wabassee, le Windigo ainsi que le Duo du Paradis fabriqué à partir d'un mélange de lait de brebis et de vache. Avec le lait de la Ferme Bo-ca, en Outaouais, Francine Beauséjour et Christian Pilon produisent un fromage frais de chèvre (nature), Le Petit Soleil. Pour satisfaire le goût de la clientèle locale, la fromagerie prépare un fromage frais en grains.

Le comptoir de la fromagerie ouvre lundi et mardi, de 8 h 30 à 18 h; jeudi et vendredi, jusqu'à 20 h; samedi, jusqu'à 17 h; dimanche de 12 h à 17 h. Les fromages sont distribués par Le Choix du Fromager dans les boutiques et fromageries spécialisées ainsi que dans plusieurs supermarchés.

Cheddar (frais en grains)
Curé-Labelle (pâte demi-ferme
à croûte lavée), *p. 127*
Duo du Paradis (pâte demi-ferme
à croûte lavée), *p. 135*
Petit Soleil (frais), *p. 211*
Tortillons
Wabassee
(pâte demi-ferme à croûte lavée), *p. 268*
Windigo (emmental, pâte ferme
à croûte lavée), *p. 268*

P'TITE IRLANDE (FROMAGERIE LA)

259, rue Principale
Weedon, arr. Saint-Gérard (Québec) H0B 3J0
Tél.: (819) 877-5050
Alexis Leclair

Région: Cantons de l'Est
Type de fromagerie: artisanale

La vallée de la rivière Saint-François a connu des vagues successives de colonisation. D'abord les Loyalistes fuyant la souveraineté américaine puis, vers le milieu du XIXe siècle, des immigrants arrivant d'Angleterre, d'Écosse et d'Irlande. Les Québécois s'y joignirent dans les années 1870 afin de coloniser la région en amont de la rivière, le Haut-Saint-François. Saint-Gérard se situe à l'embouchure du lac Aylmer, bordé au nord par les monts des Bois-Francs et au sud par un vaste plateau appalachien où culminent les monts Aylmer, Saint-Sébastien et le massif du mont Mégantic. Le Québec connaît ici ses régions les plus élevées. Dans un grand déploiement d'énergie Alexis Leclerc met en marché des fromages issus de son troupeau de chèvres laitières. Son chèvre frais, le Délices des Cantons, est présenté dans l'huile aromatisée aux herbes et agrémentée de tomates séchées. Le Barbichon et le Gambade sont deux classiques, l'un pyramide, l'autre bûchette. Leur pâte blanche et onctueuse se cache sous une belle croûte naturelle fleurie. Enfin, pour s'inscrire dans la tradition, Alexis propose un fromage de type cheddar, le Sieur Frontenac.

Il n'y a pas de comptoir à la fromagerie, mais on peut se procurer ces produits à la fromagerie Les P'tits Plaisirs à Saint-Gérard ouverte tous les jours, du dimanche au mercredi de 7 h à 20 h ; du jeudi au samedi, jusqu'à 21 h. Ailleurs au Québec, le Choix du Fromager les distribue dans la plupart des boutiques et fromageries spécialisées ainsi que dans les supermarchés Bonichoix, IGA et Métro du Québec.

Barbichon (pâte molle à croûte fleurie), *p. 55*
Délices des Cantons (chèvre frais), *p. 129*
Gambade (pâte molle à croûte fleurie), *p. 155*
Sieur Frontenac (cheddar de chèvre), *p. 107*

P'TITS BLEUETS (FROMAGERIE LES)

3785, route du Lac
Alma (Québec) G8B 5V2
Tél.: (418) 662-1078
Alain Tremblay

Région : Saguenay – Lac-Saint-Jean)
Type de fromagerie : fermière

Alain Tremblay s'est installé ici avec sa famille il y a quelques années et il élève une quarantaine de chèvres. Cette jeune fromagerie fabrique un chèvre frais ainsi qu'un fromage de type cheddar en bloc et en grains. Prochainement, le fromager Jeannois, avec l'aide de Ould Baba Ali, directeur de la Société des éleveurs de chèvres du Québec et directeur de recherche et développement chez Tournevent, projette d'élaborer un fromage à pâte molle affiné en surface.

Chèvre frais
Cheddar de chèvre (frais, bloc ou grains)

PÉPITE D'OR (FROMAGERIE LA)

17 520, boul. Lacroix
Saint-Georges Ouest (Québec) G5Y 5B8
Tél.: (418) 228-2184
Lionel Bisson

Région : Chaudière–Appalaches
Type de fromagerie : artisanale

La Pépite d'Or fabrique des cheddars en bloc et en grains, nature ou assaisonnés (barbecue, ail, oignon, fines herbes, érable, souvlaki, 3 poivres, bacon), un fromage de type mozzarella américain et un fameux « twist », semblable au tortillon, entièrement fabriqué à la main et salé à sec. On y fabrique aussi un cheddar au lait cru, le Grand Cahill, ainsi nommé en l'honneur de Michael Cahill (1828-1890), premier hôtelier de Saint-Georges-de-Beauce. Son hôtel fut d'ailleurs, pendant longtemps, le seul établissement du genre entre Lévis et l'État du Maine. L'influence de Cahill est à l'origine de la construction du chemin de fer et du pont enjambant la rivière Chaudière, et reliant les deux rives de Saint-Georges.

Outre ses fromages, la boutique offre un vaste choix d'articles créés par une soixante d'artisans beaucerons : produits de l'érable, chocolats, cafés, viandes fumées, farines et mélange à muffins, gâteaux, cidres, gelée royale, savons et ouvrages artisanaux.

Elle est ouverte lundi, mercredi et samedi, de 5 h à 18 h ; jeudi et vendredi jusqu'à 21 h ; dimanche, de 8 h à 18 h. Du début de mai à la fin octobre, un bar laitier est ouvert jusqu'à 22 h.

Cheddar (frais, bloc ou grains)
Grand Cahill (cheddar), *p. 164*

PERRON (FROMAGERIE)

156, avenue Albert-Perron
Saint-Prime (Québec) G8L 1L4
Tél.: (418) 251-3164
Sylvie Beaudoin

Région : Saguenay – Lac-Saint-Jean
Type de fromagerie : mi-industrielle

En 1890, l'arrière-grand-père, Adélard Perron, arrive à Saint-Prime pour y fabriquer du fromage. Témoin éloquent du passé, la vieille fromagerie construite en 1895 est la seule survivante de sa catégorie au Québec. Classée monument historique en 1989, elle abrite aujourd'hui le musée du cheddar. Depuis Adélard Perron, quatre générations de fromagers, en filiation directe, y produisent un cheddar d'une qualité reconnue internationalement. La fromagerie offre aussi un cheddar en bloc ou en grains, un fromage suisse (Suisse Albert-Perron) et des fromages brick et colby. Depuis peu, on y élabore un cheddar vieilli, macéré dans le porto.

Le comptoir de la fromagerie ouvre du lundi au vendredi de 8 h à 18 h ; samedi et dimanche de 9 h à 18 h ; et toute la semaine jusqu'à 20 h, de la Fête nationale du Québec à la fête du Travail.

Brick
Cheddar au Porto
Cheddar (frais, mi-fort et fort), *p. 134*
Colby
Le Doyen, *p. 134*
Suisse Albert Perron, *p. 248*

PETITE HEIDI (LA)

504, boul. Tadoussac
Sainte-Rose-du-Nord (Québec) G0V 1T0
Tél.: (418) 675-2537
Line Turcotte

Région : Saguenay–Lac-Saint-Jean
Type de fromagerie : fermière, artisanale

La Petite Heidi a vu le jour en 1996. Line Turcotte et son mari Rhéaume proposent des fromages de chèvre fabriqués à partir du lait de leur troupeau. Ils produisent le Sainte-Rose frais nature ou assaisonné, dont un au chocolat, le Sainte-Rose en grains et le Petit Heidi du Saguenay, deux fromages de type cheddar. La Petite Perle est de type crottin, nature ou assaisonnée aux épices et aux herbes. Les fromages les plus connus de la fromagerie artisanale sont le Rosé du Saguenay et une tomme, le Sainte-Rose lavé au vin. À l'occasion, Line Turcotte prépare un petit fromage à pâte molle et à croûte fleurie, le Petit Trésor du Fjord.

Le comptoir de la fromagerie est ouvert tous les jours de 9 h à 18 h. Selon la saison, on trouve le Rosé du Saguenay et le Sainte-Rose dans les boutiques et fromageries spécialisées dont Nourcy et la Fromagerie du Vieux-Port (Québec) ainsi qu'aux fromageries Hamel et au Marché des Saveurs (Montréal).

Petit Heidi du Saguenay (cheddar frais, bloc ou grains)
P'tit Trésor du Fjord (occasionnellement)
Petite Perle (crottin)
Rosé du Saguenay (pâte demi-ferme à croûte lavée), *p. 230*
Sainte-Rose en grains (cheddar de chèvre)
Sainte-Rose (chèvre frais)
Sainte-Rose lavé au vin (pâte demi-ferme à croûte lavée), *p. 236*

PIED-DE-VENT (FROMAGERIE DU)

189, chemin de la Pointe-Basse
Havre-aux-Maisons, Îles-de-la-Madeleine
(Québec) G0B 1K0
Tél.: (418) 969-9292
Vincent Lalonde

Région : Îles-de-la-Madeleine
Type de fromagerie : artisanale

La crème au lait cru des Îles-de-la-Madeleine est à la base de l'implantation du projet conjoint d'une ferme laitière et de la Fromagerie du Pied-de-Vent. En effet, la crème des Îles met bien en évidence la grande qualité du terroir madelinien. Comme il était impossible de la commercialiser légalement, la création d'un fromage au lait cru apparut comme une solution logique. Après trois ans de labeur, la fromagerie transforme désormais quotidiennement de 700 à 900 litres de lait pour une production de 85 meules de Pied-de-Vent et de 35 meules de Jeune-Cœur. La Fromagerie est le pivot de la revitalisation de l'agriculture madelinienne.

La fromagerie ouvre ses portes du lundi au samedi de 8 h à 17 h.

Plaisirs Gourmets distribue le Pied-de-Vent et le Jeune-Cœur dans les boutiques et fromageries spécialisés ainsi que dans plusieurs supermarchés au Québec.

Jeune-Cœur (pâte molle à croûte fleurie), *p. 174*
Pied-de-Vent (pâte molle à croûte naturelle), *p. 214*

PILUMA (VOIR LUC MAILLOUX)

POLYETHNIQUE (FROMAGERIE)

235, chemin Saint-Robert
Saint-Robert (Québec) J0G 1S0
Tél.: (450) 782-2111
✤ Jean-Pierre Salvas et Marc Latraverse

Région: Montérégie
Type de fromagerie: artisanale

Depuis 1995, la fromagerie Polyethnique approvisionne la communauté arabe du Québec. Les promoteurs du projet, aussi producteurs laitiers, Jean-Pierre Salvas et Marc Latraverse, collaborent à l'épanouissement du Québec en ouvrant une fenêtre sur l'agriculture locale aux néo-Québécois originaires de l'Est méditerranéen. Les fromages élaborés - Akawi, Baladi, Halloom, Labneh, Nabulsi - s'inspirent de ceux de cette région. On y fait des fromages frais ou conservés en saumure, parfois assaisonnés aux herbes ou aux épices (graines de nigelle).

Les produits de cette fromagerie sont vendus chez Adonis sous l'appellation Phœnicia. Le comptoir de vente ouvre du lundi au vendredi, de 8 h 30 à 16 h.

Akawi, *p. 48*
Baladi, *p. 54*
Haloom, *p. 169*
Labneh, *p. 176*
Nabulsi, *p. 200*
Tressé, *p. 262*
Moujadalé, *p. 196*

PORT-JOLI (FROMAGERIE)

16, rue des Sociétaires
Saint-Jean-Port-Joli (Québec) G0R 3G0
Tél.: (418) 598-9840
✤ Robert Tremblay

Région: Bas-Saint-Laurent
Type de fromagerie: artisanale

En 1993, Robert Tremblay ouvre sa fromagerie afin de satisfaire la demande locale. Il y prépare un cheddar frais offert en grains, en tortillons ou en bloc ainsi que des cheddars vieillis (mi-fort, fort et extra-fort) ayant jusqu'à trois ans d'affinage. Certains sont assaisonnés aux herbes ou aromatisés à saveur de barbecue. Une spécialité de la région consiste à fumer les fromages à l'érable. Robert Tremblay compte commercialiser prochainement un fromage de type brie ou camembert. La fromagerie produit aussi du beurre et une excellente crème fraîche.

Le comptoir est ouvert du lundi au vendredi de 9 h à 17 h.

Cheddar (frais, bloc ou grains, aux herbes, fumé et affiné)

PRINCESSE (FROMAGERIE)

1245, avenue Forand
Plessisville (Québec) G6L 1X5
Tél.: (819) 362-6378
✤ Marc Lambert

Région: Bois-Francs
Type de fromagerie: mi-industrielle

La fromagerie, rattachée au Groupe Fromage Côté, produit un cheddar doux offert en grains, râpé, en bloc ou en tortillons dans la saumure.

Le comptoir ouvre du lundi au mercredi de 9 h à 19 h; du jeudi au dimanche, jusqu'à 20 h. Le Cheddar Princesse, en bloc ou en grains, est distribué dans le centre du Québec ainsi que dans les régions de Québec et de Montréal.

Cheddar (frais, bloc ou grains)

PROULX (FROMAGERIE)

430, rue Principale
Saint-Georges-de-Windsor (Québec) J0A 1J0
Tél.: (819) 828-2223
✤ Alain Proulx

Région: Bois-Francs
Type de fromagerie: artisanale

Saint-Georges-de-Windsor est une jolie municipalité agricole blottie dans une vallée baignée par la rivière Saint-François. Située dans les contreforts des Appalaches, la région chevauche les Bois-Francs et les Cantons-de-l'Est. Depuis les années 1950, la famille Proulx fabrique du cheddar frais traditionnel (sans sel), offert en grains et en bloc.

Le comptoir ouvre du lundi au vendredi de 10 h à 22 h; samedi et dimanche, jusqu'à 18 h.

Cheddar (frais, bloc ou grains)

RUBAN BLEU

449, rang Saint-Simon
Saint-Isidore (Québec) J0L 2A0
Tél.: (450) 454-4405
Denise Poirier-Rivard

Région : Montérégie
Type de fromagerie : artisanale

Depuis bientôt 20 ans, Denise Poirier, fromagère passionnée, fabrique une gamme de fromages au lait de chèvre à la manière traditionnelle et selon des techniques assurément artisanales.

Les fromages Ruban Bleu ont remporté des prix d'excellence dans divers concours québécois, canadiens et américains. Le nom de l'entreprise commémore les premières récompenses obtenues en 1981 : l'une des chèvres de race toggenburg remportait un premier prix, sa propriétaire se voyait décerner le fameux « Ruban bleu ». En 2003, Denise Poirier-Rivard fut couronnée Agricultrice de l'année au Québec lors du Gala Saturne tenu à Drummondville. Depuis 1998, un centre d'interprétation de la chèvre, le Pavillon Ruban Bleu, explique à l'aide d'une vidéo et de commentaires le déroulement de la filière caprine, depuis la naissance du chevreau jusqu'à l'élaboration du produit transformé. Une dégustation de fromages et de lait de chèvre est proposée sur place.

Fromages Ruban Bleu : il y a le Bouton de Culotte, Chèvre d'Or, Pampille, P'tite Chevrette, Saint-Isidore et Saint-Isidore cendré.

La fromagerie ouvre du mardi au vendredi, de 10 h à 18 h, samedi et dimanche, jusqu'à 17 h ; elle est fermée le lundi. Visites commentées : mai, juin, septembre et octobre, samedi et dimanche à 14 h, juillet et août du mardi au dimanche à 14 h.

Bouton de Culotte (crottin), *p. 68*
Chèvre d'Or (cheddar), *p. 113*
Pampille (chèvre frais), *p. 204*
P'tit Diable (pâte molle à croûte fleurie), *p. 219*
P'tite Chevrette (pâte molle à croûte fleurie), *p. 219*
Saint-Isidore (pâte molle à croûte fleurie), *p. 237*
Saint-Isidore (pâte molle à croûte cendré), *p. 238*

S.M.A. (FERME)

2222, rue D'Estimauville
Beauport (Québec) G1J 5C8
Tél.: (418) 667-0478
Denis Roy et Christian Lavoie

Région : Québec
Type de fromagerie : mi-industrielle

La ferme S.M.A. fut fondée en 1893 par les sœurs de la Charité de Québec alors qu'elles avaient la garde et l'entretient de l'hôpital Saint-Michel-Archange devenu depuis le Centre Hospitalier Robert Giffard. Aujourd'hui, la ferme est gérée par un organisme à but non lucratif dirigé par Christian Lavoie et Denis Roy. Cette ferme est un centre de réinsertion sociale offrant des projets éducatifs : travaux des champs, soin du troupeau et travail dans les serres de semences et de croissance de plants de jardin et de plantes de la maison. La ferme S.M.A. transforme tous les jours environ 3 000 litres de lait provenant de son propre troupeau de vaches holstein. Elle produit des cheddars en blocs, en grains et en tortillons salés. La ferme se visite en saison estivale.

Le comptoir de vente ouvre du lundi au mercredi de 8 h à 18 h ; jeudi et vendredi de 8 h à 20 h ; samedi et dimanche de 8 h à 17 h.

Cheddar

SAINT-FIDÈLE (FROMAGERIE)

2815, boul. Malcolm-Fraser
La Malbaie (Québec) G5A 2J2
Tél.: (418) 434-2220
Yvan Morin

Région : Charlevoix
Type de fromagerie : mi-industrielle

La fromagerie Saint-Fidèle fabrique un cheddar frais pour la clientèle locale ainsi qu'un fromage suisse de même type que le gruyère ou l'emmenthal.

Le comptoir de vente ouvre du lundi au vendredi, de 8 h à 17 h ; samedi et dimanche, de 9 h à 18 h ; jusqu'à 21 h de la Fête nationale du Québec à la fête du Travail.

Le Suisse Saint-Fidèle, distribué par Le Choix du Fromager, se retrouve dans plusieurs boutiques et fromageries spécialisées ainsi dans les supermarchés IGA et Métro.

Cheddar Saint-Fidèle (frais, bloc ou grains)
Suisse Saint Fidèle, *p. 250*

SAINT-JACQUES INTERNATIONAL (FROMAGERIE ET CRÉMERIE)

220, rue Saint-Jacques
Saint-Jacques-de-Montcalm (Québec) J0K 2R0
Tél.: (450) 839-2729
René Roy

Région : Lanaudière
Type de fromagerie : artisanale

Saint-Jacques-de-Montcalm, région de longue tradition agricole, a vu naître Bernard Landry. René Roy est le quatrième de sa génération à gérer la fromagerie de Saint-Jacques. L'ancienne beurrerie était devenue une fromagerie où l'on élaborait, à une certaine époque, un fromage de type mozzarella. Aujourd'hui, il s'y fabrique un féta distribué dans plusieurs épiceries grecques et fromageries du Québec, sous la marque de commerce Fantis.

Féta

SAINT-LAURENT (FROMAGERIE)

735, Rang 6
Saint-Bruno (Québec) G0W 2L0
Tél.: 1 800 463-9141
Luc Saint-Laurent

Région : Saguenay-Lac-Saint-Jean
Type de fromagerie : mi-industrielle

La fromagerie Saint-Laurent est une entreprise familiale fondée par Auguste Saint-Laurent dans les années 1930. Originaire de la Gaspésie, il acquiert cinq fromageries de rang dans la belle région du Lac-Saint-Jean. La fromagerie de Saint-Bruno a été construite par Maurice en 1972 et modernisée en 1982. Elle est maintenant gérée par ses successeurs Luc, Yves et François. On y transforme environ 12 millions de litres de lait par année. Les principaux fromages fabriqués sont le cheddar (jeune ou vieilli) vendu en bloc, en grains ou en tortillons, certains sont aromatisés aux fines herbes ou au porto, le gouda, le brick, le suisse et un type parmesan.

Le comptoir de la fromagerie ouvre tous les jours de 7 h 30 à 18 h 30 ; jusqu'à 21 h du début juin à la fin septembre. L'été, on y ajoute un bar laitier avec terrasse.

Les produits Saint-Laurent sont distribués dans les régions du Saguenay–Lac-Saint-Jean, Chibougamau, Chapais et la Côte-Nord.

Brick
Cheddar
Cheddar au Porto
Gouda Saint-Laurent, *p. 163*
Parmesan Saint-Laurent, *p. 206*
Suisse Saint-Laurent, *p. 251*

SAPUTO INC.

6869, boul. Métropolitain Est
Montréal, (Québec) H1P 1X8
Tél.: (514) 328-6662
Suzette Duguay-Samson

Région : Montréal-Laval
Type de fromagerie : industrielle

Cet important transformateur laitier est l'un des chefs de file de la production fromagère en Amérique du Nord. Saputo inc. est une société publique qui exploite deux secteurs d'activités : produits laitiers et produits d'épicerie.

Actif à l'échelle internationale, le secteur produits laitiers commercialise et distribue principalement de la mozzarella, une gamme complète de fromages italiens, européens et nord-américains, du lait nature, du yogourt, du beurre, du lait en poudre, des jus et des produits dérivés du petit-lait tel que le lactose et les protéines de lactosérum. Au Québec et au Canada, la société exploite aussi un réseau de distribution spécialisé offrant à sa clientèle un vaste assortiment de fromages importés et de produits non laitiers, en complément de ses productions. Les principales marques de commerce au Québec sont Saputo, Stella, Frigo, Dragone, Dairyland, Dairy Producers, Baxter, Armstrong, Caron et Cayer.

Ses installations comprennent 15 usines aux États-Unis et 36 au Québec et au Canada.

Au Québec, Saputo fabrique des fromages frais et crémeux (Ricotta et Tuma), des fromages à pâte fraîche compacte et tendre (Bocconcini ou Mini-Bocconcini et Mozzarina Mediterraneo), des fromages demi-fermes nature ou assaisonnés (Féta), des fromages à pâte filée demi-ferme ou ferme (mozzarella, Mozzarellissima, Cacciocavallo nature ou fumé, Provolone et Trecce) et des cheddar.

La Mozzarellissima, un fromage à pâte filée utilisé dans les pizzerias, a été couronnée championne de sa catégorie au concours Sélection Caseus, édition 2001 et il a été finaliste au Grand Prix canadien des produits nouveaux, édition 2002.

Bocconcini (pâte filée), *p. 65*
Caciocavallo (pâte filée), *p. 82*
Cheddar
Féta, *p. 141*
Havarti, *p. 170*
Mozzarella, *p. 198*
Mozzarina Mediterraneo, *p. 200*
Pastorella (pâte ferme), *p. 206*
Provolone (pâte filée), *p. 218*
Ricotta, *p. 230*
Trecce (pâte filée), *p. 263*
Tuma (ricotta), *p. 263*

SUISSE NORMANDE (LA)

985, rang Rivière Nord
Saint-Roch-de-l'Achigan (Québec) J0K 3H0
Tél.: (450) 588-6503
✤ Fabienne Guitel

Région : Lanaudière
Type de fromagerie : fermière

Il est Suisse, elle est Normande... La Suisse normande est aussi une région qui existe vraiment en Normandie, c'est le bocage normand à l'aspect d'un paysage suisse. Fabienne et Frédéric Guitel ont ouvert la fromagerie en 1995. Ils proposent des fromages au lait cru ou pasteurisé des vaches et des chèvres de leur propre élevage. La Suisse Normande élabore plusieurs produits à pâte molle et demi-ferme, à croûtes fleurie, lavée ou naturelle (le Barbu, le Capra, le Freddo, le Petit-Normand, le Petit-Poitou, le Pizy, le Sabot de Blanchette et la Tome au lait cru), un fromage frais nature, à la fleur d'ail ou aux herbes (Le Caprice), un fromage à pâte fraîche affiné dans l'huile (Le Crottin) et un fromage au lait cru de type féta conservé dans la saumure (Le Fermier)

La fromagerie ouvre du mardi au vendredi, de 10 h à 18 h, le samedi, de 10 h à 18 h et le dimanche, de la mi-mai au 31 décembre, de 12 h à 17 h. Outre leurs fromages, on y trouve du pain maison, des saucissons vaudois, des confitures ainsi que de la belle céramique dont des cloches à fromage.

Barbu (pâte demi-ferme à croûte fleurie), *p. 55*
Capra (pâte demi-ferme à croûte lavée), *p. 90*
Caprice (chèvre frais), *p. 92*
Crottin, *p. 124*
Fermier (féta), *p. 138*
Freddo (pâte demi-ferme à croûte lavée), *p. 153*
Petit Normand (pâte molle à croûte fleurie), *p. 210*
Petit Poitou (pâte molle à croûte fleurie), *p. 209*
Pizy (pâte molle à croûte fleurie), *p. 213*
Sabot de Blanchette (pâte molle à croûte fleurie), *p. 233*
Tome au Lait cru, *p. 255*

TOURILLI (FERME)

1541, rang Notre-Dame
Saint-Raymond-de-Portneuf (Québec) G3L 1M9
Tél.: (418) 337-2876
✤ Éric Proulx

Région : Québec
Type de fromagerie : fermière

La ferme se situe à l'orée de la forêt laurentienne et en bordure de la rivière Tourilli. Éric Proulx y élève une trentaine de chèvres de race alpine dont le lait s'imprègne des saveurs du fourrage biologique portneuvois. Le jeune agriculteur transforme la totalité du lait de son troupeau dans sa fromagerie artisanale et fermière située sur l'emplacement de l'ancienne cuisine d'été, adjacente à la maison. Les fromages sont fabriqués à la main selon les méthodes traditionnelles : caillage du lait, moulage et affinage. On y produit un fromage frais (Tourilli), le Cap Rond à pâte molle à semi-ferme roulé dans la cendre, le Bouquetin de Portneuf de type crottin et le Bastidou de fabrication semblable au Cap Rond, mais auquel s'ajoute un pesto de basilic frais.

La fromagerie ouvre ses portes de la mi-mai à la mi-décembre, vendredi, samedi, dimanche, de 13 h à 16 h.

Ces produits sont distribués par Plaisirs Gourmets dans la majorité des boutiques et fromageries spécialisées du Québec.

Bastidou (crottin), *p. 57*
Bouquetin de Portneuf (crottin), *p. 67*
Cap Rond (crottin), *p. 89*
Tourilli (chèvre frais), *p. 260*

TOURNEVENT (FROMAGERIE)

7004, rue Hince
Chesterville (Québec) G0P 1J0
Tél. : (819) 382-2208
Jean Verville

Région : Bois-Francs
Type de fromagerie : mi-industrielle

Depuis 1979, la Fromagerie Tournevent est une entreprise québécoise spécialisée dans la transformation de lait de chèvre. Sa réputation de chef de file et la qualité de ses produits lui ont valu plusieurs mentions d'excellence au Québec, au Canada et aux États-Unis. La Fromagerie Tournevent se distingue par un style de gestion axé sur la participation du personnel, regroupé dans une coopérative de travailleurs actionnaires. Parmi les fromages élaborés, mentionnons le Chèvre Doux, le Tournevent (nature ou cendré), le Médaillon, le Biquet (frais, nature ou assaisonné), le Chèvre Fin (pâte molle à croûte fleurie ou cendrée), le Veloutin (à la crème et assaisonné), le Chèvre de Campagne (mi-chèvre mi-vache), le Chèvre Noir (cru ou pasteurisé), vieilli de six mois à deux ans, le Chevrino (cheddar doux, en bloc ou en grains), le Féta Tradition et le Capriati, de type crottin. Ces produits sont distribués à grande échelle. La fromagerie produit également le Beurre de Chèvre et le Calcimil, un produit santé à base de lactosérum de chèvre ultrafiltré qui est une excellente source de calcium assimilable.

Les produits Tournevent sont vendus au comptoir de la fromagerie du lundi au vendredi, de 9 h à 17 h ainsi que dans les boutiques de fromages fins ou d'aliments naturels, les épiceries des grandes surfaces et dans de nombreux restaurants. Pour une commande de 50 $ et plus Tournevent Express livre à votre domicile partout au Québec.

Biquet (chèvre frais), *p. 59*
Capriati (crottin), *p. 90*
Chèvre fin (pâte molle à croûte fleurie), *p. 113*
Chèvre Noir (cheddar de chèvre), *p. 114*
Chevrino (cheddar de chèvre), *p. 107*
Féta Tradition, *p. 145*
Médaillon (chèvre frais), *p. 186*
Mini-Chèvre (cheddar de chèvre), *p. 107*
Tournevent (chèvre frais), *p. 186*
Veloutin (chèvre frais à la crème assaisonné), *p. 266*

TOURNEVENT (LAITERIE)

2350, rue Sigouin
Drummondville (Québec) J2C 5Z4
Tél. : (819) 478-8857
Normand Champagne

Région : Bois-Francs
Type de fromagerie : mi-industrielle

La laiterie Tournevent est née en 1992 de l'association de la fromagerie Tournevent avec un groupe de producteurs de lait de chèvre du centre du Québec. Cette initiative d'embouteiller le lait de chèvre est une première au

Québec. Le lait est pasteurisé, standardisé en matières grasses et enrichi d'acide folique (vitamine B9). Le lait de chèvre allie un excellent apport nutritif à une grande facilité digestive. La laiterie Tournevent offre, en plus des yogourts, le Chèvre Blanc, un fromage frais à la pâte riche et crémeuse de type labneh.

Le comptoir de vente est ouvert du lundi au jeudi, de 9 h à 16 h 30 et le vendredi de 9 h à 12 h. On trouve ces produits dans les boutiques et fromageries spécialisées, les magasins d'aliments naturels ainsi que dans les supermarchés IGA, Métro et Provigo.

Chèvre Blanc (chèvre frais), *p. 110*

TRAPPE À FROMAGE DE L'OUTAOUAIS

200, rue Bellehumeur
Gatineau (Québec) J8P 8N6
Tél.: (819) 243-6411
Gilles Joanisse et Mario Hébert

Région: Outaouais
Type de fromagerie: mi-industrielle

Mario est le quatrième de la génération Hébert à exploiter sa propre fromagerie. En association avec Gilles Joanisse, il fabrique quotidiennement 1 000 kilos de fromage. Les spécialités sont les cheddars frais, en grains et en bloc ainsi que des cheddars vieillis de 2 à 5 ans sous les appellations 1re, 2e, 3e et 4e Génération, chacun se voulant un fier représentant d'un membre de la famille depuis 1925. D'autres fromages sont proposés: un triple crème (l'Attrape Cœur) présenté en meule de 2,5 kg, le Léo, un cheddar macéré plusieurs mois dans la liqueur d'érable Mont-Laurier et le Neige macéré dans le cidre de glace. On y fabrique à plus grande échelle le colby, le monterey jack, le brick et le farmer, nature ou assaisonné à l'aneth, à l'ail ou à l'oignon ainsi qu'aux herbes ou aux épices.

La fromagerie ouvre tous les jours à 9 h, lundi et mardi jusqu'à 18 h, 19 h le mercredi, 21 h les jeudi et vendredi, 17 h 30 le samedi et 17 h le dimanche. Les produits sont distribués dans la majorité des chaînes d'alimentation de la région ainsi qu'à la fromagerie La Trappe, à Plaisance.

1er, 2e, 3e et 4e Génération (cheddar), *p. 160*
Attrape-Cœur (pâte molle à croûte fleurie, double crème), *p. 53*
Brick
Cheddar (frais, bloc ou grains)
Colby
Farmer
Léo (cheddar assaisonné)
Monterey Jack
Neige cheddar assaisonné)

TROUPEAU BÉNIT (LE)

Saint-Monastère-Vierge-Marie-la-Consolatrice
827, chemin de la Carrière
Brownsburg-Chatham (Québec) J8G 1K7
Tél.: (450) 533-4313 ou (450) 533-1170
Sœur Mireille

Région: Basses-Laurentides
Type de fromagerie: artisanale

La petite communauté de religieuses grecques orthodoxes s'est établie sur cette ancienne terre au nord de Lachute. La maison est devenue leur monastère. Les 15 sœurs tirent leur subsistance de la culture de la vigne, des fruits et des légumes, de l'élevage de poulets et de poules ainsi que d'une centaine de brebis et de chèvres, « Le Troupeau Bénit ». Fidèles à la tradition grecque, les sœurs fabriquent trois fétas (au lait de chèvre, de brebis et mixte, brebis-chèvre) conservés dans la saumure ainsi qu'un gruyère. Ce dernier, le Graviera,

est un fromage pressé, enrobé de cire, fait au lait de chèvre ou de brebis ; il est affiné de deux à trois mois. La fromagerie prépare un gouda de chèvre recouvert de cire rouge, un havarti recouvert de cire jaune ainsi qu'un fromage frais, roulé en billes, nature ou assaisonné aux herbes, et conservé dans l'huile. Les religieuses fabriquent également la Myzithra, un fromage ricotta non salé, le traditionnel yogourt grec, épais et onctueux, ainsi que du beurre. Les fromages sont fabriqués à partir du lait du troupeau du monastère.

On achète ces produits à la boutique du monastère : tous les jours de 9 h à 18 h. On y trouve, entre autres, de très belles icônes.

Athonite (gouda), *p. 52*
Bon Berger (havarti, nature ou assaisonné), *p. 66*
Féta, *p. 145*
Graviera (gruyère), *p. 166*
Les Petites Sœurs (frais), *p. 213*
Myzithra (ricotta non salée)
Symandre (havarti assaisonné), *p. 252*

VICTORIA (FROMAGERIE)

101, rue de l'Aqueduc
Victoriaville (Québec) G6P 1M2
Tél.: (819) 752-6821
Youville Rousseau

Région : Bois-Francs
Type de fromagerie : artisanale

En 1988, Youville Rousseau et Florian Gosselin font l'acquisition de cette fromagerie spécialisée dans la fabrication de cheddar depuis 1946. Ils y ajoutent une section restauration et transforment l'ancienne usine en microfromagerie et en salle de spectacles. Les visiteurs peuvent assister à la fabrication du cheddar ou participer à un souper-spectacle (visite individuelle ou groupes).

Le restaurant et comptoir de vente ouvre du lundi au mercredi de 6 h à 19 h 30 ; jeudi et vendredi, jusqu'à 21 h 30 ; samedi de 7 h à 21 h ; dimanche de 7 h 30 à 21 h.

Cheddar

VIEUX SAINT-FRANÇOIS (FROMAGERIE DU)

4740, boul. des Mille-Îles
Laval (Québec) H7L 1A1
Tél.: (450) 666-6810
Suzanne Latour-Ouimet

Région : Montréal-Laval
Type de fromagerie : artisanale

Suzanne Latour élève plus de cent chèvres saanen à la Ferme Au Clair de Lune. Le troupeau est nourri de manière écologique. Depuis 1996, elle transforme le lait de ses chèvres à sa fromagerie voisine. S'y fabriquent des chèvres frais et affinés ainsi que du yogourt (L'Avalanche).

La visite de la ferme et de la fromagerie est possible sur réservation. On peut y observer la transformation du lait en fromage à travers une baie vitrée. Les fromages frais (Le Petit-Prince et les Bouchées d'Amour) se proposent nature ou aromatisés. Outre Le Lavallois, à pâte molle et à croûte fleurie, on fabrique un féta (Fleur de Neige) dans l'huile ou dans la saumure, des types cheddar (Sieur Colomban et le Samuel et le Jérémie) de type crottin (le Ti-Lou) et des fromages à pâte demi-ferme et à croûte lavée (le Pré des Mille-Îles ainsi que le Tour Saint-François.

La fromagerie ouvre mardi et mercredi de 10 h à 18 h ; jeudi et vendredi jusqu'à 20 h ; samedi et dimanche jusqu'à 17 h. Les produits sont distribués par Sanibel dans les boutiques d'aliments naturels (Rachel-Béry entre autres) et des fromageries spécialisées (marchés Atwater, Jean-Talon et Maisonneuve, (à Montréal) ; Le Crac, Aliments Santé-Laurier et La Rosalie (Québec).

Bouchées d'Amour (chèvre frais), *p. 66*
Fleur de Neige (féta), *p. 107*
Lavallois (pâte molle à croûte fleurie), *p. 177*
Petit Prince (chèvre frais), *p. 211*
Pré des Mille-Îles (pâte demi-ferme à croûte lavée), *p. 216*
Samuel et Jérémie (cheddar de chèvre), *p. 107*
Sieur Colomban (cheddar de chèvre), *p. 107*
Ti-Lou (crottin), *p. 253*
Tour Saint-François (tomme), *p. 259*

INDEX

PÂTES FRAÎCHES

PÂTES MOLLES
(filée ou saumurée, sans croûte)

PÂTES MOLLES À CROÛTE FLEURIE
(cendrée)

PÂTES MOLLES À CROÛTE LAVÉE, NATURELLE OU MIXTE

PÂTES DEMI-FERMES

PÂTES FERMES

PÂTES DURES

PÂTES PERSILLÉES (bleus)

CHEDDAR

CROTTINS

FÉTAS

FROMAGES EN SAUMURE

NOTES

NOTES